淮河中游生态修复综合防护林体系研究

吴中能　方建民　刘德胜　主编

黄河水利出版社
·郑州·

图书在版编目(CIP)数据

淮河中游生态修复综合防护林体系研究/吴中能,方建民,刘德胜主编.—郑州:黄河水利出版社,2022.4

ISBN 978-7-5509-3268-5

Ⅰ.①淮…　Ⅱ.①吴…②方…③刘…　Ⅲ.①淮河-防护林带-生态环境建设-研究-安徽　Ⅳ.①S727.2

中国版本图书馆 CIP 数据核字(2022)第 065538 号

审稿:席红兵　14959393@qq.com

出 版 社:黄河水利出版社　　网址:www.yrcp.com

地址:河南省郑州市顺河路黄委会综合楼 14 层　　邮政编码:450003

发行单位:黄河水利出版社

发行部电话:0371-66026940、66020550、66028024、66022620(传真)

E-mail:hhslcbs@163.com

承印单位:河南匠之心印刷有限公司

开本:787 mm×1 092 mm　1/16

印张:12　　插页:4

字数:280 千字　　印数:1—1 000

版次:2022 年 4 月第 1 版　　印次:2022 年 4 月第 1 次印刷

定价:86.00 元

《淮河中游生态修复综合防护林体系研究》
编辑委员会

前　言

淮河，古称淮水，与长江、黄河、济水并称"四渎"。它发源于河南省桐柏山区，由西向东，流经河南、安徽、江苏三省，干流在江苏扬州三江营入长江，全长约1 000 km。

淮河流域地处我国东中部、南北气候过渡带，沃野千里、气候温和，是传统农业生产基地。历史上，这里经济富庶、文化灿烂，是中华文明的重要发祥地，因而古语有"走千走万不如淮河两岸"之说。

淮河流域自古以来为兵家必争之地，加之宋代黄河夺淮入海，使这个繁荣富足的地方，水灾频发、兵荒马乱，演变为我国历史上最多灾多难的区域之一。新中国成立以后，沿淮各省艰苦奋斗，治理淮河，淮河流域经济社会发展发生了巨大变化。但由于历史的原因，加之淮河流域特殊的地理环境和气候条件，以及人口激增、耕地扩大和不合理的耕作制度，致使这里森林遭受破坏，环境加剧恶化，淮河水患难以控制，成了正如凤阳花鼓词所唱，"十年倒有九年荒"的穷地方。

自然灾害的频繁发生，不仅导致粮棉减产，而且直接威胁着京广、京沪铁路的安全，使国家财产和人民生活蒙受巨大损失。特别是地处淮河中游的安徽，由于上排泄下顶托，损失尤为惨重。滔滔洪水，一次次给我们以警示：淮河不安，安徽难安；淮河不根治，安徽无宁日。

新中国成立后，毛泽东主席于1951年发出了"一定要把淮河修好"的号召后，党中央、国务院非常重视淮河治理工作，做出了一系列重大决策，组织和领导流域各级政府和广大人民开展了大规模的治淮建设，为流域经济发展、人民生活改善和社会稳定奠定了坚实的基础。

抗洪斗争实践证明，我国多年来建设的水利设施发挥了重要作用，也使人们进一步认识到加强水利设施建设的重要性。同时，植树造林在历次抗洪救灾中也做出了重要贡献。水灾后大量调查资料表明，多年来国家在黄淮海平原营造的综合防护林体系对涵养水源、保持水土、防浪固堤、减轻洪水危害和保护水利设施、发挥水利设施效能等方面均起到了重要作用。

根治水患、振兴淮河，是1.46亿淮河儿女一直以来的期盼。现在以习近平同志为核心的党中央又把淮河治理提高到关系整个国家建设和稳定大局的高度来看待。"十三五"规划纲要正式把淮河生态经济带纳入其中。2018年10月，国务院批复淮河生态经济带发展规划，标志着淮河生态经济带建设正式上升为国家区域发展战略。

森林具有涵养水源、保持水土、防风固沙、调节气候、维护生态平衡、改善农田生态、净化大气、美化环境等诸多作用，在淮河综合治理中一定大有作为。

本着对淮河流域进行生态修复的指导思想，从林业兼有生态、社会、经济三大效益相统一的客观实际出发，安徽从20世纪70年代后期开始了淮河流域综合防护林体系建设，因地制宜，因害设防，科学规划，采用带、网、片、点、间相结合，显著提高了区域森林覆盖率，大大提高了淮河流域抗击洪涝灾害的能力。

为了系统地总结和推广综合防护林体系建设方面的生产经验和科研成果，提高科学营造综合防护林体系的技术水平，推动淮河生态修复事业的可持续发展，我们编写了《淮河中游生态修复综合防护林体系研究》一书。该书分别扼要地介绍了历史上淮河之灾，我国防护林体系的发展与环境治理启示，生态修复综合防护林体系规划设计总则和立地类型划分，特别着重地叙述了生态修复综合防护林体系规划设计，树种选择与造林技术，抚育、更新与保护，生态经济效益等，并对森林综合效益评估指标体系进行了初步探讨。

本书属黄淮海平原中低产地区农林复合生态系统结构与功能研究的范畴。参加本书编写的人员多数为本课题的攻关研究成员及科技人员。

本书在编写过程中得到了有关市县领导和专业技术人员的大力支持，安徽省林业调查规划设计院章礼拐同志提供了部分林业资源调查数据资料，在此一并表示感谢！

作　者

2021年8月

目　录

第一章　多灾之地——淮河 …… 1
第一节　历史上淮河之灾 …… 1
第二节　淮河流域基本情况 …… 2
第三节　防护林建设的必要性、紧迫性及重要意义 …… 9
第四节　林业是农业和水利的生态屏障 …… 11
第二章　我国防护林体系的发展及对生态环境的影响 …… 13
第一节　我国防护林体系的发展成就 …… 13
第二节　安徽省防护林体系的发展成就 …… 14
第三节　农田防护林对生态环境的影响 …… 15
第四节　防护林体系的水文效应 …… 20
第三章　综合防护林体系规划设计总则 …… 24
第一节　指导思想 …… 24
第二节　总体布局 …… 24
第三节　预期目标 …… 25
第四节　设计原则 …… 25
第五节　主要内容 …… 25
第六节　典型设计 …… 25
第七节　方法步骤 …… 26
第四章　立地类型的划分 …… 29
第一节　立地分类的原则、单位与依据 …… 29
第二节　淮河中游区域森林立地分区 …… 31
第五章　综合防护林体系规划设计 …… 38
第一节　平原区农田防护林规划设计 …… 38
第二节　丘陵冈地农田防护林规划设计 …… 48
第三节　沿淮平原圩区农田防护林规划设计 …… 49
第四节　堤岸防护林的规划设计 …… 50
第五节　湿地堤岸景观防护林工程规划设计 …… 59
第六节　新农村城镇圈人居绿化工程规划设计 …… 69
第七节　淮河中游绿色长廊工程建设规划设计 …… 72
第八节　高速公路绿化工程规划设计 …… 75
第九节　石质残丘区水土保持林规划设计 …… 78
第十节　煤矿采空塌陷区绿化规划设计 …… 80

第十一节 农林复合经营模式设计 …… 81
第十二节 渔业防护林设计 …… 90
第六章 绿化树种选择与造林技术 …… 92
第一节 树种选择 …… 92
第二节 造林技术 …… 99
第三节 针阔叶树种造林 …… 104
第七章 综合防护林抚育与更新 …… 137
第一节 林带抚育 …… 137
第二节 修枝和间伐 …… 140
第三节 林带更新 …… 141
第八章 综合防护林体系的保护 …… 143
第一节 综合防护林体系病虫害概况 …… 143
第二节 主要病虫害的防治措施 …… 146
第九章 综合防护林体系生态经济效益 …… 161
第一节 护农增产的间接经济效益 …… 161
第二节 综合防护林体系的直接经济效益 …… 164
第三节 防护林体系总经济效益 …… 165
第四节 年平均林业投入基金产值比 …… 165
第五节 林业投资回收期 …… 166
第六节 经济效益总体情况小结 …… 166
第十章 森林综合效益评估指标体系初步探讨 …… 167
第一节 目的和意义 …… 167
第二节 评估的理论依据及原则 …… 168
第三节 评价的指标体系 …… 169
附 录 …… 173
附录1 范例——平原农区林业先进县亳州市(今谯城区) …… 173
附录2 历史上淮河之灾 …… 176
参考文献 …… 184

第一章　多灾之地——淮河

第一节　历史上淮河之灾

2003 年 6 月 7 日，连续多日的暴雨肆虐，数十年一遇的洪水泛滥，淮河水扶摇上涨，全线告急。往常温柔、静谧的淮水，此刻像脱缰的野马，狂放地冲击着淮河大堤。中外新闻媒体纷纷报道：暴雨狂泻，暴雨如注，十万火急！淮河一片汪洋。平日 10 多米宽的水面迅即扩展到 1 000 多米，在浑浊的淮水中，一片片树林只见到一簇簇树头。7 月 30 日凌晨，举世闻名的千里淮河第一闸王家坝闸历史上第 13 次开闸泄洪。顷刻之间，振聋发聩的轰鸣，惊天动地的涛声，排山倒海的巨浪，将十多万亩①农田淹没。数万农民含泪搬离家园。在淮河历次洪涝灾害中，处于淮河中游的安徽由于上排泄、下顶托，损失最为惨重。滔滔洪水，再一次给我们以警示：淮河不安，安徽难安；淮河不根治，安徽无宁日。在党中央、国务院的亲切关怀和重视下，各级党委和政府带领广大军民奋力抗灾，取得了抗洪救灾的重大胜利。抗洪斗争实践证明，我国多年来建设的水利设施发挥了重要作用，也使人们进一步认识到加强水利设施建设的重要性。同时，林业在这次抗洪救灾中也做出了重要贡献。水灾后大量调查资料表明，多年来国家在黄淮海平原营造的综合防护林体系在涵养水源、保持水土、护堤固岸、减轻洪水危害和保护水利设施、发挥水利设施效能等方面起到了重要作用。

大灾过后，痛定思痛，人们清醒地认识到，大江、大河、大湖的治理，事关大局。现在从中央到地方，把淮河治理提高到关系整个国家建设和稳定大局的高度来看待，调集各路精英，投入数十亿元，来降伏这条巨龙……其实，历史上的淮河本是条温良、驯服的河流。淮河流域是我国最早开发的地区之一，曾创造了古代高度发达的农耕文明，但黄河夺淮，改变了一切（详见附表“历史上淮河之灾”资料）。随着人口激增、耕地扩大、森林破坏、环境恶化，淮河水灾越来越频繁，灾情越来越严重，到了非治理不可的地步。

本着对淮河流域进行生态修复的指导思想，从林业兼有生态、社会、经济三大效益相统一的客观实际出发，综合防护林体系建设无疑将为淮河综合治理、农民脱贫致富奔小康做出积极贡献。

经过 70 多年的综合治理，尤其是水利设施的建设和完善，以及综合生态防护林体系的建设，大大提高了淮河流域抗击洪涝灾害的能力。2020 年 6 月 10 日以后，连续 40 多天的暴雨和特大暴雨肆虐，造成淮河水陡涨，全线告急。千里淮河第一闸王家坝闸超过警戒水位达到 29.75 m（超 2003 年 29.53 m 记录），于 7 月 20 日上午 8 时 21 分第 16 次开闸泄洪，淮河水经此流入蒙洼蓄洪区，蒙洼蓄洪区域有 14.5 万居民，受到影响的 2 408 名群众

---

① 1 亩 = 1/15 $hm^2 \approx 666.67\ m^2$，下同。

在7月20日凌晨全部完成撤离，转移至蓄洪区内的保庄圩或庄台，有专门的服务队为他们运送必需的生活物资，保证他们在蓄洪期间能够安心生活。随着洪水下行，下游的一些行洪区还会按照确定的调度目标，逐步启用和分洪来控制淮河的洪水稳步向下游行进，至8月下旬，淮河安然无恙。

第二节 淮河流域基本情况

一、黄河首次南泛夺淮

淮河，古称淮水，发源于河南桐柏山主峰太白顶，流经河南、安徽、江苏等省，原来由苏北云梯关入海，以后由于黄河改道（注：1127年北宋灭亡，赵构在杭州建立了偏安一隅的南宋政权。次年，东京（今开封市）留守杜充为阻挡金兵南下，在今滑县以西决开黄河，黄河洪水奔腾南泻，由泗水入淮，这是历史上黄河河道南移的开始，也是黄河第一次南泛夺淮），从此，淮河3 000余年安流入海的局面中断了，大量泥沙淤塞了淮河入海尾闾，遂改由苏北三江营入长江，全长1 000 km（流经安徽省431 km），直线距离590 km，弯曲度为1.7。全河总落差200 m，平均比降为0.2‰。洪河口以上为上游，河段长364 km，落差178 m，占全河落差的89%；洪河口到中渡（洪泽湖出口）为中游，长490 km，平均比降为0.027‰；中渡以下为下游，长146 km，平均比降为0.036‰。全流域支流纵横交错，密如蛛网，其中一级支流120多条，二级支流460多条，跨省的河流就有100多条。正是这些细流不停地奔流汇聚，容纳百川，直奔东海，终于与黄河、长江、济水并称为中国古代四大水系。历史上河道通畅、独流入海的淮河，由于1194年黄河夺淮而彻底改变了自己的命运，成为一条灾害频繁的内河。全流域山地丘陵占34.5%，平原占58.4%，湖泊洼地占7.1%；流域面积（不包括沂、沭河区）约21万km^2，跨133个县（市、区），人口1亿人左右，可耕土地2.1亿亩（安徽53个县、市、区，11 368.48万亩）。安徽境内直接入淮的主要河流有东淝河、北淝河、淠河，主要支流有滁河、池河，主要湖泊有瓦埠湖、高塘湖、花园湖、女山湖等。淮河流域安徽段，自西向东倾斜，比降较缓，沿河两岸多为湖泊洼地，地势平坦，良田万顷，多数属平原圩区。

二、气候

淮河流域地处我国南北过渡地带，本区处于中低纬度地区，从气候带划分，以南为北亚热带，以北为暖温带；从植被带看，自北向南，从落叶阔叶林向落叶常绿阔叶林过渡，既是很多树种自然分布的北界，又是一些北方树种分布的南缘。本区域气候主要受季风环境支配，四季分明，气候温和，雨量适中，光照充足，无霜期长，严寒期短，热量充裕，降水丰沛。

但天气形势多变，冷暖气团活动和交锋频繁，降水量的年际和年内变化都比较大，并且存在由南向北递减的趋势。资料显示，区内多年平均降水量为1 000～1 350 mm，大水年（1954年）最高可达1 420～2 300 mm，枯水年（1978年）仅为410～760 mm，年际相差3.0～3.5倍。就多年平均而言，汛期（6～9月）的降水量达580～760 mm，占全年的50%～

60%，但是汛期往往集中在7月，降水量达150~270 mm。降水量年际与年内分配的不平均，是导致本区易旱、易涝的重要原因。故旱涝是流域内自然灾害中范围最广、危害最大的灾害。其中干旱以秋旱最多，夏旱次之，特别是5月中下旬，多西南向的干热风，加速土壤水分蒸发，此时正值小麦灌浆阶段，常因受旱而减产10%~30%。有季节连旱、数年连旱的特点。如1966~1968年安徽省连续三年大旱。其中最严重的一次干旱出现在1978年，造成江淮北部和东部冈地的柳杉（*Cryptomeria fortunei*）、杉木（*Cunminghamia lanceolata*）、毛竹（*Phyllostachys pubescens*）等成片死亡。20世纪90年代以来，最严重的干旱是1994年的夏伏旱，为新中国成立以来之最。洪涝灾害主要集中在夏季，而大涝、特大洪涝更高度集中于夏季梅雨季节。如1954年、1956年、1969年、1983年、1991年、1996年和2003年等都出现了特大洪涝。大范围、长时间积水不退，不仅造成林木成片死亡，也影响了树木生长。

流域内全年蒸发量多年平均为1 320~1 380 mm，年内蒸发量7月最大，达180~220 mm，1月最小，为40~50 mm，并由南向北逐渐增大；年相对湿度为65%~85%，由南向北逐渐减小；年平均气温为15.5~16.9 ℃，由南向北递减，年内气温变化不大，7月最高，平均为28~29 ℃，1月最低，平均为-1~4.4 ℃。对林木影响最严重的一次是发生在1955年1月，当时极端最低气温寿县正阳关为-24.1 ℃，合肥为-20.6 ℃，这次寒潮同时还伴有大雪、雨凇、雾凇等多种灾害性天气。3月下旬至4月中旬，多低温阴雨等灾害性天气。年平均日照时数为1 834~1 982 h，太阳辐射总量为110~125 kcal/cm^2；无霜期在210~250 d，平均初霜期为11月初，终霜期为3月底。总体看来，流域内气候条件优越，光、热、水资源丰富且配置较好，适宜多种树木生长。

常年风向为东北—西南向，汛期风向为东南—西北向，一般最大风力8~9级。

三、土壤

由于安徽省气候属南北过渡类型，地形复杂，土壤母质种类多，人为活动早，因而土壤类型多且杂。在地带性土壤方面，自北向南，淮北是棕壤，江淮之间主要是黄棕壤。非地带性土壤方面，淮北主要有石灰性潮土与砂姜黑土，其他地区主要是潮土与多种类型的水稻土。此外，还有山地土壤的垂直分布带（山地黄壤、山地黄棕壤及山地草甸土）。

土壤是林业生产的基底，也是林木生长不可缺少的基本环境条件。它不仅起着支持和固定树木生长的作用，而且还给树木生长发育的全过程提供必需的水分、养料和其他生活条件。因此，土壤的肥瘠和性状直接影响着树木的生长和发育，从而影响林木生产的发展。下面仅就安徽省淮河流域主要土壤类型来谈谈它们的宜林特点。

（一）淮北平原区土壤

淮北平原大多是海拔50 m以下的平地，土壤主要有棕壤（地带性土壤）、潮土及砂姜黑土（非地带性土壤）。

1.潮土

潮土是非地带性土壤，凡河流泛滥带、冲积扇或三角洲都有潮土，安徽省淮河流域主要分布在淮北平原北部地区和淮河及其主要支流的沿岸。潮土是河流沉积物或湖相沉积物母质,经地下水参与成土过程和旱耕熟化发育的土壤。泥沙颗粒沉积时,有紧沙慢淤的规律,近河相为沙土,远河相及湖泊多为黏土,沙黏逐渐变化,土壤质地从松沙土至黏土。淮北平原潮土的母质是富含碳酸钙的近代黄淮河流沉积物,一经沉积后,便开垦利用,成土时间短,受淋溶程度弱,土壤中游离碳酸钙的含量较高。所以,具有石灰反应,呈微碱性,黄河故道还有成片沙丘,冬春季节仍有风沙危害,风沙涝碱是淮北平原低产的主要因素。地下水位一般为1~2 m。由于淮河水位有季节性变化,地下水位变动幅度也大,加之淮河洪水泛滥,部分地方为国家规定的行、蓄洪区。大多是海拔50 m以下的平原;年均温13~15 ℃,年降水量700~800 mm,初夏多西南风,冬季干、寒、多风,气温较低。本地区以"四旁"绿化和防护林带为主。造林树种的选择必须注意,以选择耐水树种为主。如旱柳(*Salix matsudana*)、枫杨(*Pterocarya stenoptera*)、乌桕(*Sapium sebiferum*)、桑(*Morus alba*)、池杉(*Taxodium ascendens*)、水杉(*Metasequoia glyptostroboides*)、丝棉木(*Euonymus bungeana*)、构树(*Broussonetia papyrifera*)等耐水性较强树种。防护林应重点发展泡桐(*Paulownia elongata* S. Y. Hu)、杨树(*Populus* L.)、刺槐(*Robinia pseudoacacia* L.)、柳树(*Salix* L.)、侧柏(*Platycladus orientalis* (L.) Franco)、铅笔柏(*Sabina virginiana*)、石楠(*Photinia serrulata* Lindl)、香椿(*Toona sinensis* Roem.)、白榆(*Ulmus pumila* L.)等树种。洼河堤坝上可发展"三条",生长好、产量高。如紫穗槐(*Amorpha fruticosa* L.)造林后,3~4年即亩产枝条300~500 kg,年年均得收益。它不仅能护堤保土、改变河堤景观,而且是改良土壤、保持水土的优良灌木。其适应性强,具有耐湿、耐旱、耐瘠薄、耐碱、耐阴、耐寒等特点,不论在荒山、沙地还是路旁、水边均能生长。

2.砂姜黑土

砂姜黑土是非地带性土壤,分布面积最大,约占淮北平原耕地面积的52%。多分布于地形比较平坦、低洼的河间平原,成土母质是黄土性古河流冲积物,原含多量游离的碳酸钙。地下水埋深在1~2 m,雨季可上升到1 m以内,有时甚至地表积水。在垦殖前生长喜湿性的草本植被,母质中的碳酸钙在水分和生物综合作用下,向下淋洗,在土层下部积淀形成生姜状的碳酸钙结核,即砂姜。由于长期淋溶的结果,土体内已基本上不含碳酸钙。因此,砂姜黑土的形成过程,是前期的草甸潜育过程和其后的旱耕熟化过程,在前一过程阶段,形成两个基本发生层,即"腐泥状黑土层"和"潜育性砂姜层",这是本土类的特征。腐泥状黑土层简称"黑土层",厚30~60 cm,多半为暗灰色或黑色,质地为重壤土到轻黏土,有机质含量不高,一般低于1%,呈中性至微碱性,pH值在7左右。潜育性砂姜层简称"砂姜层",出现在黑土层之下,多为棕黄色壤土,有锈斑及砂姜,深度在70 cm左右。据调查,砂姜黑土区影响树木生长和分布的主导因子是土壤水分,地下水位高、土渍而影响树木的成活与生长;土质较黏、水气失调,使很多树种的根系难以向下伸展;土瘠,因而影响喜肥树种的生长速度。故树种必须选择耐水、耐旱、耐瘠树种。首先应发展当地乡土树种,如臭椿(*Ailanthus altissima*)、旱柳、枫杨、苦楝(*Melia azedarach*)、白榆、桑、酥梨(*Crisp pears* var. *culta*)、柿(*D. kaki* L. f.)、杨属(*Populus* L.)、柳属等;推广紫穗槐、白蜡(*Fraxinus chinensis*)、杞柳(*Salix purpurrea* L.)等"三条",实行乔灌结合,成行栽植。侧柏、刺槐、柳、法桐(*Platanus acerifolia*)均可适当发展。

大部分山地经多年耕垦和不合理利用,遭到强烈侵蚀,土壤多为粗骨土、沙砾土。

(二)淮河沿岸土壤

淮河沿岸土壤大都为冲积土,也间有小段的棕潮土和部分潜育褐色土,俗称"砂姜黑土"。

(三)大别山区土壤

该区以中山、低山为主,常见的土壤有山地黄棕壤和黄红壤。山地土壤土层瘠薄,一般厚度为0.5~2 m,土壤粒粗、砂性重,小于0.01 mm的土粒含量一般在15%以下,故土壤松散,结构差,黏结性很小,毛管性能差,保水保肥能力低,吸水、排水快,生产力低。有些地方土壤已流失殆尽,基岩外露,难以利用。年均温14 ℃左右,年降水量1 200~1 500 mm。

本区主要造林树种,除杉木、竹类、马尾松、檫树、栎类、油茶、油桐、黄山松、板栗外,凡适宜皖南山区生长的树种在境内也能生长。

(四)江淮丘陵区土壤

本区以丘陵及波状起伏地为主,部分地区有平原和低山(海拔在500 m以下)。年均温在15 ℃左右,年降水量800~1 200 mm,干湿季节明显。土壤为黏盘黄棕壤,广泛分布于江淮之间的丘陵冈地,成土母质为下蜀系黄土,剖面呈黄棕色,土层深厚,质地黏重,下层是紧实的黏盘层,结构不良,透水性差。剖面上有大量的铁锰结核,表层呈微酸性,下层为中性,pH值6.0~7.0,群众称之"晴天像块铜,一雨稀糊浓"。肥力不高,立地条件各地差异很大。局部森林植被较好的地方,地表有不同厚度的枯枝落叶层,厚2~10 cm,其下有10~20 cm的腐殖质层,再下为心土,厚30~50 cm,这种土壤自然肥力好,生产力也较高,水土流失较轻。

本区主要造林树种有马尾松(*Pinus massoniana*)、栎类(*Quercus* L.)、檫树(*Sassafras tsumu*)、柳树、苦楝、枫杨、油桐(*Vernicia fordii*)、水杉及黑松(*Pinus thunbergii*)、火炬松(*Pinus taeda*)、湿地松(*Pinus elliottii*)等。

四、植被

流域植被仍反映南北过渡特点,淮河以北属暖温带落叶阔叶林区,森林类型以落叶林为主;淮河以南属亚热带,为落叶阔叶林带、常绿阔叶林和针叶阔叶混交林带。主要森林树种有麻栎(*Quercus acutissima*)、栓皮栎(*Quercus variabilis*)、蒙古栎(*Quercus mongolica*)、槲树(*Quercus spinosa*)、黑松、华山松(*Pinus armandii*)、侧柏、椴树(*Tilia tuan*)等;丘陵平原有泡桐、欧美杨(*Populus × euramericana*)、柳、榆、槐、白蜡等;灌木有荆条(*Vitex negundo var. heterophylla*)、紫穗槐、杞柳、酸枣(*Ziziphus jujuba* var.*spinosa*)等;近年来引进的树种有水杉、池杉、柳杉、火炬松、湿地松、无刺洋槐(*Robinia pseudoacacia*)等;主要经济树种有梨(*Pyrus pyrifolia*)、苹果(*Malus halliana*)、桃(*Amygdalus persioa*)、杏(*Armeniaca vulgaris*)、山楂(*Crataegus Pinnatifida Bunge*)、板栗(*Castanea mollissima*)、柿子、茶(*Camellia sinensis*)、桑、油桐等。草本植物也很多,适宜的保土牧草有草木樨(*Melilotus suaveolens*)、葛藤(*Pueraria lobata*)、沙打旺(*Astragalus adsurgens*)、菅草(*Miscanthus floridulus*)、紫花苜蓿(*Medicago sativa*)等。流域内植物资源丰富,充分合理地加以利用和保护,不但能繁荣当地经济,还能起到保持水土的作用。

五、水资源

淮河流域平均年径流深 249 mm,多年平均天然径流量 645 亿 m^3。保证率 75%的年地表径流量为 399 亿 m^3,保证率 95%的年地表径流量为 210 亿 m^3,仅占多年平均值的 1/3,变化率很大。淮河流域平原地区的浅层地下水比较丰富,一般在地面下 60 m 以内均有较好的含水层。浅层地下水主要由地面补给,易于利用,为平原地区主要开发利用的水源。平原地区虽有较丰富的地下水,但利用价值有限。全流域地表水与浅层地下水合计水资源总量为 890 亿 m^3,按流域人口平均每人占有地下水量 680 m^3 计,为全国人均水平 2 600 m^3 的 1/4,干旱年份每人占有水量更少。可见,淮河流域是一个水资源储量并不丰富的地区。

六、社会经济条件

据 2015 年统计资料,流域有人口 4 278.64 万人,其中农业人口 3 338.44 万人,占总人口数的 78.03%,农业劳力 2 403.77 万人,占总人口数的 56.18%;流域内人均占有耕地1.37 亩,人均占有林业用地 0.63 亩。2015 年流域工农业总产值 9 860.41 亿元,其中农业总产值占 18.7%;林业产值 153.11 亿元,占农业总产值的 8.3%;人均纯收入 10 279 元。

七、自然灾害

淮河流域主要自然灾害有旱、涝、山洪、泥石流、风沙、霜冻等。

旱、涝是流域范围内危害较大的自然灾害。总长 1 000 多 km 的淮河,过去 500 年里共发生过 130 多次特大水灾(详细情况见附表“历史上淮河之灾”),这相当于苏伊士运河的 11 倍、巴拿马运河的 26 倍。淮河流域旱涝周期明晰,一般为 11 年,但百天大洪大涝,继而百天大枯大旱现象,亦屡见不鲜。淮河流域洪涝主要由暴雨所致。6 月、7 月,江淮地区特有的梅雨季节,降雨可持续一二个月。范围之大,可覆盖全流域。梅雨期的长短和梅雨量的多寡与旱、涝的发生有密切的关系。例如,安徽省 1954 年梅雨期长达 2 个月,造成大涝;1978 年梅雨期只有几天时间,发生大旱。

山洪是水蚀地区的重要灾害,一有暴雨就暴发山洪,沙石俱下,决堤溃坝,吞噬农田,桥断路毁,给山区的经济带来毁灭性破坏。山洪的暴发还常常伴随泥石流发生,其破坏力之大也是惊人的。最为惨重的一例是 1975 年 8 月,受台风影响,洪汝河流域突降暴雨,暴雨中心在汝河板桥水库以上流域,平均降水量达 1 028.5 mm,最大入库流量达 1.3 万 m^3/s,创世界同流域面积入库量最高记录,导致 8 月 1 日水库水位超过坝顶,水库溃决。洪水以 6 m/s 的速度冲向下游,6 h 倾泻 7 亿 m^3。洪水出库时形成高 30 m、宽 12~15 km 的水流,洪水摧枯拉朽,所向披靡,建筑物、道路等荡然无存。京广铁路距大坝下游 50 km,有 31 km被冲毁,铁轨被扭曲成麻花状。洪水再往下,直接致使洪河石漫滩水库溃决,王老坡滞洪区冲决。据统计,这次虽是小流域洪灾,但导致 2.6 万人失去生命,1 130 万人受灾,33 万头大牲畜死亡,冲毁房屋 625 万间,水毁耕地 2 000 万亩。

20 世纪以来,1931 年、1954 年、1963 年、1991 年、2003 年以及 2020 年淮河流域大洪水,亦举世瞩目。

早霜和晚霜低温冻害也是流域内常见的灾害，对农作物和林木幼苗的危害很大，冬季南下冷空气很强时，导致低温冻害，使果树、大田作物受冻。

八、治淮工程的巨大成就

“走千走万，不如淮河两岸”，这曾是淮河流域的老百姓引以自豪的佳句。但是，历史上黄河多次夺淮入海，黄河南堤决口夺淮以后，打乱了淮河流域水系，使淮河失去了独立的入海通道。1855 年黄河改道北流，黄河带来的大量泥沙阻塞了淮河入海口，使淮河成为我国七大水系中唯一没有入海口的内陆河。为了对付淮河洪灾，只得在淮河两岸占用大量农田、河沟、埂塘、湖泊作为行洪区、蓄洪区，消极等待河水的退去，留下的是满目疮痍和人们辛酸的泪水。大量的淮河水又使洼地变成了湖泊，洪泽湖就是最大的内洼湖。

70 多年来，淮河流域人民在治淮工作中取得了巨大的成就，全流域已建成大、中、小型水库 5 300 余座，总库容达 250 亿 m^3。其中大型水库 24 座，库容 170.92 亿 m^3；中型水库 140 余座，库容 42.04 亿 m^3；小型水库 5 100 余座。在大、中型水库中，安徽有大型水库 4 座，中型水库 49 座，总库容 73.08 亿 m^3。另外，在安徽境内建成的淠史杭灌区，实现了控制淮水、调节淮水、利用淮水的目标；在平原地区利用湖泊洼地建起了蓄滞洪工程和湖泊水库综合利用工程，总库容达 272 亿 m^3，为调节和蓄削淮河及沂、沭、泗河的洪水发挥了重要作用，也是在“一定要把淮河修好”的综合治理宏伟蓝图中最辉煌的一笔。1991 年，肆虐的淮河洪水将沿淮大地吞没，造成 50 年来的最大洪涝灾害，全国各地掀起了“风雨同舟，义演赈灾”，国家领导重视，四省在人代会提案，国家总投资 250 亿元（安徽段 140 亿元，省斥资 40 亿元）治水患。为此，淮河入海通道由原计划 2005 年提前到 2003 年，2003 年 6 月 28 日上午，在江苏淮河入海水道滨海枢纽举行全线通水仪式。因黄河夺淮失去入海水道 800 多年的淮河水，重新有了独立的排洪入海通道，淮河两岸人民多年的梦想终于变成现实。

淮河入海水道是淮河流域下游的战略性防洪骨干工程，水道西起洪泽湖，东至黄海，全长 163.5 km，设计行洪流量近期 2 270 m^3/s（排洪能力 1.6 万～2.6 万 m^3/s），工程总投资 41.17 亿元。

九、土地利用现状

依据 2015 年调查数据，淮河中游土地总面积 11 368.48 万亩。其中农业用地面积 5 870.51万亩，占总面积的 51.64%；林业用地面积 2 698.56 万亩（其中宜林地 48.66 万亩），占 23.74%；其他用地面积 2 799.41 万亩，占 24.62%。

十、林业生产现状评价

（一）林业生产概况

历史上的淮河流域曾是林茂粮丰、气候温和、土壤肥沃、物产丰富的地方，曾有“走千走万，不如淮河两岸”的民谣。“柳色如烟絮如雪”形象地描绘出当时淮河两岸婀娜多姿的堤柳景色。

但新中国成立前一段时间，由于人们缺乏对流域综合治理的认识，违背自然规律和经济规律，过度开发和利用土地资源，使森林遭受破坏，生态平衡失调。

据金陵大学林学系美国教授罗德民博士于1926年对淮河流域的考察，淮河已失去了往日的葱茏。有这样的文字记载："淮河流域类似黄河因人口增加，焚林锄垦，深入山地，森林日益荒废，昔日森林所保存之土壤，均被雨水洗刷净尽，绝无涵养水源之能力，山坡急流所摧之游沙，一入平原，逐渐沉淀，淤塞河身，阻碍水流，是以水患频仍，无法制止。"由于淮河流域森林植被遭到严重破坏，它带来的危害至今犹在。

新中国成立后，流域人民在党和各级政府的领导下，在兴修水利工程的同时，大力开展植树造林活动，恢复森林资源，使部分地区形成良好的绿色生态屏障，并在蓄水保土、抗灾减灾和保护水利设施等方面发挥了重要作用。流域的林业生产建设已形成一定的规模和基础，并建立健全了各级林业机构。人工造林、更新已经形成相当规模，初步建立起了森林经营管理体制等。

总之，新中国成立以来，淮河流域林业建设取得了十分可喜的成就。但是，由于种种原因，从改善整个流域的生态环境和建立绿色屏障的需要看，林业建设依然存在薄弱环节，不仅表现在森林资源少、覆盖率低，而且林地稀疏，林相破碎，林种、树种结构不合理，森林综合效益较低。因此，林业抗御自然灾害的能力相对比较脆弱，还不能充分有效地发挥林业的屏障作用，流域内的防护林建设与它所处的自然条件和战略地位还很不相称。

（二）森林资源现状及特点

1.森林资源

根据2015年森林资源调查，流域内林业用地面积2 698.56万亩，其中：有林地2 507.57万亩，疏林地5.95万亩，灌木林地54.62万亩，未成林造林地56.16万亩，苗圃地9.89万亩，无立木林地13.11万亩，宜林地48.66万亩，辅助生产林地2.61万亩；林木覆盖率22.47%；活立木总蓄积量1.03亿m^3。

2.森林资源特点

在数量上，流域内森林资源较少，森林面积仅占全流域的23.74%，人均占有森林资源0.63亩，为全国人均水平1.5亩的42%。因此，流域内森林资源数量还不能满足工农业生产和改善生态环境的需要。

在质量上，流域内现有林分生长量较低，现有林单位蓄积量只及全国平均水平的63.8%；但人工林中的用材林单位蓄积量则比全国平均水平高出47.4%。材料表明，流域内人工造林的效果是比较好的，这为流域内的防护林体系建设提供了可信的依据，但是人工林生长后劲不足，这是在防护林体系建设中必须注意的问题。同时，由于防护林比重还不高，使得流域的生态长期得不到改善，这与流域加快改革步伐和对外开放所需要的良好环境条件还有不小差距。

（三）林业建设存在的主要问题

（1）政策不稳，影响林业发展。流域内林业建设曾受到两次大的破坏，第一次是1958年"大跃进"时，在大办钢铁的号召下，人们纷纷上山砍树，森林遭到浩劫；第二次是"文化大革命"时，由于提出"向荒山要粮"，大规模毁林开荒，使森林再次受到洗劫。安徽省金寨县1975年以前有森林面积370万亩，蓄积量1 600万 m^3，到1976年森林面积减少46%，蓄积量减少68.4%，而同期荒山和灌丛面积增加到191万亩。

(2)在大规模建造水利基础设施时，忽略了林业的配套措施。例如，1975年8月特大暴雨，造成板桥和石漫滩两座大型水库垮坝，原因之一就是水库上游和库区周围的植树造林没有跟上，森林覆盖率仅20%左右；加上过度开荒、放牧和铲草皮，水土流失十分严重，在特大暴雨的冲击下，不能保证水库安全度汛。同样气候条件下的薄山、东风两座大型水库情况则不同，水库周围与上游森林覆被率达90%以上，暴雨期间，森林植被拦截雨水，涵养水源，减少地表径流，延缓了雨水进库速度和时间，对保障大坝安全起到了积极的作用。1991年淮河流域特大暴雨造成的灾害，仍可以从综合治理不力上找到原因。因此，一定要做到库成林成、河成林成、渠成林成，使工程措施与生物措施真正结合起来。

第三节　防护林建设的必要性、紧迫性及重要意义

一、淮河流域是我国重要的粮棉生产和能源基地

淮河流域面积约占全国总面积的2.8%，耕地却占全国的13.3%，养育着全国1/8的人口，是我国重要的粮棉生产基地，粮食产量为全国的1/6，棉花、油料各占1/4。境内"两淮"煤矿是我国主要能源基地之一，煤炭资源丰富，对保障华东、华南能源供应起着重要作用。交通运输条件十分优越。

由于淮河流域特殊的地理环境和气候条件，造成灾害频繁发生，每遇水患，不仅使粮棉减产，而且直接威胁着京广、京沪铁路的安全，使国家财产和人民生活蒙受巨大损失。虽然每年国家花大量的人力、物力和财力用于防汛抗灾，却不能从根本上改变这一地区恶劣的生态环境。因此，加快流域的生态修复和开发，是当务之急的大事，不仅对保障该地区的经济发展有着巨大的作用，而且对整个华东地区的经济发展也有着举足轻重的作用。

二、造林绿化是改善生态环境的迫切需要

由于自然和人为因素的作用，淮河流域一直是一个灾害频发的地区，尤其是水涝、干旱交替发生，严重制约着农业的发展，威胁着当地工农业生产及流域人民群众生命财产安全。1991年夏季发生的特大洪涝灾害，造成的灾患之深、损失之大，实属罕见。大灾之后，人们反思，产生如此大的灾害，除流域所处特殊地理环境和异常气候条件等直接原因外，水利设施不完善，上游森林植被大量减少，生态屏障遭受破坏，水土流失加剧等也是这次水患的重要根源。

据资料记载，淮河流域特大洪水的发生频率呈上升趋势。从1593年至19世纪末的300年间，发生两次特大洪水(1593年、1730年)。进入20世纪后，到1949年，50年内淮河发生两次特大洪水(1921年、1931年)，平均20多年一次。20世纪50~80年代，已发生特大洪水11次，50年代以后，洪水发生频率平均每10年发生3次以上，这样频繁的灾

害，不仅严重威胁着流域内工农业生产和人民生命财产安全，而且打乱了流域经济发展的战略部署，严重影响了现代化建设的进程。

频繁发生的洪水不断冲刷着万物依存的土壤，使肥沃的土地变成不毛的荒山。据对淮河流域水土流失状况统计，全流域水土流失面积 8 248 万亩，丘陵山区有水土流失面积 6 583 万亩，占丘陵山区面积的 56%。其中轻度流失面积 2 567 万亩，占流失面积的 39%；中度流失面积 1 975 万亩，占 30%；强度流失面积 1 317 万亩，占 20%；剧烈流失面积 724 万亩，占 11%。另外，平原沙土区有水蚀风蚀复合侵蚀面积 1 665 万亩。根据侵蚀模数推估，年土壤侵蚀量 1.8 亿 t，其中丘陵山区 1.6 亿 t，平原沙土区约 0.2 亿 t。丘陵山区流失的土壤相当于一年失掉 30 cm 厚的耕地 61 万亩，损失氮、磷、钾 134 万 t。水土流失造成全流域年侵蚀深达 10~30 mm，使土壤逐渐瘠薄、砂砾化，最终导致基岩裸露而难以利用。全流域现有裸岩面积 230 余万亩。土壤是最宝贵的资源，一旦流失，就难以复得，土层冲光为光石板，人类就失去了生存的基础。从这个意义上讲，加速防护林体系的建设，迅速恢复和建立良好的生态环境，是流域人民的迫切愿望。

水土流失造成水库、塘坝严重淤积。据重点调查推算，淮河流域每年淤在大、中型水库的泥沙为 4 800 多万 m^3。

水土流失造成河床淤高、航道缩短。20 世纪 50 年代以来，淮河干支流的淤积始终不断，迫使淮河堤坝逐渐增高。年复一年，淮河从地下河爬到地上成为“悬河”，中游滞水严重，洪水倒流，成为根治淮河的三大顽疾之一。新中国成立之初，颍河上游属沙质河床，故名“沙河”，在洪水的冲刷作用下，20 世纪 60 年代以后逐渐变成了砂砾和卵石，“沙河”变成了“石河”。据调查，近 10 年来上游境内淮河干流已淤高 1.05 m，淮河行洪能力已由 20 世纪 50 年代的 13 000 m^3/s 下降到 10 600 m^3/s，给洪涝灾害发生带来越来越大的隐患。

三、建设绿色生态屏障是保障农业稳产高产的迫切需要

森林植被的减少，使森林调节气候、涵养水源、保持水土的能力削弱，水涝、干旱、盐碱、干热风等自然灾害频繁发生，造成农业减产、人员伤亡、工厂不能正常生产、交通不能正常运营，经济损失巨大。例如，无林圩堤的险性频率是每千米 2.45 次，有林圩堤仅 0.09 次。群众形象地说：“堤是生命线，树木是保护伞。”

干热风，平均每年 4.2 次，高温高速的干热气流，一二天即可使小麦减产 15%~20%，甚至 50%。提高林木覆盖率，建设生态屏障，可以有效减缓灾害危害。据测定，农田防护林平均减低风速 14%~41%，遇到台风危害时，效果尤其明显。8 级大风，林网庇护下旱稻仅倒伏 16.0%，最轻者只有 4.5%；而空旷区倒伏达 80.9%。高温期间水杉林网内平均气温降低 0.2~0.3 ℃，最大降低 1.9 ℃，相对湿度增加 3%，蒸发量减少 12.5%。这样，农田防护林在正常年间，可使水稻平均增产 4%~10%，小麦平均增产 2.3%~5%，玉米平均增产 5.3%，油菜平均增产 3.4%~5.9%，当遇到灾害年间，可使粮食增产 20%以上。

淮河流域频繁发生的灾害对农业和人民生命财产带来的破坏是巨大的、直接的，而现有森林植被对它们的屏障作用和防护效能显得相当脆弱，不能加以有效的保护。因此，加速流域内防护林建设，不仅是当地人民的迫切愿望，而且是建立协调的生态环境和保证农业稳产高产的需要。

四、加强林业建设是解决山区人民脱贫致富的重要途径

淮河流域山区历史上曾是以林为主的地区，森林茂密，林副产品资源丰富。由于开发早、人口剧增以及不合理的经营利用等，使担负生产和生态双重作用的山区林业逐渐丧失其正常功能，特别是新中国成立后森林资源又遭到两次大规模的毁坏，生态环境日趋恶化，严重滞后了山区经济的发展。从振兴山区经济角度出发，尽快恢复森林植被是山区经济发展的基础，靠山吃山、用山养山，是山区人民脱贫致富的重要途径。森林是山之衣、水之源，是保护农业和水利的屏障，它的作用和功能是持久的、多方面的，是改善流域生态环境不可替代的根本措施。因此，防护林体系建设工程，从近期看，不仅有较大的经济效益，从长远看，更有巨大的社会效益和生态效益，抓林业就是抓水利、抓农业、抓减灾、抓扶贫。1992 年 6 月 5 日世界环境日主题是：只有一个地球——关心与共享。对淮河流域的彻底治理和生态修复，是我们这一代人义不容辞的责任，功在当代，利在千秋。

第四节　林业是农业和水利的生态屏障

一、扩大森林植被，实现自然生态良性循环

1991 年大灾之后，中央领导指出："加快大江大河大湖综合治理，要把治理下游同治理上游、水利建设同林草发展有机结合起来，切实保护和扩大植被，防止水土流失，增加森林覆盖率，不断改善生态环境""林业是农业和水利的生态屏障，对于保障农牧业稳产高产和水利设施发挥效能具有重要作用"。

因此，防护林体系建设应以"农业是基础，水利是命脉，林业是屏障"为基本指导思路。在防护林体系建设过程中，应根据流域的自然条件、社会条件和经济状况，坚持把防治以水灾为中心的各种自然灾害放在首位，力求从根本上解决自然灾害对流域的危害；坚持与农田基本建设和水利基本建设配套实施，做到路成林成、河成林成、渠成林成、库成林成，把林业建设成为有效保护农业和水利的生态屏障；坚持建设以恢复和扩大森林植被、实现自然生态良性循环为核心，建设以发挥森林生态经济效益为重点的防护林工程体系，使森林的"三大效益"得以充分发挥，为地区的改革开放创造良好的外部环境条件，促进流域工农业生产的发展和山区人民脱贫致富。

二、坚持山水林田路综合治理

（1）全面规划，统筹安排，合理布局，综合治理。

淮河流域造林绿化工程是流域综合治理的重要组成部分，也是一项庞大的系统工程。在这个系统中，林业除了担负保障水利设施发挥效能、保障农业稳产高产的重任外，还肩负着完善自身的生产经营功能。因此，要充分认识农、林、水三者的关系，将治水与治山、兴修水利与林业建设、发展农业与振兴林业作为一个整体，统一规划。坚持在水利建设

中,做到生物措施与工程措施相结合、治源与治流相统一;坚持在农业综合开发中,做到山水田林路综合治理,以提高造林绿化工程建设的整体效益。

(2)明确目标,调整结构,遵循规律,尊重科学。

要从改善生态和经济环境入手,围绕建设防护林体系的总目标,在培养和保护好现有森林资源的基础上,走科技兴林之路,遵循规律,尊重科学,尽可能采用先进技术和最新科研成果,大力调整不合理的林种结构和单一的林业生产经营模式,建设一个多林种、多树种、多功能、多效益的综合防护林体系。时间上,实行短、中、长结合;造林方法上,造、封、飞并举;空间与布局上,片、网、带齐上,乔、灌、草搭配。

(3)因地制宜,因害设防,突出重点,兼顾一般。

淮河流域的防护林建设工程,必须遵循流域内的自然规律,从实际出发,因地制宜,因害设防,针对流域内生态经济环境中存在的突出问题,区别重点,在建设以水源涵养林、水土保持林为主的防护林体系的同时,适当发展用材林、经济林和薪炭林,并相应加强林业基础设施建设。

(4)先急后缓,分步实施,分类指导,讲求实效。

淮河流域内不同地区的自然条件、灾害类型和林业生产现状都有所不同,为了使防护林体系尽快发挥效益,应当优先安排灾害频繁、林业基础薄弱、群众积极性高、条件有利以及对整个流域治理影响较大的地方,使防护林建设工程按计划分阶段实施,并根据不同的建设内容,分类指导,注重发挥工程的总体效益。

建设以水源涵养林、水土保护林为主的防护林体系,是从流域内生态环境治理的客观需要和林业生产的客观现实提出的。因此,工程要立足长远,也必须结合治理区林业基础薄弱、人民群众生活水平不高的实际,把防护林建设与当地经济发展和群众脱贫致富结合起来,处理好眼前利益和长远利益的关系,充分发挥山区资源优势,使防护林体系建设结构稳定,效益显著,可持续发展。

(5)自力更生,广筹资金,各负其责,各受其益。

淮河中游生态恢复工程是一个社会性很强的公益事业,投资于林,造福于民,功在当代,利在千秋。因此,应当动员全社会、各部门多方筹资,积极支持这项工程,做到国家、部门、集体、个人一起上,谁投资谁受益。

第二章　我国防护林体系的发展及对生态环境的影响

第一节　我国防护林体系的发展成就

防护林是为了保持水土、防风固沙、涵养水源、调节气候、减少污染所经营的天然林和人工林，是以保护、控制、稳定和改善生态环境为主要经营目的的一种资源可再生的林种，除保护和改善环境外，还将产生巨大的直接经济效益。近几十年来，随着农业的发展，广大平原地区原始森林植被的退缩与消失，致使生态环境急剧恶化，人们逐渐认识到森林与生产、生活息息相关的重大意义。然而，平原地区恢复成原始森林状态是绝对不可能的，但运用森林生态功能特点，把林木重新纳入农业生态系统，作为农业生产的屏障，不仅可能，而且是农业生产的一项重要基础工程。

我国劳动人民提倡在农田周围种树具有悠久的历史。据《国语》记载，早在公元前550年，为防御风沙灾害，就已习惯在耕地边缘、房前屋后栽植树木。以后通过世世代代的生产和生活实践总结，又进一步发展到把林木成行地栽植在田边，以堵风口。至今在我国风沙危害严重的地区，仍可见到早期农民自发营造的原始防护林带。但是大规模有计划地发展防护林，还是始于新中国成立之后。从新中国成立至今，我国防护林的发展大致分为三个阶段：第一阶段始于20世纪50年代初，以防止风沙的机械作用为目的。由国家统一规划，在我国东北西部和黄河故道等风沙严重的地区，营造近4 000多km长的防风固沙林，其结构多以宽林带大网格为主。第二阶段是从20世纪60年代初开始，以改善农田小气候、防御自然灾害为目的，把防护林的营造作为农田基本建设和“山、水、田、林、路”综合治理的重要内容之一。以窄林带、小网格为主要结构模式，不仅速度快，而且规模大，几乎遍布全国所有农区。自20世纪70年代末开始，林木开始进入农田，把多层次的防护林与林粮间作有机地相结合，在农区形成一个空间上有层次、时间上有序列的农林复合生态经营系统。与此同时，我国还把干旱和半干旱地区的东北、西北和华北北部，即“三北”防护林体系，作为我国防护林建设的重点工程，其规模远远超过闻名世界的美国“罗斯福防护林”和苏联“斯大林改造自然计划”。

至2020年底，我国防护林建设经过近七十年的努力，全国总面积达6 300余万 hm^2，成为举世瞩目的伟大成就。其营造的面积，每年占我国造林面积的10%~13%，年平均净增面积为90万 hm^2 左右；蓄积量为8.5亿 m^3，为我国森林资源的11%左右。从而我国平原农区林木覆盖率由新中国成立初期的1.1%，提高到现在的22.47%，其中约有15%的地区林木覆盖率已超过25%。

第二节　安徽省防护林体系的发展成就

一、淮北平原区

安徽省平原农区防护林的发展大致经历了从“单效”到“多效”两个阶段。“单效”阶段从20世纪50年代初开始，在黄河故道一些风沙等自然灾害严重地区，营造防风固沙林，主要是改造沙荒、保护农田的“四旁”零星植树，部分石质山区小片林的营造和封山育林。如宿县镇疃寺林场的石山区的全面造林，萧县夹山套的水土保持林的营造，萧县皇藏峪天然次生林的保护，濉溪塌山的封山育林等。20世纪50~60年代，相继建立了9个平原林场和6个山区林场，进行了低洼地、石质山地及沙荒地较大面积的成片造林。在响应“一定要把淮河修好”号召，大兴水利时期，河流绿化也获得发展，如淮河堤岸防护林的营造等。农田防护林是从黄河故道开始的，营造了以防风固沙为主要目的的防护林。1958~1959年在临泉县单桥大队河网化的基础上，在133 hm^2 农田中沿沟纵横交错各营造4条林带，形成9个网格。同时规划营造了一条跨越5个县，全长500多km、宽200 m，栽乔木60~100行的皖西北防护林带，开始了农田林网的初步尝试。典型的林网化是随着水网化建设而开始涌现的，如涡阳县的纪伦寨、孙土楼，宿县的紫芦湖等。20世纪70年代，随着农田基本建设的蓬勃开展，大力推广农田林网化，以涡阳县为榜样，由一个大队发展到几个公社、一个县，甚至几个县连片的农田林网。河渠绿化也大力开展，如新汴河、新濉河以及茨淮新河等堤岸防护林营造。村庄零星栽植也已发展到环村林。为此，淮北农田防护林的内容已包括农田林网、环村林、河渠和公路绿地、农林间作及成片造林等，称之为带、网、片、点相结合的综合农田防护林体系。

20世纪60年代开展以村庄绿化为重点的“四旁”绿化、江河固堤防浪林；70年代结合农田基本建设，以营造窄林带、小网格为主的农田林网和林粮间作，但仍然是为改善生产与生活环境为主的单一经营目标；自80年代初期开始，随着农村经济体制的改革和产业结构优化调整以及商品经济的引入，平原农区林业的经营目标自发地发生了转换，进入了新的“多效”阶段。这一阶段的特点是开始注重应用生态经济原理来指导林业生产，由单一的生态需求向追求经济利益方向发展。如各地根据市场需求，实行间种、套种等多种模式，建设带、网、片、点间相结合的综合农田防护林体系，利用物种间的“空间差”和“时间差”，采取集约经营，在有限的土地上提高经济效益。据统计，淮北平原10余个县已全部达到部颁平原绿化标准；“六五”淮北平原有林地面积比“四五”统计的林业用地105.5万亩还要大6倍，林木蓄积量2 014.7万 m^3，年生长量达359.2万 m^3（综合平均生长率为17.83%），约占全省总蓄积量的37%；已有8个县人均占有立木蓄积量1 m^3 以上，年生产木材60多万 m^3，生产的木材除自用外，还输出外地，从而扭转了省内长期存在的“南木北调”局面，基本建成为安徽省三大后继森林资源基地之一，木材市场也相继活跃，木材及林产品加工企业、专业村、专业户也得到相应发展。林木覆盖率达15%以上。

二、江淮丘陵区

据考证，古代这一带是“草木畅茂，禽兽繁盛”“古木参天，细水长流”的自然景观。该区农业发展甚早,上古时,殷末氏族部落就在此过着"刀耕火种"为主的定居生活;又因处于我国南北要冲地带,故自秦汉以来,历为兵家必争之地,"风声鹤唳,草木皆兵",是这一带古代战场的真实写照。经过不断的战争,加之人口增加,农业发展,不合理的烧垦、无限制的放牧和滥伐,原始森林植被破坏殆尽,残存的次生杂木林仅在一些庙宇周围或人烟稀少之地才得以少量保存。如皖东地区新中国成立初,仅保存 1.5 万余亩的松林和杂木林。森林被破坏后,带来了严重的水土流失,林地变成荒地,荒地变成了瘠地秃岭,造成了生态环境恶化、旱涝灾害频繁,农业抗逆功能脆弱,粮食产量长期低而不稳,普遍出现了"四料"(木料、燃料、肥料、饲料)俱缺的现象,因而牧业也难以发展。

新中国成立以来,本区林业生产取得了一定的成绩,特别是 1989 年的"五年消灭荒山,八年绿化安徽"造林绿化规划和 2012 年实施的"千万亩森林增长工程"等,加快了林业发展的步伐。据 2015 年统计,全区现有森林 2 698.6 万余亩,森林覆盖率 22.47%左右,昔日的荒冈荒地,如今已成了郁郁葱葱的林海,大大改善了农区的生态环境,且提供了一定数量的商品林、民用材和林副产品,尤其是短轮伐期工业用材林。但是在现有林中,林种、树种单一,林相单纯,防护林、经济林(约占林地面积的 3.4%)比例小。其主要原因是不顾树种生物学特性和自然条件特点,盲目推广某一树种;加之经营粗放,产量质量不高,经济效益低下。

第三节　农田防护林对生态环境的影响

淮河中游地区营造农田防护林的主要目的在于改善农业生产的环境条件,提高环境质量,保护农作物,减免自然灾害,特别是气象灾害的侵袭。因此,在农田基本建设的同时,因地制宜、因害设防、适地适树,建立多林种的综合防护林体系,是综合治理中生物措施最重要的内容之一。综合防护林体系以农田林网为主体,并有机地结合"四旁"绿化及经济林、用材林、薪炭林、各种防护林、果园、桑园和农林间作等,构成带、网、点、间(农林间作)、片相结合的林业生产建设统一整体,在项目区呈现农林交织,乔、灌、草相结合的立体农林地理景观,它的功能和效益是多方面的,人们在实践中已得到充分认识。

把防护林的首要任务作为改善农田生态系统这种认识,最早始于 1893 年美国的费诺(Fermow)和哈林顿(Harrington)等所著《森林影响》一文,该文系统地阐述了森林对环境的影响。但真正把防护林运用于改造自然,还是第二次世界大战以后的事情。日本 1972 年的调查结果表明,当森林覆被率达到 68%时,森林生物量占全国生物资源总量的 92%,一年内全国森林可贮水 2 300 亿 t,防止水土流失 57 亿 m^3,栖息鸟类 8 100 万只,还提供 5 200万 t 氧气,折成金额价值 12.8 万亿日元,相当于全国一年的经济预算。苏联的计算结果表明,森林对环境保护的价值占森林资源总价值的 3/4,芬兰则为木材价值的 3 倍。森林的这些独特的生物物理作用,下面的实例也可以说明。

一、改善农田小气候

农田林网具有防风抗灾、调节小气候的作用。安徽省环保所(1988 年 5 月)在颍上县小张庄对林网进行了实地调查和测定,结果见表 2-1~表 2-4。

表 2-1　林网内外不同位置风速对比

项目	林带高倍数 H				平均	对照区(无林区)
	3	5	10	15		
风速(m/s)	0.26	0.32	0.57	0.74	0.47	0.90
比对照区降低(%)	71.10	64.40	36.70	17.80	47.70	

注:风速为日观测 8 次的平均值。

表 2-2　林网内外不同位置温度对比

项目	林带高倍数 H				平均	对照区(无林区)
	3	5	10	15		
气温(℃)	23.8	24.1	24.2	24.5	24.15	25.1
比对照区降低的度数(℃)	1.3	1	0.9	0.6	0.95	

注:气温为日观测 8 次的平均值。

表 2-3　林网内外不同位置相对湿度对比

项目	林带高倍数 H				平均	对照区(无林区)
	3	5	10	15		
相对湿度(%)	76.2	73.3	72.7	72.5	73.7	68.8
比对照区提高(%)	10.76	6.54	5.67	5.38	7.1	

注:相对湿度为日观测 8 次的平均值。

表 2-4　林网内外不同位置蒸发强度对比

项目	林带高倍数 H				平均	对照区(无林区)
	3	5	10	15		
蒸发量(mL)	15.5	17.0	17.5	18.6	17.15	21.0
比对照区减少(%)	28.57	19.04	16.67	11.43	18.9	

注:蒸发量为日观测 8 次的平均值。

从表 2-1～表 2-4 可以看出,林网内日平均风速比对照(无林区)降低 47.7%,变幅 17.8%～71.1%,特别是在林带高 3～10 倍范围内最为明显。由于风速降低,农田上空气流垂直交换和水平输送随之改变,从而减少了水分蒸发,使林网内水、热平衡得到调节,这对保持农田的水分含量起到了良好的作用。如林网内的温度日平均比对照区(无林区)低 0.95 ℃,变幅 0.6～1.3 ℃;相对湿度日平均比对照高 7.1%,变幅为 5.38%～10.76%;水分蒸发量日平均比对照减少 18.9%,变幅 11.43%～28.57%。随着林带树高倍数的不同,结果也呈明显的差异。

由于林网调节了农田小气候,减少了水分蒸发,提高了空气湿度,相应地起到保持土壤水分和抗旱保墒的作用。据该所观测,林网内土壤蒸发比无林区减少 10%～40%,平均为28.9%；作物蒸腾减少25%~40%，平均为34.1%。因而减少了干热风出现的频率。例如，据1983年5月下旬观测，无林网区干热风出现4次，其中3次中度、1次轻度；而林网内仅出现轻度干热风1次（中国农科院江苏分院干热风分级标准，强度：蒸发力大于14 mm，最高气温为28~36 ℃，最低湿度10%~25%，最大风力为5级；中度：蒸发力为12~14 mm，最高气温为28~36 ℃，最低湿度10%~40%，最大风力为4~5级；弱度：蒸发力为10~12 mm，最高气温为28~33 ℃，最低湿度为20%~45%，最大风力为3级），减轻了作物受害程度，小麦获得了丰收。除此之外，林网在防止霜冻和提高冬季地温方面也有显著的效果。在冬季林网内比无林网区地温提高0.5~1 ℃。1976年冬季小张庄村无林网区的油菜受到冻害，大部分冻死，而林网内油菜却没有受到冻害。

二、提高土壤肥力

据分析结果，1 t刺槐鲜叶含氮31 kg、磷0.7 kg、钾20 kg，相当于440 kg豆饼肥料。据安徽农学院郭森副教授调查推算，安徽淮北乔木、条类两项年产叶量（风干叶）约26.5亿kg（不含薪炭林落叶量），两项合计含氮量8万t、磷0.4~0.5万t、钾1万t。据安徽省环保所1988年在颍上县小张庄调查，农田林网建成后，全村每年可修剪林木枝丫干柴17.5万kg作燃料，可节省农作物秸秆20万kg，每年可增加堆肥100多万kg。土壤有机肥施用量逐年增加，每亩平均由1975年的3 500 kg提高到1987年的5 000 kg。除此之外，每年还有100多万kg的树叶，除一部分作为牲畜饲料，促进畜牧业的发展，畜牧业又为农田提供了有机肥外，另一部分用于沤制绿肥或自然进入农田，对改善农田土壤的理化性质，提高土壤肥力起到了一定的作用。据调查分析，该村现在土壤有机质年均含量由原来的0.98%增加到1.48%，氮、磷、钾平均含量也均有不同程度的提高，见表2-5。

表2-5 林网内外土壤分析结果

项目	有机质(%)	全氮(N)(%)	有效氮(N)(mg/100 g)	速效磷(P_2O_5)(mg/100 g)	速效钾(K_2O)(mg/100 g)	pH
林网内	1.48 1.13~2.02	0.11 0.08~0.18	36.17 34.3~37.3	1.46 0.05~2.09	16.32 13.40~20.80	6.80
无林网	0.98 0.74~1.21	0.08 0.06~0.09	31.05 30.5~31.6	0.35 0.20~0.49	15.40 13.35~17.45	7.75

注：表内横线上数据为平均值，横线下数据为变化范围。

三、提供木材、燃料、饲料

随着林网的建成，平原地区木材、燃料、饲料紧张状况得到缓和。例如，涡阳县砂姜黑土面积为10.7万hm^2，占全县总面积的82%，历史上是一个旱、涝自然灾害频繁，林木稀少，农业产量低而不稳，木料、燃料、饲料俱缺的贫困县。农田防护林体系建成后，生态效益、经济效益和社会效益显著。至2020年全县林地总面积4.83万hm^2，95.6%的耕地已实现了林网化，共有各种树木4 600万株，人均44株；林木总蓄积量260万m^3，林木蓄积年增长率约 12%,年砍伐量约 10 万 m^3,经济果木林 0.21 万 hm^2。栽植白蜡、紫穗槐、杞柳 1 912 万穴。自 1980 年以来,共采伐木材 42 万 m^3,薪柴约 6.24 亿 kg,解决农户部分烧柴问题。产白蜡、紫穗槐条 0.91 亿 kg,价值 3 611 万元;生产干、鲜果 850 万 kg,价值 680 万元。全县共有 0.87 万 hm^2 环村林与片林可用作间作,其中近一半可以常年间作,近年来间种年收入约 1 700 万元,仅义门镇一年间种收入 823 万多元。1986 年全县林业产值 3 679.09万元,1987 年为 4 088 万元,分别占农业总产值的 6.9%与 6.5%。林业的发展缓和了木材供求矛盾,目前全县生产的木材已达到自给有余,每年还有近万立方米木材远销省内外。木材拥有量的增加,促进了木材加工业、运输业和乡镇企业的发展,全县 66 个集镇有近百个木料行,常年交易人员 500 多人,年销售量 3 万多 m^3。义门镇的赵屯集是个泡桐之乡,在这个集上就设有 12 个木材交易市场,年销售量达 5 000 m^3,繁荣了农村贸易市场。全县从事木材加工的农户达 2 000 余户,产值 1 250 万元左右,仅此一项就可获利 240 余万元。在防护林的保护下,不仅改善了畜牧及家禽饲养条件,树叶还为家畜提供了部分饲料,因而促进了畜牧业的发展。据调查测算,该县每年可产各种树叶 1.5 亿多 kg (风干叶),其中 1/3 左右的落叶用来饲养羊、兔等食草牲畜。年收购兔毛 46 150 kg 和大量的山羊皮。

宿州市埇桥区(原宿县)朱仙庄镇综合防护林体系试验区,1985 年进行农田林网建设,据 2002 年调查,试验区仅杨树一项活立木蓄积量就达 7 000 多 m^3,年落叶量达 28 万 kg 以上(鲜重)。如用作牲畜和家禽饲料,每年可代替饲料粮和豆饼用料数万千克。试区猪、牛、羊等家畜、家禽有较大的发展,如大牲畜的头数 1988 年为 1 082 头,比 1985 年增长 17.7%,其中牛增长 28.1%。据第九届世界林业大会的《中国的平原绿化》资料介绍,“阜阳地区利用树木的叶子作兔、羊的饲料,每年出售 117 万张山羊皮,147 t 兔毛,大大增加了农民的收入”。

亳州市谯城区(原县级亳州市)森林总面积为 80.7 万亩,覆盖率占 24.2%,林业已作为该市四大经济支柱之一(酒、药、烟、林),每年采伐量为 8 万~10 万 m^3,除自给外还能向外省销售一部分,并促进了木材加工业的发展,每年加工材达 4.9 万 m^3 左右,每立方米木材可增值 250 元,并有 8 000~10 000 m^3 泡桐等优质材出口创汇,总增值达 1 475 万元。又如界首、太和等地的很多村庄建成以生产民用材——泡桐檩条材的村片林,一般年均材积生长量为 1.2~1.8 m^3/亩,最高达 2.5 m^3/亩以上。砀山县建成了以生产酥梨(*Crisp pears* var. *culta*)为主,萧县建成了以生产葡萄(*Vitis vinifera*)为主,太和县建成了以生产樱桃(*Cerasus pseudocerasus*)、香椿为主的经济果木林的村片林等。全球 500 佳颍上县小张庄生态村 2006 年林业产值达 564 万元,占该村工农业总产值的 14.1%。平原林业经济从生产、加工、销售,逐步向一体化方向发展,林业已成为农村的新兴产业,而且改善了农业生态环境,保障了农业稳产高产。

四、改善和美化环境

砂姜黑土地区,历史上是一个少林、多灾、低产的穷地方,地理景观较差。这些地区的综合治理和开发利用,除进行工程措施外,还结合农田基本建设实行山、水、田、林、路统一规划,建设综合防护林体系,是生态村建设的重要环节和最有效的方法。颍上县小张庄是安徽省砂姜黑土区生态村的典范。该村从1975年开始，先规划，后绿化，考虑长远，着眼当前，确定了实现农田林网化、村庄园林化的宏伟目标。现已建成东西南北各8~11 m宽的20条林带，总长40 820 m。同时还营建了环村林、公园、小花圃、花坛，栽植了各种珍稀树种和花卉；到2002年已栽植各种树木14.5万株，人均51株，森林覆被率由1975年的6.9%提高到23.2%；林木蓄积量达4 074 m^3，人均1.42 m^3；有花卉苗木、经济林和果木林800亩，竹园100亩。

现在小张庄村境内林带纵横交错，初步形成了网、带、片相结合的防护林体系，已实现了村庄园林化、农田林网化的目标，改变了历史上遗留下来的恶劣农业生态环境，农村面貌发生了显著变化。涡阳县楚店乡老龙窝村是低洼易涝的典型砂姜黑土区，通过植树造林和一系列的综合治理措施，面貌发生了根本变化，从一个原来人穷地薄的穷地方，变成了林茂粮丰、六畜兴旺、环境优美的新农村。

五、招引鸟类

宿州市埇桥区(原宿县)朱仙庄镇砂姜黑土类型区综合防护林体系万亩试验区，近年来随着林木的生长、林带的成型，招引着越来越多的农林益鸟到这里栖息。试验区所呈现的农林交织、乔灌草相结合的立体农林地理景观，为益鸟的营巢、繁衍、觅食活动等提供了较为理想的场所。据初步调查，在试验区内，主要食虫鸟已达16种，分属于杜鹃科、雨燕科、啄木鸟科、燕科、山雀科、椋鸟科、卷尾科、鸦科和鹡鸰科。其中作为留鸟的灰喜鹊、大山雀等已有相当可观的数量，灰椋鸟等夏候鸟在春夏及初秋时节也有较密集的分布，并且还发现了大斑啄木鸟等取食蛀干害虫的森林益鸟的行踪。这些食虫鸟的存在，对消灭害虫、保护农田的生态平衡起到了重要作用。

六、影响土壤微生物数量及生化活性

土壤微生物种类繁多，在生态系统中是分解者，参与物质转化和能量转换等重要环节，是生态系统中重要的组成部分，影响着土壤养分的循环和土壤生化活性的强度。由于在树根周围的微生物依靠树木根系的分泌物生活，微生物的活动受到所生长植物的影响，所以在不同树种的林带下，微生物的种类、数量是不同的。据在宿州市埇桥区(原宿县)朱仙庄镇综合防护林体系万亩试验区对枫杨+紫穗槐、泡桐、竹子、刺槐等9种林带下的土壤定期取样，在室内进行分离、培养鉴定及生化强度的测定。其结果如下：①不同树种组成的9种林带土壤中的微生物数量均以细菌占优势。但就其不同林带上层土壤(0~20 cm)，每克干土细菌和真菌两大类微生物总数有明显的差异，以杨树、泡桐、杨树+紫穗槐林带最多，而女贞+侧柏林带最少。②不同林带土壤的生化强度均以杨树、泡桐、杨树+紫穗槐、枫杨+紫穗槐较强，而侧柏+女贞林带较弱。这表明前四种林带土壤中的微生物较为活跃，土壤中物质转化速度和氧化代谢能力较强。

七、保障农业稳产高产

林网改善了农田小气候，抗御和减轻干热风、霜冻等气象灾害的危害，为作物的生长发育创造了良好的生态环境，因而保障了农作物的稳产高产。据对淮北林网内几种作物的调查，林网对小麦的增产效果显著，一般增产 8%～12%，千粒重提高 2～3 g，秸秆重量也有所增加。林网内的小麦增产区域基本与林网的防护效能大小相吻合，在距林带高 3～15 倍处，增产效果最好，增产幅度达 15%～31%，而在林带高 1 倍和 20 倍处范围为平产区，林缘处为减产区。

据对颍上县小张庄村农田林网对粮食增产的效果调查研究，结果表明，该村农田林网建成后，农田小气候得到了调节，避免了干热风对小麦的危害。如 1988 年 4 月下旬至 5 月上旬，该区刮了几次干热风，而林网内小麦未受影响，仍然取得了较好的收成。6 月上旬，对林网内外两个主要小麦品种（马场 2 号和白 7023）的 12 个样方进行调查，结果表明，林网内平均亩产 427.75 kg，比林网外对照区平均亩产 357.25 kg 增产 19.7%。

宿州市埇桥区（原宿县）朱仙庄镇综合防护林体系万亩试验区对小麦产量的影响调查结果如下：

（1）各林网内小麦的每穗籽粒数平均比对照多 12.5%。

（2）各林网内小麦的每穗籽粒重平均比对照重 21.1%。

（3）各林网内小麦的不孕小穗率平均比对照低 22.2%。

（4）除主 9-S 林网内小麦千粒重低于对照，主 4-N 林网和主 9-N 林网与对照接近外，其他三个林网的小麦千粒重明显重于对照，平均比对照重 7.2%。

（5）各林网内小麦籽粒产量平均比对照高 37.1%。

综上所述，防护林对小麦的增产效果是很明显的，通常的增产幅度在 10%以上。由于防护林带对林网内不同的位置防护效应不同，故各处的产量及产量形成各因素也有所不同。应当指出的是，影响农作物产量的因素很多，因而林带对农作物增产作用的大小也受许多因素的影响。

第四节　防护林体系的水文效应

防护林体系的水文效应是指防护林体系在一定防护范围内引起湿度、降水和地下水以及积雪等水文气象因子的变化，它是防护林研究中又一个被普遍关心和感兴趣的问题。因此，研究防护林体系水文效应，对于改造与保护水循环向着有利于人类的方向发展，维持自然界的生态平衡，具有重要的现实意义。

一、防护林体系对水源涵养的影响

据调查，森林覆盖率达到 70%以上时，地面植被落叶约 30 cm 厚，暴雨时，径流缓进河、河水迟出山、河床无积沙、土壤侵蚀微弱。据南京土壤研究所资料的分析，1 亩森林的储水量在 250 m^3 左右，可减少地表径流 30%～60%。每平方米内生长良好的胡枝子（*Lespedeza bicolor*），一年可收集落叶 0.58 kg，它可吸持 3.7 kg 的水，相当于吸持了 2.1 mm 的降雨，能有效地防止土壤侵蚀。植被涵养水源的作用是显而易见的。

森林对水源涵养的影响，其功能主要表现在以下几方面：①林冠截留作用、蒸发作用、吸收作用及延滞降雨的汇流时间。据安徽省水文总站余延年等报道，雨水降落时，首先为林冠的叶面所截留。一棵生长百年的松树，它的针叶总长度可达 250 km，阔叶林的叶面要比它的投影面积大75~100倍。因此,森林对雨水截留有着良好的作用。这种作用取决于林分组成、郁闭度、林龄及发育阶段,单位面积上叶子蓄积量越大,利用水量也越大,其截留作用也越强。②入渗作用。入渗功能大小,视郁闭度、枯枝落叶层深、林木根系范围而异。国外有关资料论证,山杨(*Populus davidiana* Dode)林地被物吸水量相当于本身重的3.16倍,油松(*Pinus tabulaeformis* Garr.)林为2.2倍;初渗值林区为草地的3.4倍,为农田的4倍,为板结土壤的10倍。国内资料证明,初渗值与稳渗值均与郁闭度有比较明显的关系。③延滞降水的汇流时间。由于地表糙率加大,降水在坡面汇流时间延长,从而使洪峰流量削弱、涨洪历时延长。可见,森林在延缓洪峰出现时间、削弱洪峰流量、免除洪水灾害方面,效果十分显著。

林带具有明显的生物排水作用。林木的叶绿素利用太阳能进行光合作用时,吸收6个分子的二氧化碳和6个分子的水,制成1个分子的葡萄糖,并放出6个分子的氧。以简单的公式表示:

$$6CO_2+6H_2O \xrightarrow[\text{叶绿素}]{\text{太阳能}} C_6H_{12}O_6+6O_2\uparrow$$

由于防护林体系占地广、叶面积大、生物产量高、生长期长,在生理和生态的作用下,防护林各林种、树种以其根系、枝干、叶面大量地摄取地表水、土壤水和地下水,并将其转化为生物水,再以蒸腾与呼吸等形式,转化为汽态水输入大气。如同抽水机一样源源不断把地表水、土壤水、地下水蒸腾于大气之中,形成了地空水的交换循环,维持着良好的致雨机制,从而降低地下水位的过程。据涡阳城南乡三里庄东林网定位测定推算,一株10年生旱柳(*Salix matsudana*)在5月,每克叶每日平均蒸腾量7.63 g,每月平均蒸腾量为104.56 g,单株每月蒸腾量为5 450.23 kg,单株年蒸腾量为51.38 t。另据郭森等观测,一条4~7年生大官杨(*Populus dakuaensis*)林带附近,地下水位平均下降26 cm,最大可达42 cm,影响距离可达林带高6倍范围内。由此可见,利用生物排水,防止涝渍,降低地下水位,保证淮河流域农业丰收,是林带一项重要功能。各国学者对林带水文效应也发表了大量的研究报告。如1981年,Lupe.对林带保护与非林带保护地喷灌耗水量差异进行了研究,得到林带保护的地区,因风速下降减少蒸发所节约的喷灌量相当于19.4~38.3 mm的天然降水,加上冬季林带拦蓄的积雪,总节水量为53.3~75.2 mm天然降水。

波尔强科(1978)通过5年观测,研究了林带下有无灌木对冬季积雪的影响,得到林带积雪蓄水能力大致与林带透风度成反比关系。无灌木的透风结构林带雪水储存量为103 mm,0.5 m高度灌木的稀疏林带为162 mm,1.0 m高度灌木的稀疏林带为259 mm,紧密结构林带为549 mm。紧密结构林带相当于无灌木透风结构林带的5.3倍。

二、防护林体系在水土保持中的作用

水土流失是全球的一个重大环境问题。在我国,水土流失的面积2020年为269.27万km^2,占国土面积的28.15%,每年流失土壤约50亿t,相当于失去3 450多万亩土地的表层土。虽然水土流失面积近年有所下降,但全国平均每年仍存在水土流失面积1万km^2。美丽的淮河流域水土流失面积549.9万hm^2,根据侵蚀模数推估,年土壤侵蚀量1.8亿t,水土流失造成全流域年侵蚀深达10~30 mm,土壤逐渐瘠薄,沙砾化最终导致基岩裸露而难以利用。因水土流失，全国年均损失耕地 100 万亩，造成经济损失 50 亿元以上。其主要原因如下：林草植被的破坏是导致水土流失加重的关键。据尼日尼亚热带农业研究所进行的试验，树木砍伐后的第一年土壤流失量可达 120 t/hm^2。据中国科学院水土保持研究所观测，在降水量 346 mm 的情况下，林地上每亩的冲刷量仅为 4 kg，草地上为 6.2 kg，农耕地上为 238 kg，在休耕地上为 450 kg。据日本观测资料，森林采伐后的径流量较采伐前增加 1.15 倍，高峰流量增加 1.05 倍。

金寨县在 20 世纪 50 年代末，由于受大办钢铁的影响，森林资源遭到了毁灭性破坏，加上 1956 年、1959 年先后建设起来的梅山、响洪甸两大水库，虽然在防洪、灌溉、发电等方面发挥了巨大的作用，但淹没了大片良田，严重影响了农民赖以生存的基本条件，造成毁林开荒、陡坡耕种，森林覆盖率由 60%以上降至 59%以下，使过去的“青山不老，细水长流”的好地方，水土流失越来越严重。据调查，当时全县存在不同程度的水土流失面积达 2 379 km^2，其中：轻度流失面积 1 524.7 km^2，占林业用地总面积 53.1%；中度流失 579.8 km^2，占 20.2%；强度流失面积 259.5 km^2，占 6.8%；剧烈流失面积 15.9 km^2，占 0.5%。据水利部门估算，每年流失泥土约 460 万 m^3，相当于每年流失掉 1.9 mm 厚的表土。该县的双河南溪大河，河床淤高 2 m 多，1975 年修建的 5 座拦河大坝，蓄水 30 万~70 万 m^3，到 1982 年基本淤平变成沙床，失去灌溉和发电能力。通过封山育林，森林覆盖率得到大幅度提高，水土流失得到了有效控制。据测算，1990 年该县水土流失面积已降至 1 650 km^2，下降了 30%，其中轻度流失面积 1 250 km^2，下降了 18%；中度流失面积 250 km^2，下降了 56.9%；强度流失面积 150 km^2，下降了 42.5%；剧烈流失现象已经杜绝。该县双河镇黄榜小流域面积19.76 km^2，以封山育林为主，辅以水利工程综合治理，森林覆盖率由 1982 年的 44%上升到 1990 年的 71%，水土流失侵蚀模数由 6 000 $t/(km^2 \cdot a)$下降到 1 000 $t/(km^2 \cdot a)$，在 1991 年的特大暴雨中（6~7 月降水量达 1 132 mm），流域内没有发生大的塌方，洪灾损失降低到有洪基本无灾的程度。梅山水库在两次大水中的有关数据，也说明了水源涵养林对水土流失控制的巨大作用（见表 2-6）。

表 2-6　梅山水库两次大水泥沙淤积量

时间	森林覆盖率(%)	降水量(mm)	泥沙淤积量(万 m^3)
1969	34	750	200
1991	59	875	50

由表 2-6 可见，1991 年汛期降水量虽然超过了 1969 年同期降水量，但由于森林覆盖率的提高，流入水库内的泥沙量仅为 1969 年的 1/4。

三、防护林体系在减灾防灾中的作用

洪水灾害不仅是大自然对人类的肆虐，也是由于人类对生态环境破坏所造成的苦果。据统计，2000 年以前全国农村贫困人口中，90%以上生活在生态环境恶劣的地区。由于山地森林大减，丘陵林木砍伐殆尽，每遇暴雨、洪水下泄，沙石俱下，奔流洼壑，带来严重的生态灾难，长期不雨则山泉枯竭、河溪断流，田水无以继灌，旱涝灾害频频发生。20 世纪 50 年代初以来，全国因水土流失泥沙淤积减少湖泊 500 多个，减少水域面积 186 万 hm^2，淤废水库、山塘总库容累计达 200 亿 m^3。各类自然灾害每年造成的直接经济损失高达 2 000多亿元。例如,金寨县为国家级贫困县,森林资源于 1958 年和 1968 年曾遭受两次大破坏,森林覆盖率由 60%下降到 35.6%,由于无休止的乱砍滥伐和乱垦、不合理的开发利用,森林资源和绿色植被遭到毁灭性的破坏,也给人类自身的生存带来了严重的生态性灾难,河道被淤塞、水灾频繁、损失严重。据该县水利部门 20 世纪 70 年代调查,水土流失面积占全县总面积的 62.4%,17 条较大河流河床普遍增高 1 m 左右,1969 年一场大雨导致山洪暴发,水毁沙压农田 7.4 万亩,冲毁各种水利工程 3 600 多起,其中小型水库和水电站 18 座。另据该县气象部门资料记载,1950~1958 年 9 年间,只发生伏旱 2 次,平均 4 年多发生一次;而 1958~1978 年 20 年间就发生伏旱 9 次,间隔期缩短了 1 倍。该县后畈乡黄河村森林覆盖率为 71.0%,1980 年 7 月降雨量 570 mm,道路完好,塘堰未损,山水清流只形成少量沙包,未造成灾害;而该县的黄龙乡由于森林覆盖率只有 11.0%,同期降雨量仅 260 mm,不及黄河村的一半,但受灾严重,山崩屋塌,死亡 4 人,倒塌房室 316 间,水毁沙压稻田近 2 000 亩,毁坏耕地 700 多亩、山地 278 亩,形成沙包 3 976 处,崩缝 7 078 处,冲毁塘埂66 口,塌坝388 处,冲断河堤 40 m、渠道埂2 346 m、桥梁4 座。又如,在 1991 年夏季安徽遭特大洪涝灾害中,该县燕子河区,森林覆盖率高达 78%,成灾面积仅 5 400 亩,倒塌房屋 1 000 多间,直接经济损失不足 500 万元;而双河区森林覆盖率为 53.3%,成灾面积则达 2 万多亩,倒塌房屋 2 800 多间,直接经济损失 2 500 多万元。霍山县青峰岭乡与相邻的磨子潭镇,两者森林覆盖率相差 25%,而洪灾损失程度相差则高达 2.3 倍。大别山北坡的六安地区 44.2 万 hm^2 森林,在 1991 年特大洪涝灾害中,由于涵养、阻滞了大部分洪水和泥沙,淮河泄洪量控制在 35 亿 m^3,从而保证了淮河大堤、两淮煤矿、津浦铁路的安全,减轻了洪灾的损失。由此可见,防护林体系建成后,随着森林覆盖率的提高,森林减灾防灾效果越来越显著。

第三章　综合防护林体系规划设计总则

综合防护林体系的建设,是淮河中游生态修复的重要内容之一,是农业综合开发增强抗灾能力、改善农业生态环境、提高农业产量的有力措施。因此,在进行防护林体系施工之前,必须依靠现代科学技术的进步,采用先进农林研究成果,通过组装配套,尽快转变为生产力,真正做好规划设计工作。

第一节　指导思想

安徽省防护林发展多年来的实践证明,在淮河中游地区营造各种防护林,应以农田林(带)网为主体,建立一定比例的相互协调的林粮间作、经济林、"四旁"植树等多林种相结合的防护林体系,并且一定要和农田基本建设相结合,实行沟、渠、路、林、田统一规划,对风、沙、旱、涝、碱等自然灾害进行综合治理。因此,规划设计必须在提高生态效益、经济效益、社会效益的前提下,以增加农民收入、实现乡村振兴为目标,以习近平新时代中国特色社会主义思想为指导,逐步建成一个综合平衡的低消耗、高效能的农业生态系统,构成一个结构合理,农、林、牧相结合的生态农业。

第二节　总体布局

淮河中游流域总面积 11 368.48 万亩,行政上隶属于六安市、合肥市、滁州市、阜阳市、宿州市、淮北市、淮南市、蚌埠市、亳州市九市。由于流域范围广,自然地理、社会经济条件差异大,林业生产经营水平及资源状况等存在显著差异,因此根据流域内土地资源、林业资源、农业资源、水资源以及社会经济状况,遵循地形、地貌相对一致、林业发展方向和经营措施相对一致、经济水平和自然灾害相对一致、自然地域和行政区划完整性等原则,将淮河流域综合防护林各体系和工程建设任务总体布局如下。

大别山北坡是水源涵养林绿化重点,特别是梅山、响洪甸、佛子岭、磨子潭四大水库周围的水源涵养林,六安、霍邱、定远、凤阳、嘉山的丘陵冈地和萧县、宿县、淮北市、濉溪、灵璧的石质丘陵冈地的水土保持林和用材、生物能源工业两用林,怀洪新河等骨干工程的护岸固堤林。

山区以水源涵养林为主,面积 12 万 hm^2;丘陵区以水土保持林为主,兼有用材、生物能源工业两用林及农田防护林、经济果木林,面积 16.7 万 hm^2;平原区以护岸固堤林和农田防护林为主,面积 6.7 万 hm^2;合计工程成片造林 35.4 万 hm^2。恢复新建林网庇护农田 200 多万 hm^2,逐步形成网、带、片、点间相结合的综合防护林体系。届时,淮河中游的生态环境将明显改善,抗灾能力极大提高。

第三节　预期目标

（1）淮河中游生态修复防护林体系建成后，林木覆盖率由10.2%～12.7%提高到22.47%，增加近1倍。

（2）综合防护林体系建成后，利用生物排水，防止涝渍，降低地下水位，使淮河中游区域生态环境明显改善，为农业生产提供生态屏障，提高农业的抗逆功能，保证农业丰收。

（3）通过森林的蒸腾与呼吸，将生物水转化为汽态水输入大气，从而形成地空水的交换循环，维持良好的致雨机制。

（4）随森林覆盖率的提高，减轻洪水灾害的效果越来越明显，建立一个优良的农业生态系统，投入少、产出多，探索农业内部最佳循环模式，创造多种形式的农、林、牧、副、渔相结合的“食物生产链”，增加产量、提高农民收入，促进农林产品的商品生产发展。

第四节　设计原则

（1）抓住自然灾害的主要矛盾，因地制宜、因害设防，坚持把防治以水灾为中心的各种自然灾害放在首位。

（2）提高土地利用率，农、林、牧统筹安排，渠、路、林、田综合规划。

（3）按立地类型，因地制宜、适地适树，营造综合防护林体系，扩大林木覆盖率，发挥生态效益，兼顾木材和林副产品，尤其是生物能源林和短轮伐期工业原料林。

（4）当前利益和长远利益相结合，实行多种经营，各项主副业都要提高经济效益，增加农民收入。

第五节　主要内容

（1）综合防护林体系各林种的树种组成、林带结构、规格和配置。

（2）综合防护林体系各林种的立地条件类型划分及其适地适树、树种选择，各林种的造林方式方法及其整地造林技术。

（3）淮河中游地区现有林带的保护改造利用、抚育间伐、林带更新、病虫害防治。

（4）综合防护林体系5个林种最佳比例模拟试验，线性规划。

（5）淮河中游地区农、林、牧土地资源最佳比例线性规划。

（6）预测和全面论证淮河中游地区各项治理目标的技术可行性、经济可能性、措施可靠性。

第六节　典型设计

应根据淮河中游地区实际情况和自然灾害的突出问题进行典型设计，概括起来，有如下 11 项：

(1)水利排灌系统,渠、路、田、林统一规划与设计。

(2)农田林网典型设计,包括林带(网)的方位、林带的透光度、林带的间距、网格的形状、大小等。

(3)堤岸防护林设计。

(4)湿地堤岸景观防护林工程规划设计。

(5)新农村、城镇圈人居绿化工程规划设计。

(6)淮河中游绿色长廊工程建设林带结构和树种配置规划设计。

(7)高速公路绿化典型设计。

(8)石质残丘区水土保持林规划设计。

(9)煤矿采空塌陷区绿化规划设计。

(10)农林复合经营模式设计。

(11)渔业防护林设计。

第七节　方法步骤

综合防护林体系的规划设计,是一项多学科、多部门综合性很强的技术工作,一般应按以下步骤进行。

一、规划设计队伍人员配备

成立规划领导小组,组织规划队伍,明确规划设计的任务和要求,制订实施计划。

(1)领导小组和专业组。

(2)组织各类专业人员,诸如农业(含牧、副、渔)、水利、林业[防护林、造林(含育苗、林业资源调查……)、森林生态(立地类型划分、树种生态特性与适地适树……)、土壤(土壤类型划分、土壤营养元素分析……)]、气象、经济(包括农、林、牧各业经济状况及社会情况调查)。

二、准备阶段

准备阶段工作包括搜集资料,提出规划任务、要求和总体设想等。

(1)当地的自然、历史、社会经济、资源保护与开发利用、生产技术水平等情况。

(2)农、林、牧、副、渔各业的生产现状和长远规划设想。

(3)前期防护林体系建设情况和典型经验。

(4)当地气象台、站的气象资料和主要自然灾害(包括洪、涝、干热风、寒露风……)。

(5)治理砂姜黑土等的典型经验。

(6)农业、林业、土壤、水利等资源的现状与开发潜力。

(7)周围邻近地区林木种类、适生状况。

(8)规划地区的地形图或平面图,各种基本类型的图体、照片。

(9)科研单位或其他勘测设计部门对本地区的林业、植被、水文、气象、土壤、农业等方面的科研报告及调查材料。

(10)当地农、林、牧、副、渔各业生产经验(包括专业户、个体户的多种经营)和存在的主要问题。

通过搜集上述各种资料,初步掌握规划地区的自然地理条件和特点,着重对当地的土壤、植物、树种及其生物学、生态学特性,植树造林经验等方面的材料进行分析整理,提出本区规划的任务、要求和总体设想,并为划分立地条件类型、选择适宜的造林树种、设计各种不同林种的造林类型提供或准备必要的基本资料。

三、调查阶段

(一)实地踏查

集中人员、统一方法、明确任务,为详细调查做准备。

利用1:5 000或1:10 000地形图或平面图作基本图体。

踏查结束后,各专业组按专题分别制订详细调查的实施计划。

(二)详细调查

按划分的专业调查组进行野外调查与内业整理工作。

外业调查要注意材料的科学性、完整性和统一性,为设计防护林体系准备大量的第一手资料,以便于分析研究。

1.外业工作阶段

各专业组的调查内容如下:

(1)社会调查。项目区土地面积、耕地、户数、人口(男女劳力、半劳力)、粮食单产及人均占有量、农村能源短缺情况与解决的办法等。

(2)土壤调查。土壤类型调查、编制土壤类型图、做出土壤质量评价、土壤营养分析、土壤改良利用等。

(3)林业调查。林业资源,树种分布、种类及生长状况,造林成败经验,苗圃生产状况,林种的布局、规划设计。

(4)病虫害调查。农林病虫害的种类、危害情况及防治措施。

(5)农业调查。作物布局与结构、产量,耕作制度,肥源供需与短缺状况,复种指数,农业土壤改良与利用,林粮间作与套种等。

(6)水利调查。现有水利系统,工程配套新的规划设计方案,水质取样分析,四季地下水位变动情况,历年洪水、秋涝危害状况与防治措施等。

(7)气象调查。搜集项目区基本气象资料,不同林种结构,配置的气象生态效益分析与模式,太阳光能、温度、水分等气象因子对农作物生产潜力的分析与综合模式,限制农作物和树木的气候因素分析等。

(8)测绘与清绘。为规划设计提供基本图件资料(1:5 000或1:10 000地形图与平面图),为各专业组编绘的草图清描绘图。

为了保证规划设计顺利进行,在领导小组下设后勤组是十分必要的。设有专人负责,安排食、宿、行和调查车辆,备有必要的办公文具用品等。

2.内业工作阶段

(1)基本资料整理,可按各专业组进行。

(2)图面规划。在上述一系列工作基础上,结合各种资料,进行全面规划工作。防护林体系的规划是农、林、牧、水利综合规划的产物,林网的设计应与渠系和条田的布局一致。为了保证图面规划的质量,一般需要提出2~3套对比方案,深入现场进行分析,比较优劣,广泛征询各方意见,然后选定最优方案。图面规划的内容有:①防护林体系各林种的组成及其配置图;②沟、渠、田、林、路有机结合的设计图。

四、规划设计成果的编制、论证与验收

野外调查结束后,经过内业计算、绘制各种图表、撰写文字说明等步骤,然后编出规划成果。

(1)绘制总体规划示意图。总体规划示意图是规划图的高度概括,在保持正确平面位置的基础上,进行局部着色,形象地反映综合防护林体系各林种的位置、长度和面积等,农、林、牧各业和沟、渠、田、林、路的配置。

(2)制订立地条件类型图和表。

(3)编制防护林体系各林种的造林技术典型设计和示意图。

(4)拟订工程进度和育苗计划表。计划表应包括以下内容:①各林种的构成、长度、面积、占防护林体系的比例;②各树种苗木需要量(设计用苗量与实施用苗量)及其苗木成本核算;③各树种的育苗面积与投工量。

(5)收益估算表。以简单可靠的推算数字,估算本区防护林体系建成后效果。以单位面积公顷或亩为单位,做出建成后投入与产出的经济效益对比,防护林体系的增产效益和林副产品的直接效益。

(6)撰写文字说明书。这是以上各种图表的综合说明,叙述应简明扼要、重点突出,做到科学性和通俗性兼备。文字说明书的主要内容是:①规划地区的自然和社会经济条件;②规划的指导思想与原则;③防护林体系的组成和造林典型设计方案;④完成防护林体系建设的主要措施或建议;⑤防护林体系建成后的收益估计。

此外,各专业组分别提出各项的专题报告并汇编成册,作为本规划的技术性基础资料,供规划成果论证审查。

(7)审批和实施。规划设计完成后,先报告有关领导部门审批,再组织同行进行科学论证,在论证基础上修改与通过规划之后,主管部门验收规划成果,然后招标组织施工建设。

第四章　立地类型的划分

立地是指植物生长地段的具体环境，即指与植物生长发育有密切关系并能为其所利用的气体、土壤等条件的总和，在植物生态学上也称为生境。一定的立地在自然的状况下能发育成一定的植被类型。构成立地的各个因子为立地条件，如气候条件、生物条件、土壤条件、地形条件等。占有一定空间的不同立地条件组合成各种立地类型。

森林立地类型是指影响森林生长发育的相似的立地条件所组成的地段。各种森林立地条件是相互联系和相互影响的，具有不可分割的生态功能，在一定面积上共同组成一个森林生态系统。

立地分类是一种方法，是指按立地自然属性的分异性及同一性进行划分和组合，形成不同等级的立地单元，不同等级的立地单元组合形成立地分类系统。

立地类型划分的目的，就是选择合理的经营方向和适宜的利用方式以及造林设计与经营措施等，力求做到因地制宜，适地适树适法，合理利用资源，提高造林营林成效；为淮河流域综合防护林体系规划设计提供科学依据。

第一节　立地分类的原则、单位与依据

淮河流域地处暖温带与亚热带的过渡地区，南北跨越 3.5 个纬度，加之地形地貌复杂，使流域森林立地的地域分异规律既有一定的规律性，也有相当的复杂性和特殊性，从而有着明显的地方特色。

一、立地分类的原则

(1)森林立地因子组合的地域分异原则。以光、热、水分、土壤、植被的地域分异为主要依据，以生态学原理为指导。

(2)多因子与主导因子相结合的原则。在综合分析众多森林立地因子的基础上筛选出主导因子，主导因子要求具有直观、稳定并与林木生长密切相关的特性，以便于森林立地类型划分和野外识别，以及提高森林立地类型的划分精度。

(3)森林立地类型的稳定性原则。森林立地类型是森林立地分类系统中的基本单元，也是营林工作中最基本的经营单元。因此，森林立地类型是一个稳定存在的客观实体，有其固有的特征和特性，分类只反映类型的客观存在，不是针对某种特定的利用方式而分的。

(4)科学性与实用性相结合的原则。在自然环境中，实际存在的类型可能很多，这就要求立地分类既要建立一个科学的森林立地分类系统，又要考虑到它的实用性，使所建立的分类系统既科学合理，符合研究地区立地变化的客观实际，又简明实用，便于广大营林工作者实际应用。

二、立地分类的单位和依据

采用全面统一的森林立地分类系统的单位，该系统包括有0级在内的5个基本级和若干辅助级。

0级　森林立地区域(Forest Site Region)

1级　森林立地带(Forest Site Zone)

2级　森林立地区(Forest Site Area)

　　森林立地亚区(Forest Site Subarea)

3级　森林立地类型区(Forest Site Type District)

　　森林立地类型亚区(Forest Site Type Subdistrict)

　　森林立地类型组(Forest Site Type Group)

4级　森林立地类型(Forest Site Type)

　　森林立地变型(Forest Site Type Variety)

其中0~2级为森林立地分区(高级分类或区域分类)单位，3~4级为森林基层分类(低级分类或地方分类)单位。森林立地分区是森林立地基层分类的基础，其分类单元在地域上是连续的。森林立地基层分类单位是类型的划分，分类单位均冠以“类型”名称，如类型区(亚区、组类型等)。各级类型是在上一等级背景上的进一步分异，都可在地域上重复出现。现根据淮河流域实际，就各级分类单位的划分依据分述如下：

0级——森林立地区域。根据中国综合自然区划的三大自然区，安徽省属我国东部季风立地区域。

1级——森林立地带。安徽省地跨暖温带和亚热带两个气候带，这种由纬度决定水热条件的地带性分异规律就是森林立地带的划分依据。

秦岭、淮河一线历来就是我国一条重要的地理界线，为此，将安徽省划分为暖温带和亚热带两个立地带。

2级——森林立地区。森林立地区是在同一立地带内因构造地貌所形成的巨大地貌单元，如山脉(山体)、平原等。巨大地貌单元基本上重新分配了同一立地带内的水热状况，安徽省气候上的许多等值线也往往与大地貌单位形态的轮廓趋于一致。因此，大地貌单位很自然地成为划分森林立地区的主要依据。在森林立地区内，可依据地形和水热条件的区域差异，进一步划分森林立地亚区作为辅助级。

3级——森林立地类型区。森林立地类型区是森林立地分类系统中基层分类的最高一级单位，在地理上可以重复出现，一个立地区(或亚区)有可能只有一个立地类型区，也可能划分若干立地类型区。其划分依据主要是中地貌类型、海拔范围等。淮河流域可据此划分为平原(海拔<50 m)、冈地(海拔<100 m)等立地类型区。

在立地类型区下，可根据岩性、母质或组成物质的差异来划分立地类型亚区。此外，还可根据局部地貌(如地形部位)、土壤类型等把相似的森林立地类型归成森林立地类型组，以便适应不同层次的要求。

4级——森林立地类型。森林立地类型是森林立地分类的基本单位。不同立地类型反映了对林木生长发育差异有影响的土壤综合肥力(土壤的水、肥、气、热和微生物活动)

的差异,同一立地类型应具有大致相同的生产力。因而立地类型的划分依据是影响林木发育的土壤主导因子。如淮北平原砂姜黑土地区,影响林木生长和分布的主要因素是地下水位、土壤质地、砂姜层深度、肥力等,根据这些因素将砂姜黑土林地划分为不同的立地类型。

第二节 淮河中游区域森林立地分区

根据上述森林立地分类的主要原则和依据,参考安徽省林业区划、植被分区、森林分区的结果,可将淮河中游区域划分为 2 个森林立地带 2 个森林立地区 4 个森林立地亚区(见表 4-1、表 4-2)。现将它们的主要立地特征概述如下。

一、暖温带森林立地带

立地带包括淮河主干流一线以北地区,位于黄淮海平原的南端,属暖温带半湿润季风气候,地带性土壤为棕壤,地带性植被类型为落叶阔叶林,植物区系属华北区系。

该立地带主要为淮北平原森林立地区。

本区包括整个淮北平原地区,地形平坦开阔,海拔一般在 15~50 m,局部地面不平整,具有大平小不平的地貌特征。本区东北部是残存的岛状丘陵地区,海拔一般为 50~100 m,部分残丘海拔较高。如宿县的乾山海拔 312 m,濉溪边境的老龙脊海拔 363 m,萧县的官山海拔 408 m,皇藏峪海拔 335 m。此外,涡阳、灵璧、泗县、蒙城、怀远等地也有残丘零星分布。

冬季寒冷干燥,夏季炎热多雨,年平均气温 14~15 ℃,≥10 ℃年积温 4 600~4 900 ℃,年降水量 750~900 mm,无霜期 200~220 d。地带性的棕壤所占面积极小,潮土和砂姜黑土面积最大。潮土主要分布在北部近代黄泛冲积区和淮河及其主要支流沿岸的冲积土区,砂姜黑土主要分布在淮北中部河间平原地区。

由于历史原因,这里的原始植物群落已不复存在,目前萧县皇藏峪和宿县(今埇桥区)大方寺等地尚存有小面积的典型落叶阔叶林,现有森林植被多为人工栽植。

这里自然灾害频繁,但水、热资源丰富,生产潜力很大,是本区综合防护林体系建设的重点地区。平原绿化树种主要有意杨、泡桐、刺槐、苦楝、臭椿、香椿、柳、榆、侧柏、铅笔柏、紫穗槐等。

再根据地貌和土壤的不同,划分为 2 个森林立地亚区:

(1)淮北东北部丘陵森林立地亚区。

(2)淮北平原森林立地亚区。

二、亚热带森林立地带

本立地带包括淮河主干流一线以南地区,属亚热带湿润季风气候,地形地貌复杂,土壤、植被多种多样。典型的地带性植被类型为落叶-常绿阔叶混交林及常绿阔叶林,植被区系以华东区系为主,兼有华中、华北及我国南方区系成分。

表 4-1　淮北平原森林立地区主要立地类型

立地单元	立地类型区	立地类型亚区	立地类型组	立地类型	分布及其他
划分依据	中地貌	岩性、母质	局部地貌土壤类型	土壤性状、土层厚度、地下水位、土体构型、质地、酸碱度等	
立地单元名称	岛状丘陵立地类型区	石灰岩亚区	丘顶组	薄层黑碎石土型	分布于石灰岩残丘顶部或上部，土层浅薄多砾石，适宜树种有铅笔柏、侧柏、黑松、栎类等
			丘坡组	中厚层山红土、山黄土型	分布于石灰岩残丘缓坡地上，土层较深厚，中性至微碱性反应，适栽铅笔柏、侧柏、刺槐、石榴、柿、杏、樱桃等
			丘洼组	中厚层山淤土型	分布于山前冲积平地或山间谷地，无石灰性，排水较差，雨季易涝，适宜树种同上
		非石灰岩亚区	丘顶组	薄层麻骨土型	发育于片麻岩、花岗岩残积物上，土层浅薄多石砾，质地为砾质轻壤土，含石量 30%~50%，底层更多
			丘坡组	中厚层夹沙土型	发育于片麻岩、花岗岩等坡积物上，一般土层较厚，质地均一，为中壤土，粒状至屑状结构
			丘洼组	中厚层黄泥土型	分布在片麻岩、花岗岩等坡积物上，土层深厚，质地较黏重，多为重壤土，宜栽植石榴等经济果树
	平原立地类型区	黄泛平原近代黄泛河沉积物（潮土亚区）	村庄组	村庄土型	分布在村庄周围人畜活动频繁地区，一般熟化程度和肥力较高，宜栽植泡桐、意杨、刺槐及葡萄等果树及庭院经济树种
			人工堆积组	河堤堆土型	分布于河道两岸，土质疏松，熟化程度及肥力较低
				塘坝堆土型	系清挖池塘、沟渠而成，一般土质疏松，肥力较高
				路埂堆土型	系修路堆积而成，肥力基本同于大田

续表 4-1

立地单元	立地类型区	立地类型亚区	立地类型组	立地类型	分布及其他
划分依据	中地貌	岩性、母质	局部地貌土壤类型	土壤性状、土层厚度、地下水位、土体构型、质地、酸碱度等	
立地单元名称	平原立地类型区	黄泛平原近代黄泛河沉积物（潮土亚区）	农地组	飞沙土型	分布于黄河故道大小沙河，苗成河两侧具有飞、燥、瘦、涝的特点，属低产土壤，宜栽梨、苹果、葡萄及固沙树种
				中水位泡沙土型	分布基本同上，土质疏松，稍有飞沙，地下水位 1.5～2 m，适栽刺槐、杨、梨、苹果、桑、杞柳、白蜡等
				高水位盐碱土型	与普通潮土呈插花分布，地下水位 1 m 左右，含盐碱多，易旱易涝，为低产土壤，宜林性差，应栽耐盐树种
				中水位淤土型	分布于距河流较远的平坦低洼地，排水较差，地下水位 1～2 m，宜选杨、柳、榆、刺槐、枫杨等
				低水位沙土型	分布于受黄泛影响的河流两侧，土质疏松，排水好，地下水位<2 m，宜栽植泡桐、刺槐、意杨、榆、柳等
				低水位两合土型	介于沙淤之间，土质轻软耕性好，肥力高，为高肥土壤，地下水位 1.5～2 m，宜林性好
		河间平原黄土性古河流沉积物（砂姜黑土）亚区	村庄组	低水位村庄土型	村庄周围地势高，排水好，人畜活动频繁，土壤熟化程度和肥力较高，基本无障碍因子，地下水位<2 m，宜林性好
			人工堆积组	河堤堆土型	系挖河沟堆积而成，土体杂乱，土壤熟化程度和肥力较低，但地势高，排水好，深厚较疏松
				塘坝堆土型	系清挖池塘沟渠沉积物翻堆而成，土体杂乱，有沙有淤，地势高，排水好，土壤熟化程度和肥力一般较高
				路埂垫土型	系修路稍加堆垫而成，垫土厚度一般不超过 1 m，地势略高于大田，排水较好，肥力基本同于大田

续表 4-1

立地单元	立地类型区	立地类型亚区	立地类型组	立地类型	分布及其他
划分依据	中地貌	岩性、母质	局部地貌土壤类型	土壤性状、土层厚度、地下水位、土体构型、质地、酸碱度等	
立地单元名称	平原立地类型区	河间平原黄土性古河流沉积物(砂姜黑土)亚区	农(湖)地组	高水位白碱土型	零星分布在颍河以东碟形洼地,地下水位<1 m,雨季积水,中壤—重壤土,上部具白色碱化层,pH8.5~10.2,肥力差,应选耐盐树种
				高水位砂姜土型	零星分布在砂姜黑土区,因受侵蚀,使砂姜层接近地表或裸露形成上部障碍层,地下水位<1 m,雨季积水易涝,肥力很差
				高水位轻黏土型	分布在远离村庄的湖洼地,地下水位<1 m,雨季积水,地势低洼易涝,土壤僵瘦黏重,质地轻黏土,肥力较差
				中(低)水位轻黏土型	介于村庄与洼地之间,地势居中,虽排水不畅,但雨季地表不积水,土壤黏重,结构差,肥力中等
				低水位重壤土型	靠近村庄的地势较高的农地,地下水位 2 m 左右,土壤肥力较高,保水保肥,砂姜层出现在 70 cm 以下
		沿淮平原冲积物亚区	村庄组	中低水位村庄土型	村庄周围土壤熟化程度及肥力较高,一般地势较高,排水好,少数地下水位中等,宜林性好
			河漫滩(湾地)组	高水位棕潮土型	分布于颍上县垂岗集以上低洼地区,母质为来自淮河中上游的花岗岩、片麻岩山地近代冲积物,地下水位 1 m 左右,无石灰性
				中低水位淤土两合土型	分布于垂岗集以下的淮河干流河漫滩,地下水位 1~2.5 m,有石灰反应,具夜潮性,肥力较高
			阶地(冈地)组	中低水位淤土两合土型	分布于淮河及其主要支流中下游沿岸缓坡地上,母质为黄土性河流冲积物,肥力因土种略有差异,地下水位 2~3 m,无石灰性
				水稻土型	发育于潮棕壤和砂姜黑土上,种植水稻,农田林网应选枫杨、柳、池杉、桤木等耐水树种

注:地下水位:高水位<1 m,中水位 1~2 m,低水位>2 m。

表 4-2　江淮丘陵森林立地区主要立地类型

立地单元	立地类型区	立地类型亚区	立地类型组	立地类型	分布及其他
划分依据	中地貌	岩性、母质	局部地貌	土壤性状、土层厚度、石砾含量、土体结构等	
立地单元名称	1.低山区 海拔>500 m，比高>300 m 2.丘陵区 海拔 100~500 m，比高 30~300 m 3.冈地区 海拔 50~100 m，比高 10~30 m	(1)花岗岩、片麻岩、流纹岩亚区 (2)闪长岩、安山岩亚区 (3)玄武岩、辉长岩亚区 (4)泥质岩类亚区(千枚岩、页岩、片岩、板岩) (5)砂砾岩类亚区 (6)紫色砂、页岩类亚区 (7)碳酸盐岩类亚区(石灰岩、白云岩、大理岩等)	脊顶组	薄土多石型	分布于低山丘陵及部分石质冈地的顶脊部或坡上残积母质上，侵蚀严重，土层浅薄，石砾含量重，多为粗骨质(少数例外)，土体多呈 A–C 型或 A–B 型，其中石灰岩亚区的顶部为黑碎石土型，绿化造林应选先锋树种
				薄土中石型	
				薄土少石型	
				中土少石型	
				黑碎石土型	
			坡地组	薄土少石型	分布于低山、丘陵及部分石质冈地的坡地上，母质以坡积为主，少数为残积物。土层厚度随坡度和坡型而异，多数为中土型，土体以 A–B–C(R)型最为常见，其中岩窝土型是裸露石灰岩坡地上的一种特殊类型，树种选择应考虑岩性、土层厚度及石砾含量的影响
				中土少石型	
				中土中石型	
				中土多石型	
				厚土少石型	
				岩窝土型	
			坳地组	中土少石型	分布于低山丘陵及部分石质冈地的山坳或谷地，多为坡积物或洪积物，一般土层深厚、结构良好(石灰土除外)，土壤肥力高，但少数洪积物上发育的土壤含石量较高，可达 70%以上
				厚土少石型	
				厚土中石型	
				厚土多石型	
		(8)下蜀黄土亚区	冈坡组	上位黏盘黄棕壤型	分布在下蜀黄土冈地区，土层深厚，质地黏重，通透性差，肥力低，不同程度地受到侵蚀，黏盘层出现在 50 cm 以上为上位，50 cm以下为下位
			冈坳组	下位黏盘黄棕壤型	

续表 4-2

立地单元	立地类型区	立地类型亚区	立地类型组	立地类型	分布及其他
划分依据	中地貌	岩性、母质	局部地貌	土壤性状、土层厚度、石砾含量、土体结构等	
立地单元名称	4.平原区 海拔<50 m, 比高<10 m	(9)河流冲积物亚区 (10)湖积物亚区	村庄组	村庄土型	村庄周围,地势高,排水好,土壤熟化程度和肥力较高,宜发展庭院经济
			人工堆积组	河渠堆土型	系挖河、修渠堆积而成,地势高,排水好,土体乱,土层厚,但熟化程度不高
				路埂垫土型	系修路堆垫而成,一般垫土不超过 1 m,肥力基本同大田
			农田(地)组	水稻土型	包括各种水稻土,建立林网应选用池杉、水杉、桤木、枫杨、柳等耐水树种
				旱耕土型	以种植旱粮为主,土层一般较深厚,地边可间种或建林网
			河、湖滩地组	河浸滩型	洪水期被淹没的河湖浅滩宜栽柳、枫杨、池杉等耐水树种,以防浪护堤

注:①土层厚度以 A+B+BC/2 计算;<40 cm 为薄土,40~70 cm 为中土,>70 cm 为厚土。
②石砾含量:<30%为少石,30%~50%为中石,>50%为多石。

(一)江淮丘陵森林立地区

本区北接淮北平原,南邻沿江圩区,西南和大别山区接壤,东西各与苏、豫两省为界,系大别山体向东扩展的延伸部分,为南北过渡带。区内地势低缓、冈峦起伏、垄畈相间,海拔一般在50~100 m。丘陵东部出现一些块状隆起的高丘,如嘉山县的老嘉山海拔332 m,滁州的琅琊山海拔317 m,全椒县的龙王尖海拔395 m等。个别低山海拔达508~597 m。

年平均气温15 ℃左右,≥10 ℃的年积温4 800~5 100 ℃,年降水量900~1 200 mm,无霜期210~235 d。地带性土壤为黄棕壤,主要分布在低山丘陵区,因母质不同,土壤性质差异较大,有发育于花岗岩、片麻岩、千枚岩、砂岩、云母片岩等岩石的残、坡积物上的残余碳酸盐黄棕壤,发育于下蜀系黄土母质上的为黏盘黄棕壤。平原圩区多为水稻土,此外,尚有石灰土、紫色土等。地带性植被类型是以落叶阔叶树为主,并有少量常绿阔叶乔、灌木种类的落叶-常绿阔叶混交林。区内有大面积的人工马尾松林、黑松林等,植被区系大体上以华东区系为主。

本区灾害特点是森林覆被率低,蓄水保土能力差,水土流失面积较大,占全区面积的25.9%,年侵蚀模数2 400~3 000 t/km^2,而且本区地处淮河中游,河床泥沙淤积严重,汛期一到,淮河干流宣泄不畅,加上植被防护能力弱,往往造成大面积内涝。因此,该区工程重点是发展以水土保持为主的防护林体系,适当发展经济林和薪炭林,提高丘陵冈地的保持水土能力,充分发挥森林的防护作用,促进农业的稳产高产。

本区南部比北部水热条件好,地势也较平坦,故以江淮分水岭一线为界划分为南、北两个森林立地亚区:

(1)江淮北部丘陵平原森林立地亚区。

(2)江淮南部丘陵平原森林立地亚区。

第五章　综合防护林体系规划设计

淮河中游地区不同类型区林带、林网有不同的设计标准和要求，为便于了解各类型区的规划特点，下面分别叙述几种有代表性的规划设计实例。这些实例也并非尽善尽美，但仍不失为较好的典型，且有其可取之处，故简述如下供参考。

第一节　平原区农田防护林规划设计

一、特点

淮北平原位于安徽省淮河以北，属华北大平原的南缘，地势由西北向东南微微倾斜，地形开阔平坦，海拔 15～50 m，土层深厚，地下水资源丰富，水质好，适宜多种作物生长。淮北平原中部的河间平原，多为砂姜黑土，旱、涝、僵、渍、瘦是砂姜黑土低产的主要原因，这些低产原因的产生条件，除土壤自身属性外，与天气、地形、水文、地质、农业结构等因素有密切的关系。干热风是平原地区对农业生产威胁较大的农业气象灾害，常使小麦减产 20%以上。

二、主要参数和树种选择

（一）林带走向

农田防护林的配置，要按“山、水、田、林、路综合治理”原则，做到路、林、排灌、电（机）合理布局，因地制宜、因害设防，并要与其他林业措施相结合，使之构成一个完整的防护林体系。

根据淮北气象资料，对农业生产造成危害的季风分为三种：一为冬春（以春季为多）寒流南下引起的偏北大风，二为夏秋之交登陆的偏南台风及夏季的雷雨大风，三为小麦扬花灌浆期西南的干热风。若按主林带垂直于害风方向设计，干热风及台风很难预防，二者之间有较大角度，从而降低了防护效果。因而把淮北主林带走向设计为东（E）-西（W），副林带为南（S）-北（N）向，使夏秋两季之害风与林带偏角均保持在 30°以内，最大不超过 45°。同时，采取这种林带方向也符合淮北垄作特点、历史习惯，与淮北的田块、道路、小的人工沟渠方向也相一致。

（二）林带结构和宽度

林带的结构是指林带内树木枝叶的密集程度和分布状况，亦即带内透风孔隙的大小、数量和分布状况。对于农田防护林带结构的研究则主要是以发挥其最大的防护效益为目的。

林带的造林密度（株行距）、宽度（行数）、树种搭配方式决定林带的结构。

根据砂姜黑土区农业气象灾害，尤其是风对农业造成危害［一般 8 m/s（五级）的风即对农业造成危害]，林带结构应设计疏透结构，其优点是透气孔隙在其纵断面上从上到下均匀分布，防护距离较大。风害季节应使林带的疏透度介于0.3~0.4。主、副林带以2~4行乔木和1~2行灌木组成，株行距为2 m×3 m，杞柳、蜡条、紫穗槐等灌木株行距1.5 m×(1~1.5) m。

（三）带间距离

主带间距由减弱风速30%所达到的有效防护距离确定，林带成林高度可取为15~20 m，若林带成林高度达13~16 m，带距可取为200~300 m，副带距视当地风害季节和害风风向频率的分布特征以及方便机耕确定，一般可取为420~450 m，网格面积8~13.34 hm^2。在农田防护林营造初期，林网很难起到完全的防护作用，可在设计的林网内增设一条或两条附加林带（见图5-1、图5-2）。

图5-1　附加林带——石榴或桑树林带示意图

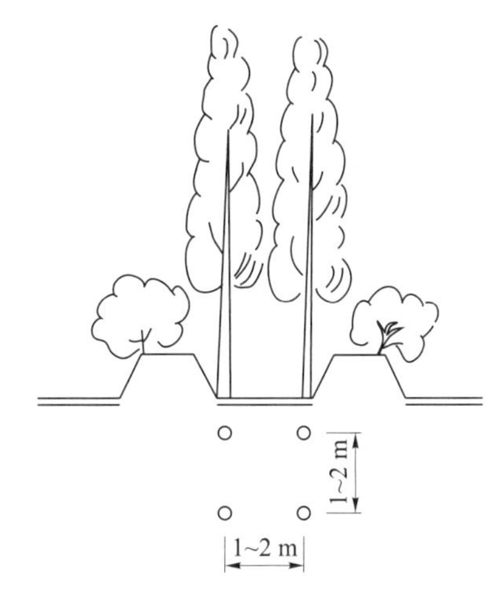

图5-2　农渠、无渠附加林带示意图

在防护林带与风向交角的研究上，国内均以林带与风向成90°角为好。但据调查组对野外原形林带、野外模型林带和室内风洞等试验方法的全面研究认为，安徽省农区林网多以"小网格窄林带"为主，由于林网由四条林带组成，当接近正方形时，防护效能不受风偏角的影响；但当主林带是长边的长方形网格，风偏角为0°~45°时，防风效能高于同面积的正方形网格，45°~90°时，防风效能低于同面积的正方形网格。

（四）农田防护林的树种选择和搭配

树种选择和搭配妥否，不仅影响农田防护林林带幼树的成活及其生长，而且对林带的结构和防护效益以及这种结构效益的持久性均具有决定性的意义。

农田防护林综合体系的建设及树种选择，一般应遵循以下五个基本原则。

(1)生态经济原则。营造林带所选择的树种，要求生物学特性符合造林地立地条件，做到"适地适树"；在适宜树种中应选择生长快、材质好、林产品量大的树种，做到经济效益高、防护效能大；充分利用和发挥菌根树种的优势，改良土壤的肥力状况。

(2)长短结合原则。早期速生树种与后期速生树种相结合，以便早日发挥防护效能；保持防护林结构的稳定；产生经济效益的长短结合，增强防护林体系的自身活力，使防护林体系经营管理及时、效益持久。因此，以速生杨树等作为先锋树种，同时配置一定比例的长寿树种(水杉)、常绿(侧柏、铅笔柏)和材质优良的树种是十分必要的。

(3)结构配置原则。林带结构的优劣,直接影响到林带防护作用的大小。为了确保林带优良结构的持久性,避免林种、树种过于单一,应采用多林种结合,才有希望全面改善淮河中游地区农业生态环境。发展经济林,增加农民收入,发展薪炭林,促进秸秆还田,改良土壤肥力状况;多树种结合,保持防护林体系稳定。树种搭配宜选择常绿、落叶结合,深根、浅根结合,针、阔叶结合,乔、灌结合。

(4)适应性原则。淮河中游地区自然条件较差,宜选择抗性强、适应性广、树冠狭长、深根胁地少的树种。

(5)一林多用原则。充分发挥树种资源的潜力,实行一林多用经营,提高经济效益。如刺槐(材、薪、蜜源树种)、桑树(材、叶两用林)、银杏(*Ginkgo biloba*)(为果、叶、材树种);生物能源树种有黄连木(*Distacia chinensis*)、麻栎(*Quercus acutissima*)、乌桕等。有目的地选择多用途树种造林。

(五)树种搭配原则

树种搭配的主要目的在于确保林带的最优结构和稳定性,以及在此前提下取得较高的经济收益,并占用较少的耕地。因此,在进行树种搭配时,除遵循树种选择的原则外,还要考虑树种之间、种内个体之间的相互关系,以及这种关系的不断变化。通过安徽宿县砂姜黑土类型万亩综合防护林体系试验区 20 多种树种搭配试验结果来看,以下 6 种搭配较为成功。

1.乔灌木混交性

这种类型适用于气候条件和土壤条件比较恶劣的砂姜黑土地区。通常是在主要树种的两侧各栽植 1~2 行灌木,或在边行实行行内株间混交。这种混交型林带可以形成上下均一的疏透结构或上下紧密中间透风的通风结构。如杨树 4 行与紫穗槐 2 行、水杉 4 行与紫穗槐 2 行的混交林带(见图 5-3、图 5-4)。这种杨树、水杉与紫穗槐固氮树种与非固氮树种搭配比单一杨树生长好。

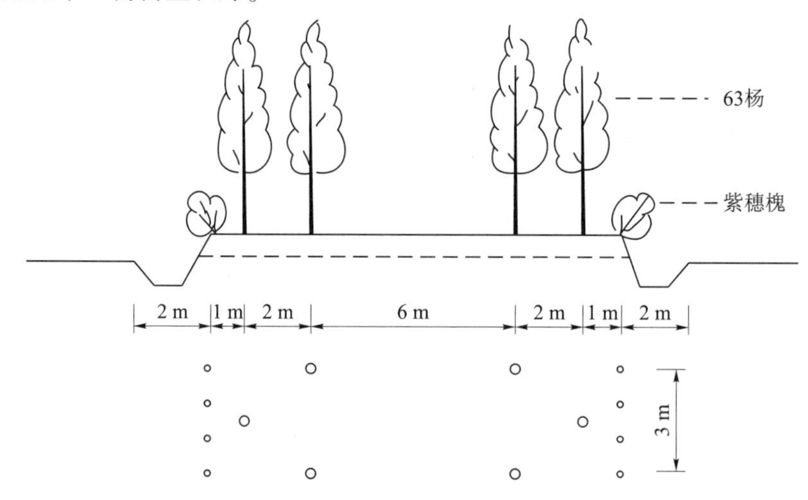

图 5-3　杨树、紫穗槐混交

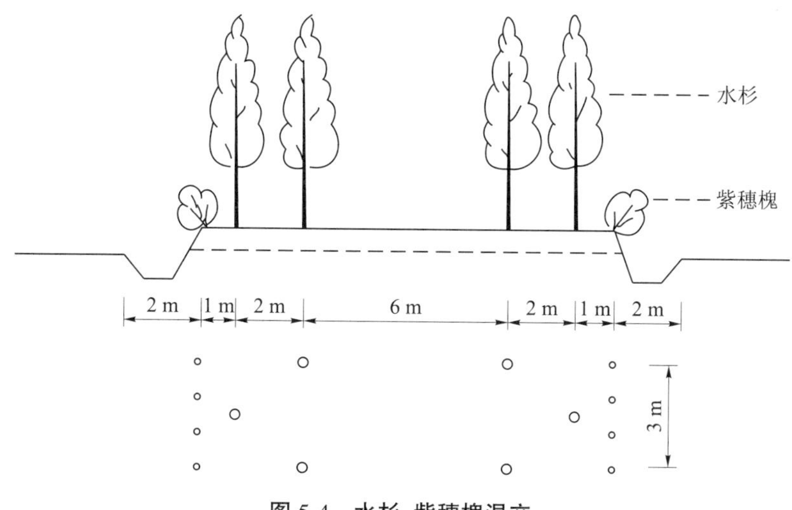

图 5-4　水杉、紫穗槐混交

2.综合混交型

这种混交类型往往由主乔、亚乔和灌木组成,形成双层或多层树冠层(见图 5-5~图 5-8)。由于行数较少、树种搭配得当,冠层均可形成透风均匀的疏透结构林带。其特点是:落叶树种和常绿树种搭配,不同树冠形态和特征的树种搭配,深根和浅根树种搭配,早期速生与中期速生树种结合,从而在砂姜黑土区形成多树种、多层次、多结构、多效益的农田防护林带。这种以速生杨树为先锋树种,同时配置一定比例的长寿树种、常绿和材质优良的树种是十分必要的,这就避免了农田防护林仍然以单一杨树为主,不能长期保持防护效能,易遭严重病虫危害和冬季落叶等不足,对林木生长也有利,见表 5-1。

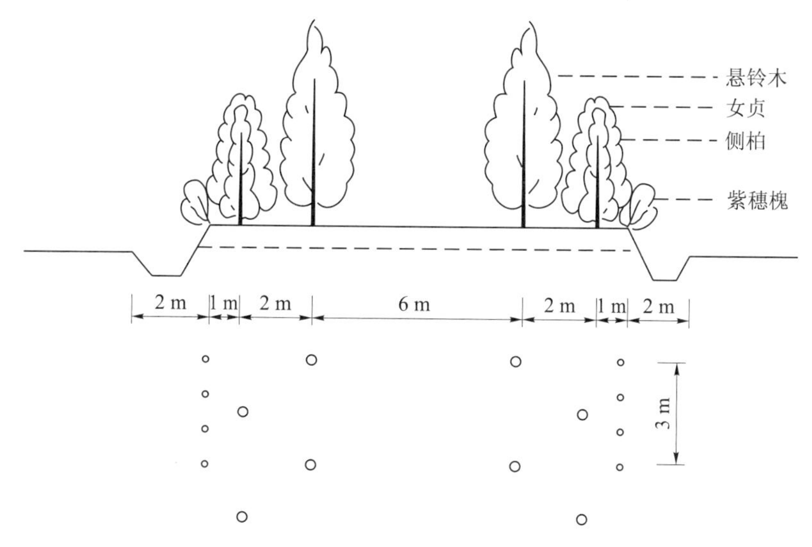

图 5-5　悬铃木、女贞、侧柏、紫穗槐混交

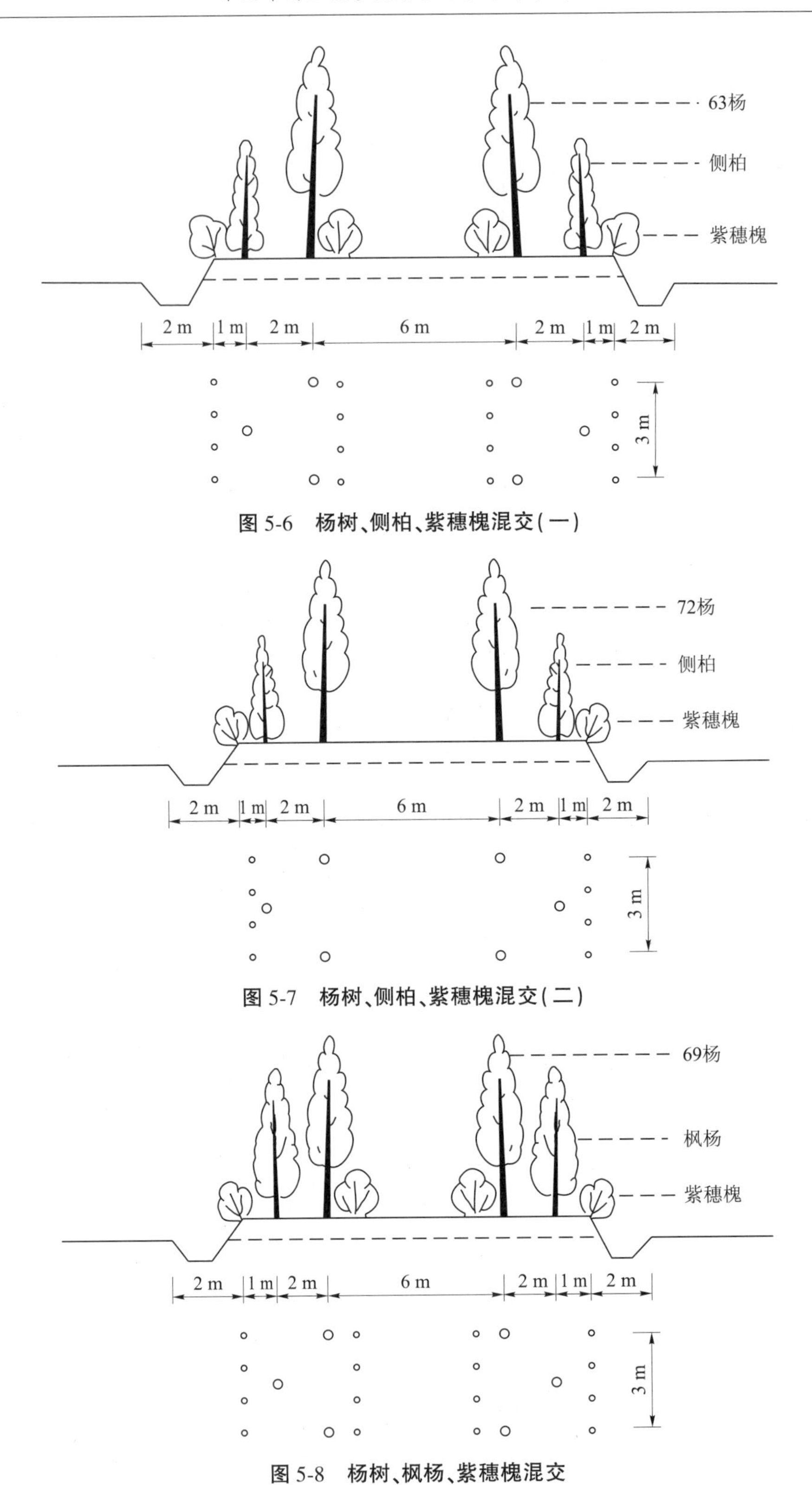

图 5-6　杨树、侧柏、紫穗槐混交(一)

图 5-7　杨树、侧柏、紫穗槐混交(二)

图 5-8　杨树、枫杨、紫穗槐混交

表 5-1　安徽宿县试验区综合防护林体系不同树种搭配的混交林带对林木生长的影响

林带号	树种搭配	树种	平均胸径(cm)	平均树高(m)	平均冠长(m)	冠幅(m)	
						SN	WE
副 8 林带	杨树 2 行与枫杨 2 行和紫穗槐 4 行	杨树	15.5	11.1	8.7	4.4	4.9
		枫杨	5.3	4.3	3.0	2.4	2.4
	杨树 2 行与枫杨 2 行	杨树	15.1	11.2	9.0	4.2	4.7
		枫杨	4.7	4.1	2.8	2.3	2.4
主 4 林带	杨树 2 行与侧柏 2 行和紫穗槐 4 行	杨树	18.5	14.7	12.3	6.1	4.8
		侧柏	5.8	4.3		1.9	2.1
	杨树 2 行与侧柏 2 行和紫穗槐 2 行	杨树	17.2	13.3	10.9	6.0	4.8
		侧柏	4.5	3.8		1.4	1.4
主 14 林带	杨树 4 行与紫穗槐 2 行	杨树	15.0	11.6	9.4	4.1	3.5
	杨树 4 行	杨树	12.8	10.1	8.0	3.8	3.2

注:1985 年 3 月营造,株行距 2 m×3 m。

三、宿县(今埇桥区)试区综合防护林体系规划设计

(一)特征

宿县(今埇桥区)试区地处淮北平原新河乡境内。土壤为砂姜黑土,无霜期 206 d 左右,年平均降水量 890 mm,气候温和,为粮食主要产区,其主要自然灾害如下:

(1)旱、涝灾害。该地区雨量多集中于夏季,占全年降水量的 50%~60%,常易造成洪涝灾害。春季雨水较少,经常出现春秋季节干旱。据宿县(今埇桥区)气象部门统计,自 1471~1975 年的 505 年中,涝灾有 197 年,占 39%,即 2.5 年发生一次;有时在一年中有先旱后涝或先涝后旱的严重灾害,继之 1991 年、1994 年、1998 年、2003 年又发生了数次特大旱涝灾害,给农业生产带来较大损失。

(2)干热风。干热风是淮北地区对农业生产威胁较大的农业气象灾害。据统计,20 年内重害 2 次,为 10 年一遇,轻害 16 次,常使小麦减产 20%以上。

(3)土壤瘠薄、地下水位高。据安徽省林业科学研究所(今安徽省林业科学研究院)调查组分析,耕作层土壤平均有机质含量仅为 1.10%,全氮 0.07%,全磷 0.094%,碱解氮 51 mg/kg,速效磷 2.53 mg/kg,均属于低水平含量。质量差和有效磷严重缺乏,磷素不足成为限制作物生长的重要因素。丰水期地下水位为 1~1.5 m,枯水期为 1.5~2.5 m。

(二)林带(网)在规划设计中主要参数的确定

据野外模拟试验和现有农田防护林与复合防护林实地观测试验,对主要参数确定如下。

1.林带(网)的方位

(1)相同条件下的正方形网格和防风效能,不受偏角变化的影响。

(2)对于主林带是长方形网格,风偏角在 0°~45°时,防风效能高于同面积的正方形网格。风偏角在 45°~90°时,低于同面积的正方形网格。对于主林带是短边的长方形网格,效果正好相反。对于有显著主害风和盛行风的宿县(今埇桥区),林带采取主带为长边的长方形网格,并与主害方向基本垂直。风偏角的变化以不超过 45°为宜。

2.林带的透光度

以 0.3~0.4 为宜。

3.林带的间距

从调查实际经验得出,以长宽比以 1.5~2.5 为宜。

(三)林种配置

当地有易旱易涝、土壤僵瘦和干热风等自然灾害。鉴于农业产量长期低而不稳的现状,在原有地块、路渠的基础上,加以调整规划,建立以防护林为主体的平原绿化体系。其主要内容如下。

(1)农田防护林。是试区内的主体。它是在原有林带的基础上加以调整更新规划设计的,主要分布在试区路渠上。主林带基本为东西向,副林带南北向;林带距离:主要林带平均为 229 m,副林带平均为 416 m,共有网格 75 个,均为长方形。根据试区模拟试验结果,在一定情况下,长方形网格防护效应较正方形为好,林网面积占 679.33 hm^2。其中 6.7 hm^2以下 13 个,占 17.3%;6.7~10 hm^2 40 个,占 53.5%;10~13.3 hm^2 15 个,占 20%;13.3~16.7 hm^2 5 个,占 6.7%;16.7 hm^2 以上 2 个,占 3%。林网建成后,林带高度可达12 m 左右。上述面积均在有效控制范围之内。

(2)堤岸防护林。试区共有 3 条河流,堤岸长 7 580 m,占地 50.6 hm^2。除进行树种对比试验外,还可利用现有林带进行抚育间伐等。水里养鱼,两岸临水处除栽植柳树外,还栽植乔木桑,以形成桑基鱼塘。

(3)村庄绿化。为改善农民居住环境,结合防护效益和经济效益,在现有村庄绿化的基础上,加以改造提高,统一规划,分期实施建立新型的园林化村庄。

(4)环村林。在村庄附近,为了防风、防尘、防噪声,要因地制宜、因害设防,营造环村林。树种要选速生、经济价值高和农民所喜爱的树种,如泡桐、楸树(*Catalpa bungei*)、香椿、柿、枣(*Ziziphus jujuba*)、苦楝、枫杨、合欢(*Albizia julibrissin*)等。

(5)大小片林。村庄立地条件较好,经营集约度高,可利用闲散地营造大小片林,树种可选择泡桐、杨树、楸树、苦楝、臭椿等。

(6)房前屋后、庭院,可栽植葡萄、石榴、变子(李子的变种)、竹类等。为了防风和冬季保温,屋前应以景观树和经济树种为主,屋后应注意常绿和落叶树结合。

(7)池塘。试区内目前现有池塘 20 个,面积 2.73 hm^2,可联产养鱼,并种植藕(*Nelumbo nucifera*)、菱角(*Trapa bispinosa*)等。

(8)薪炭林。设置在大曹家南、界洪新河北岸和新河河堤上以及其他林带上。薪炭林树种以刺槐为主,刺槐实行乔灌结合。柳树实行头木作业,以解决农村能源不足,促进秸秆还田。

(9)间作。菜(香椿)粮间作,设置在梁家生产队,面积 13.3 hm^2,株行距 2 m×(10~15) m;果(石榴)粮间作,面积 13.3 hm^2,设置在大曹家生产队,株行距 3 m×15 m;条粮间作先进行小面积试验,然后推广。

(10)果园。恢复和发展乡土水果变子 3.33 hm^2。

四、涡阳县方田林网设计

(一)特征

涡阳地处淮北平原,地势低洼,土质肥沃,气候温和,无霜期 215 d 左右,年降水量 800 mm左右,是粮食主要产区。这里的主要灾害是 5~6 月间西南干热风(指标为西南风,风速大于 5 m/s,空气湿度小于 30%,温度大于 30 ℃)对小麦造成的危害,秋季大风造成的倒伏、瘪粒和早霜损坏地瓜叶、晚霜损坏油菜,以及干旱、内涝等。在沿河沙土地带春季旱风可引起风蚀现象。而这一地区由于森林覆被率低,木材缺乏,常结合用材的需要营造农田防护林带。

(二)主要设计参数和树种选择

1.三级划方

大方:面积 5 000 亩左右,以公路、河流、大沟为边界;中方:面积 1 000 亩左右,以大路、中沟为边界,没有边界的增设一条大路;小方:面积 200 亩左右,以生产路、小沟为边界。把全县的农田规划成一系列大方、中方、小方,与林、路、渠密切结合,形成一整套的方田体系。路、渠分级标准如下:

(1)道路分级。

主干公路:以国道为主;

一般公路:以县道、乡道为主;

大路:以村道为主;

生产路:为出入农田,运输庄稼、肥料等的道路。

(2)水系的分级。

河流(包括人工河在内),上口宽度>20 m;

大沟,上口宽 20~10 m;

中沟,上口宽 10~5 m;

小沟,上口宽<5 m。

2.设计规格

(1)带向。农田林网的林带基本上是由道路、沟渠两测的树木构成的,只有极少的情形才有在道路以外单独设置的林带。林带走向一般是南北向和东西向。

(2)带间距离。林带没有主副之分,有的南北长,有的东西长。一般在 300~400 m,接近正方形,长宽比很少达到 2。

(3)带宽。

主干公路:总宽度(不包括两侧的沟渠在内)25~30 m。中间道路路面宽 9~12 m,全部或部分铺柏油,一侧或两侧设副道,以利履带拖拉机的通行;副道宽 4~6 m,栽树 8~20 行,分别配置于主副道的两侧(有的副道内侧不栽树)。如徐州—阜阳公路,规格见图 5-9。两侧设副道者,在主道左右对称设计。

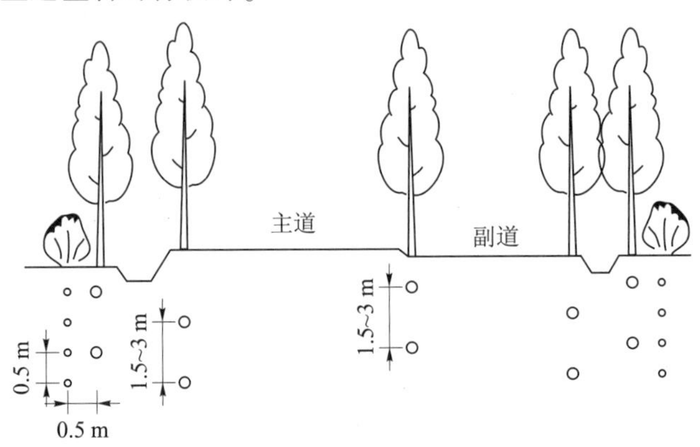

图 5-9　有上下道的县级以上公路护路林设计示意图

一般公路:总宽度 16~18 m,其中路面宽 7~11 m,两侧各植树 3~5 行,见图 5-10。

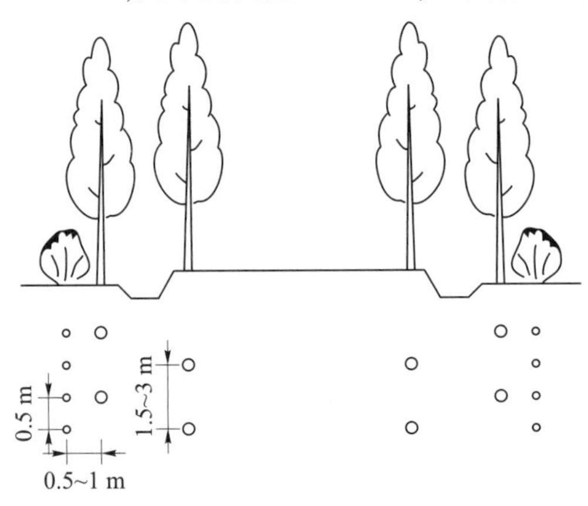

图 5-10　一般公路护路林设计示意图

大路:总宽度 8~10 m,其中路面宽 6 m,两侧各植树 2~3 行;有的不对称栽植,如一侧 1 行、一侧 4 行。

生产路:总宽度 4~9 m,其中路面宽一般 5 m,两侧各植树 1~3 行,多栽于路边。一面设灌水渠道,见图 5-11。部分栽植于沟渠两旁;有的一侧 1 行,另一侧在渠道外再加 1 行,构成左右不对称的形式。

(4)结构。绝大多数林带是由一种乔木树种构成的,空心式的通风结构类型,矩形断面的林带。只有少数是由 2 种乃至 3~4 种乔木构成的,也有一些林带是乔灌混交形成疏透结构或紧密结构的林带。其形成的疏透度(有叶期)多数为 0.3~0.4,少数为 0.25 及 0.4~0.8 的林带。

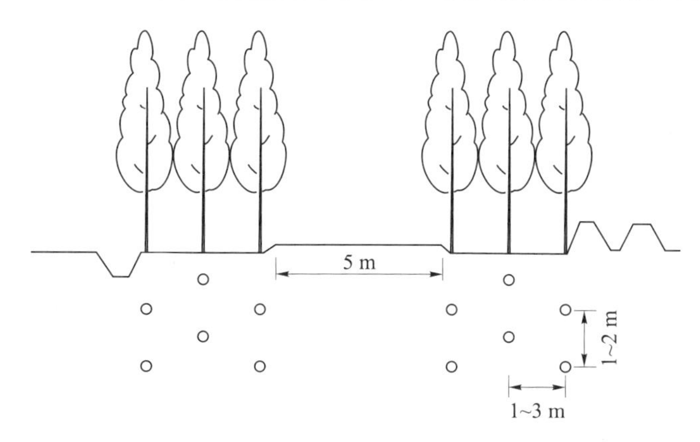

图 5-11 林带与排渠、灌渠、道路结合设计示意图

3.树种选择

宜选择臭椿、苦楝、意杨、侧柏、水杉、法桐、桑、山楂等。

五、杜楼农田防护林

(一)特征

杜楼村地处宿县(今埇桥区)东北杨庄乡,属黄泛冲积沙质盐碱地。地势低洼,土质瘠薄,林木稀少,加之水、旱、风、霜、盐碱等自然灾害频繁,生产条件很差,是周围出名的"老碱窝",20 世纪 60 年代,人们常常形容这里是"春天一片白,秋后一场空"。肥料、饲料、燃料、木料奇缺,群众长期处在生产靠贷款、吃粮靠回销、花钱靠救济的后进状况。村党支部为了尽快改变这一贫穷落后的面貌,提高抗御自然灾害能力,解决缺吃、缺烧问题,于 1972 年冬组织群众进行了认真讨论,确立坚持林粮并举、以林促粮、大力发展林业生产的指导思想,把植树造林当作一项重要的农田基本建设来抓。经过 30~40 年的努力,村民利用河流、沟渠、公路两侧和村庄废地营造林带 33 条,总长为 34 296 m,村片林 20.9 hm^2,杨树试验林 15.8 hm^2,农桐间种 199 hm^2,果园 2.8 hm^2。现有各种树木 121 230 多株,人均 76 株;林木蓄积量 5 602 m^3,平均每人 3.5 m^3;林木覆盖率为 21.6%。境内主副林带纵横交错,初步形成了网、带、片、间相结合的防护林体系。这个昔日"出门白茫茫,地无百斤粮"的后进村,如今到处呈现一派林茂粮丰、六畜兴旺、生气勃勃的社会主义新农村的崭新面貌。

(二)主要参数和树种选择

(1)紧密结构林带。长 6 941 m,占林带总长的 20.9%,植树 12~14 行;主要树种是刺槐,其次是少量柳树,分布在沿河、沟渠两岸和公路两侧较宽的地带。

(2)疏透结构林带。长 13 423 m,占林带总长的 40.5%,大多数为 2~4 行;主要树种是刺槐、大官杨(*Populus×dakuaensis*),其次是柳树,两侧各配置 2~3 行紫穗槐,分布在行道两侧。

(3)通风结构林带。全长 12 783 m,占林带总长的 38.6%,大多为 2 行;树种是刺槐、大官杨、柳树,分布在道路及田间。

林带的疏透度为 0.3 左右。

(4)林带走向。林网在林带均为东西走向,副林带为南北走向,主林带基本与害风方向垂直,其偏角为 8°~20°。

(5)林带的间距。主林带间距 200 m 以下的占网格的 51%,200~300 m 的占 29.3%,300~400 m 的占 7.9%,400 m 以上的占 11.7%;副林带间距 200 m 以下的占 54.9%,200~300 m 的占 21.5%,300~400 m 的占 11.7%,400 m 以上的占 11.9%。

(6)网格面积。6.7 hm^2 以下的占 60.8%,6.7~13.3 hm^2 的占 25.5%,13.3 hm^2 以上的占 13.7%。

(三)效益

目前该村无论是生态环境、经济效益还是社会效益都发生了明显的变化。研究表明,林网内比无林网区,风速降低 32.9%,相对湿度提高 20.5%,夏季林网内温度降低 1.4 ℃,蒸发量减少 27.4%,减少了干热风出现的频率。例如,1982 年无林网区出现干热风 4 d,其中中度 3 次、轻度 1 次,而林网内仅出现轻度干热风 1 d,减轻了作物受害程度,小麦获得了丰收。

全村现有林木蓄积量,每立方米按 250 元计算,价值 140 万元,人均 870 元,每年更新间伐的木材,除供农民做家具、农具外,还新建房屋 500 余间,建筑面积 1 200 m^2。

林业的发展,开辟了肥源。据测算,每年可收各种树叶 1 250 t,其中仅刺槐叶一项可收 85 t,相当于 376.8 t 豆饼的肥效(折合氮 2 254 kg、磷 599 kg、钾 17 127 kg)。全村每年用这些枯枝落叶堆制有机肥料 8 000 m^3 左右,占全村积肥总量的一半,每亩施肥量由原来的 1 m^3 左右提高到 5 m^3 左右。pH 值由 8.3 下降到 8.1,全氮由 0.053%提高到0.065%,全磷由 0.080%提高到 0.084%,有机质由 0.79%提高到 1.05%,碱解氮由 32 mg/kg 提高到 42 mg/kg。小麦亩产由原来的 50 kg 左右提高到 2000 年的 300 kg 以上,人均收入增长 3 倍以上。至 2020 年小麦亩产更是提高到 450~600 kg。

促进秸秆还田。全村每年可从林带中修枝桠 300 t 左右,解决农户 3~5 月薪材,可节省秸秆 400 t 左右用于还田。水果产量约 1.3 万 kg,人均 8 kg 左右。

第二节　丘陵冈地农田防护林规划设计

一、特点

江淮分水岭地区,在大地构造上为郯庐深大断裂地带的范畴,地处安徽省南北升降之间的过渡区,由于多次升降(以升为主)运动,形成了以丘陵、冈地为主的地貌,冈地波状起伏,冲、冈错落,部分地区有平原和低山,海拔为 60~80 m。年平均温度在 15 ℃左右,年降水量 800~1 200 mm,干湿季节明显。土壤大部分为黄褐土,肥力不高,立地条件各地差异很大。由于地形部位较高,地下水位低,水利条件差,土壤普遍遭受侵蚀,黏盘层多接近地表。目前利用现状多为人工栽植的马尾松、黑松、火炬松,树种单一,管理粗放。部分缓坡冈地辟为旱地或茶园,尚有一些荒地。表层土壤有机质含量 1.2%~1.7%,中等偏低;速效磷 2~5 mg/kg,速效钾 60~100 mg/kg,全钾 1.2%~1.6%,氮素、磷素、钾素均较缺乏,土壤质地黏重,表、耕层黏粒含量 25%左右,淀积层和黏盘层黏粒含量超过 35%。全剖面粉砂/黏粒比值小于1.5。土壤通透性差,pH值5.5~6.5,呈微酸性。土壤利用中突出的问题是,质地黏重,养分贫瘠,水利条件差,易受旱灾。尤其干旱是这一地区范围最广、危害最大的灾害性天气,其中以秋旱最多,夏旱次之,有季节连旱、数年连旱的特点。冬季的主要灾害是寒潮冻害,其主要表现为有大风、降温和雨雪天气。

二、主要参数和树种选择

(一)林带走向

丘冈地农田防护林的配置,应针对该区地形、地貌、土壤和主要农业气象灾害,结合农田水利基本建设营造林带,农田防护林带带向基本上和主害风方向垂直设置。由丘陵割裂成大小不等的碟形盆地。由于地形对局地风向的影响,并考虑到地势条件和南北垄向的耕作习惯,一般采取横川设置主带,顺川设置副带。在坡耕地上,应水平环丘设置或与梯田地埂结合设置林带。在区域内还可结合铁路、高速公路、国道、省道设置主副林带。

(二)带间距离

树高为10~12 m,主带距取150~240 m,副带距取400~450 m。

(三)林带结构和宽度

根据丘冈地区自然特点,林带结构应设计疏透结构或带灌木的通风结构为宜。疏透度可控制在0.4~0.5范围。主带、副带都以2~4行乔木和1~2行灌木组成,株行距为2 m×3 m,紫穗槐等灌木株行距为1.5 m×(1~1.5) m。

(四)树种选择和搭配

乔灌混交型,乔木以杨树、水杉、刺槐、臭椿、苦楝、柳、枫杨等树种,灌木以桑、蜀桧(*Sabina chinensis*)、侧柏、女贞、木槿(*Hibiscus syriacus*)、石榴(*Punica granatum*)等结合成乔灌结合的疏透型。同时,大力发展果桑,对现有的松树纯林加以抚育管理,缺株补植,以栎类为主;对低产林进行更新改造,荒地应大力植树造林,疏林地有计划地加以改造。对黏盘部位低、表土层稍厚的地方,除适当发展用材林外,要大力栽植适合冈地生长的梨、桃、柿、枣、桑树、葡萄等,有计划地逐步开辟成片的用材林、薪炭林、果园和苗木花卉基地,以林固土,防治水土流失。同时可在幼林行间套种黄豆(*Glycine max*)、绿肥,增加收益,解决肥源。

第三节　沿淮平原圩区农田防护林规划设计

一、特点

沿淮一带主要是淮河及其支流下游形成的冈地、平原、湖泊和湖滨平原区,只在蚌埠、怀远、淮南等地有突起的丘陵。两岸湖泊在冬、春季积水不多,甚至干涸,因此周围较高地点可以种一季小麦或其他作物;在汛期,湖泊、洼地可作为拦蓄洪水之用,但深度很浅,蓄水时水面宽广,淹地很多,需要在蓄洪区周围加筑圩堤。淮河干流及支流下游两岸多河漫滩,当地群众叫"湾地",有的面积甚广,可达10~20 km^2,为小麦丰产区,但易遭洪涝危害。土壤为砂土、两合土、淤土等。海拔多为 20~24 m,分布范围一般离淮河两岸 20 km 左右。年均气温 15 ℃左右,年降水量 500~850 mm。

二、主要参数和树种选择

(一)林带走向

沿淮平原圩区,是安徽省以稻、油、棉为主的高产农区,农田防护林应以防灾护农为主要目的,不胁地、少占地,不要整齐划一,尽可能利用道路、河流、沟渠、堤岸、荒滩地营造防护林带。林带走向应与道路、河流、沟渠、滩地走向一致。按照因地制宜、随形就势,营造“小网格,窄林带”长方形或不规则林网均可。主林带一般为东西走向,副林带为南北走向。

(二)带间距离

应根据当地气候特点、害风具体情况而异,林带成林高度为 10~12 m,主带距 150~260 m;副带距考虑机耕方便,设置为 400~450 m。

(三)林带结构和宽度

根据沿淮自然特点和洪涝等自然灾害,防护林带以 2~4 行林木组成,株行距 2 m×3 m,乔木林下配置灌木,组成疏透结构林带,疏透度介于 0.3~0.4,正三角形配置。

(四)树种选择

旱柳、垂柳(*Salix babylonica*)、乌桕、枫杨、池杉、紫穗槐、圆柏属(*Sabina*)、水杉、72 杨[*Populus* × *euramericana* (Dode) Guinier CV.‘San Martion’ I-72/58]、69 杨[*Populus* × *deltoides* Bartr. CV.‘Lux’ I-69/55]、桑。

第四节　堤岸防护林的规划设计

一、堤岸利用的现状和存在问题

新中国成立以来,安徽省淮河流域的农田水利建设发展较快,取得了较大的成绩。仅淮北平原就有长达 1.8 万 km 的大、中河堤,堤岸林业用地面积 11 万 hm^2,占总面积的 2.8%。堤岸防护林带在淮北的农田防护林中占有重要地位,它不仅能改善区域内的农业生态条件、防风挡浪、护岸固堤、美化环境、净化大气,而且成为安徽省重要的林业生产基地。如随着治淮工程不断取得新的进展,安徽省沿淮两岸人民为了改善自然环境、护堤抗洪、保障两岸工矿城市人民生命财产安全及促进农业稳产高产,在治淮的同时(于 1955 年冬)就着手在堤岸上栽草护堤,到 1957 年正式开始了堤岸防护林的营造工作,实行工程措施与生物措施结合,乔、灌、草结合,共营造了堤岸防护林 15 300 余 km,占堤岸总长度的 86.7%。林、条、草“三带青龙”已经形成,有效地发挥了护堤防浪、巩固堤防的作用,延长了河道的寿命,大大提高了水利投资的效益,而且生态环境也发生了显著的变化。

营造堤岸防护林确实是一项投资少、用工省、收益大、永久性的生物防洪工程。

河堤作为土地资源,有些地方在利用上还存在不少问题。

(1)河堤裸露,没有利用。由于淮河流域夏季降雨集中,多暴雨,无植被覆盖的河堤,水土流失相当严重,容易造成堤坡坍塌、河床淤塞、水利设施被冲毁等严重后果,水利投资的经济效益较低。

(2)利用不合理。有些地方在河堤上种粮、种棉、种菜等,不仅作物产量很低,而且造成严重的水土流失。这种不合理的种植,对于河堤防护有百害而无一利。

(3)利用不充分。许多河堤上虽然栽植有树,但往往重视乔木树种,忽视栽灌种草。有的树种选择不当或栽后失管,造林后不能及早郁闭成林,充分发挥保持水土的作用;或是成林不成材、成林无良材,经济效益不好。其主要原因如下:

①河堤窄而长,常跨越乡、县、省界,投入少,管理难度大,环境意识差。

②河堤堆土区土壤性状复杂,结构差,肥力低,风大易旱。

③林种、树种选择不当,结构配置不合理。

④栽培粗放,管理不善,偷砍乱伐现象严重等。

河堤作为一种防护与生产兼备的土地资源,具有多种利用功能。合理利用河堤,必须从生态平衡、经济效益和社会需要三个方面综合衡量。现将淮河中游、龙凤新河等堤岸防护林规划设计介绍如下。

二、淮河中游堤岸防护林规划设计

新中国成立以来,安徽省淮北地区的农田水利建设发展较快,取得了较大的成绩。配合水利设施建设,同时在全区 14 000 km 的大、中型河堤实行了工程措施与生物措施相结合,乔、灌、草结合,全面开展植树造林行动,有效地发挥了保土护堤作用,既延长了河道的寿命,也大大提高了水利投资的效益,而且生态环境也发生了显著的变化,经济效益逐年增加。根据修筑河堤的主要目的及河堤所具有的土地生产力,植树造林、栽灌种草是一个行之有效的措施。

(一)基本情况

淮河发源于河南桐柏山,流经河南、安徽、江苏等省,原来由苏北云梯关入海,后来由于黄河改道,大量泥沙淤塞了淮河入海尾闾,遂改由苏北三江营入长江,全长 1 000 km(流经安徽省 431 km),直线距离 590 km,弯曲度为 1.7。全河总落差 200 m,平均比降为 0.2‰。洪河口以上为上游,河段长 364 km,落差 177 m,占全河落差的 89%;洪河口到中渡(洪泽湖出口)为中游,长 490 km,平均比降为 0.027‰;中渡以下为下游,长 146 km,平均比降为 0.036‰。全流域山地丘陵占 34.5%,平原占 58.4%,湖泊洼地占 7.1%,流域面积(不包括沂、沭河区)约 21 万 km^2,跨 133 个县,现有人口 1 亿人左右,可耕土地 2.1 亿亩。

淮河流域年平均气温在 15 ℃左右,每年 4~10 月 7 个月的平均温度均在 15 ℃以上,月平均温度以 7 月、8 月两个月为最高,达 30 ℃左右;以绝对温度而言,全流域绝对最低温度除淮南山区和苏北近海地区约为-10 ℃外,一般为-15~-20 ℃;绝对最高温度在 40~45 ℃。一年无霜期约 220 d,平均初霜期为 11 月初,终霜期为 3 月底。

沿淮年降水量 500~850 mm,但各年降水量变率极大,丰水年可达 1 600 mm 以上,旱年有时不到 300 mm,一年的降水量主要集中在 7 月、8 月、9 月三个月的汛期,汛期降水占全年降水量的 60%左右,因此极易造成水旱灾害。淮河流域是华北和华中气候区的分界线，又是我国暖温带与亚热带植被的分界线。

常年风向为东北—西南向，汛期风向为东南—西北向，一般最大风力 8~9 级。

淮河沿岸土壤大都为冲积土，也间有小段的棕潮土和部分潜育褐色土，俗称砂姜土。

1950 年冬季起，在中央“根治淮河”的号召下，开始了规模巨大的治淮工程。多年来，随着治淮工程不断取得新的进展，安徽省沿淮两岸人民，为了改造自然环境、护堤抗洪、保障两岸工矿城市人民生命财产安全及促进农业稳产高产，在治淮的同时（于 1955 年冬）就着手堤岸防护林的营造工作。

（二）存在问题

淮河堤岸防护林在营造工作中取得了很大成绩，积累了丰富的经验，但以发挥最大防护林效应和经济效益的尺度来衡量，尚存在一定问题，值得进一步改进和探讨。这些问题如下：

（1）林带初植密度过大，是堤岸防护林普遍存在的一个问题。各段在营造堤岸防护林过程中普遍存在着以密保活的思想，株行距一般都采用 1 m×2 m、2 m×2 m、2 m×3 m、2.5 m×2.5 m。这样的密度，造林后 3~4 年开始分化，加之间伐又不及时，影响林木生长。如架河闸段的背河护堤地大官杨，株行距为 1 m×2 m，林带内还套栽了紫穗槐，不仅大官杨分化严重，而且紫穗槐也全部失败。又如蚌埠大闸堤岸的泡桐，密度为 2 m×2 m，远看一片绿，近看“小老树”。由此可见，以密保活实行密植，不仅影响林木生长，而且势必要推迟绿化速度，做法欠科学。

（2）树种选择不当，忽视根据各种不同立地条件选用优良速生树种。如寿县焦岗闸段背河护堤地，地下水位较高，枫杨生长很好，但在同一立地条件的梓树却生长缓慢；又如在同一立地条件的茨淮新河堆土区，土壤均为砂姜土，刺槐生长比泡桐快。由此可见，只有根据各种不同立地条件选择适宜树种，才能发挥堤岸防护林最大的防护效益。

（3）堤岸防护林配置不尽合理，闸坝绿化有待提高。淮河堤岸防护林在营造过程中，由于种种原因，未能严格按照原来管理部门绿化布局实施，故标准不一，配置较乱。例如，各段防护林带宽窄不一，栽植行数多寡不等，林带离堤脚距离普遍较近。架河闸段和涡河口堤岸在临河坡面和背河坡面上均栽有刺槐，对堤身影响较大。防浪树种除柳树外，还有榆树和中槐。栽植方法不一，有的按梅花形，有的按长方形栽植。

闸坝绿化设计简单，树种单调，配置尚存在不少问题，距绿化、美化、香化还相差甚远，有待提高。

（4）抚育管理粗放，病虫害严重。抚育间伐，是按照林木生长不同阶段的规律合理调整立木密度，提高林木生长量，发挥最大的防护效能。但以往忽视了林带合理的抚育间伐，以致出现了林木的分化现象，严重影响林木生长。

修枝强度大，林木普遍修至树高 1/2，甚至有的超过 1/2。如后齐段刺槐树高 8.5 m，修枝高为 5 m，这样不仅加大了透风度、降低了防护效果，而且由于树冠小，影响光合作用，抑制了林木生长。

防护林带的病虫枯死木，未及时进行卫生伐，任其自然衰老，抚育更新不及时，病虫害严重。据调查组在黑张段调查，柳树防浪林带心腐病病株率占 70%，天牛危害虫株率几乎是 100%。蚌埠、杨湖等堤段，柳树防浪林带枯梢严重，泡桐丛枝病(MLO)、大袋蛾(*Clania variegata Cram.*)、杨树天牛(*Anoplophora glabripennis* Motsch)等是堤岸防护林普遍存在的严重问题。

(三)主要设计参数和树种选择

淮河堤岸防护林绿化的方式各有不同，有些堤段虽然栽植了树木，但防浪护堤的效果不甚显著，必须进行改造、提升，才能充分发挥防护作用。现结合淮河以往堤岸绿化布局有关规定，综合设计如下。

1.堤岸防护林配置设计

(1)堤岸防护林营造的原则和目的。按"临河防浪，背河取材"为原则，以护堤防浪、巩固堤防为目的。其林带宽度，应根据淮河自然条件来决定，一般淮河中游汛期出现的最大风速为 8~9 级，掀起的波浪高在 1 m 之内，波长为 7~15 m(据有关介绍，波长等于波高的 7~15 倍)。在临河面护堤地栽植 20~25 m 宽防浪林带，其冠幅最少为 24~31 m，足以磨阻分裂 15 m 最大波长水分子的规律运动。因此，防浪林带宽度为 20~25 m 比较适宜。对那些带宽不足 20 m 的，应进行补植。

(2)防浪林带与汛期风向夹角问题。淮河中游干流堤防，沿流向大致由西向东，营造防浪林带主要要求与堤线平行。至于夹角问题，鉴于在实际营造当中，很难达到理想夹角，故不予考虑。

(3)防浪林带与堤脚距离，应从下列两个方面考虑：

①风速受到林木阻碍降低后，恢复原来速度的距离。据淮北各地观测，风速遇到林带后在林带的背风方向，降低风速的距离可达林带高 30 倍左右，有效地降低风浪对堤岸的冲击，降低最明显的地方是接近林缘处。故将林带内缘与堤脚的距离定为 8 m 以上，堤防正处在弱风区。

②林木成龄后根系横穿的问题。据调查组在蚌埠大闸堤岸防浪林调查的一棵柳树根系看，根最长 8 m，树高 12 m，根系横向发展的距离为树高 2/3。淮河淮北大堤堤身高度平均 11 m，营造防浪林要求低干大冠，保留树冠高度，一般冠高占全树高 2/3 以上，才能达到最好的防浪效果。林木高度则要求不超过被保护的堤段顶高 1~2 m，防浪林木高度一般 12~13 m，其根系横向发展的距离尚不足 10 m。故防浪林带内缘与堤脚距离定为 8 m以上，既发挥防浪林最有效的保护堤防的能力，又可以避免树木根系横穿堤基造成漏洞的可能。现鉴于淮河堤岸防浪林带内缘离堤脚距离均在 3~5 m 范围，为防止柳树根系横穿堤基造成漏洞的可能，可以考虑采用在林带内缘伐去一行林木，改栽耐水灌木，如杞柳，以加大林带离堤脚距离。

(4)栽植方法。堤岸防浪林带，应采用三角形(或叫"品"字形)栽植方法，能使所有植株享受同等的营养面积，根部和树冠便可向各方面均匀发展，抗风防浪效果好。

(5)防浪林带内缘，可配置 2~3 行条类树种(如杞柳)，形成乔、灌结合，可抗御高、中、低水位的风浪。

(6)堤身(包括内、外坡面)，除在迎水坡面的堤肩至一级平台和背河坡面均可栽植条类(白蜡、杞柳)外，迎水坡面均应栽植狗牙根，不栽乔木和灌木。

(7)背河面护堤地，除堤脚向外留出 2~3 m 的巡堤检查通道外，均可根据地形、土壤条件，栽植用材林、经济林、果树、条类、芦竹（*Arundo donax* L.）、黄花菜（*Hemerocallis citrina*）和药材等，力争品种多样化，提高生态效益和经济效益。

背河面的土方塘，可培植莲藕、芡实（*Euryale ferox salisb*）、菱角、蒲草（*Typha angustifolia*）等水生植物，亦可养鱼。

（8）防浪林间伐。栽植后应根据立地条件和林木生长情况，适时进行间伐，一般在3～5年后即可进行。第一次可采用隔行、隔株进行间伐；第二次在未间伐的行上，进行隔株间伐，其配置仍然保持三角形。

（9）为了方便防汛巡堤检查、抢险取土和器材运输等，将临河面和背河面护堤地规划为长方形框格式的护堤林带，临河面的防浪林带约每隔500 m留一宽10 m的通道，尽可能地结合乡护堤界线，以便汛期停泊船只防汛抢险，背河面每隔50～100 m留5 m的通道，以便汛期巡堤检查，见图5-12。

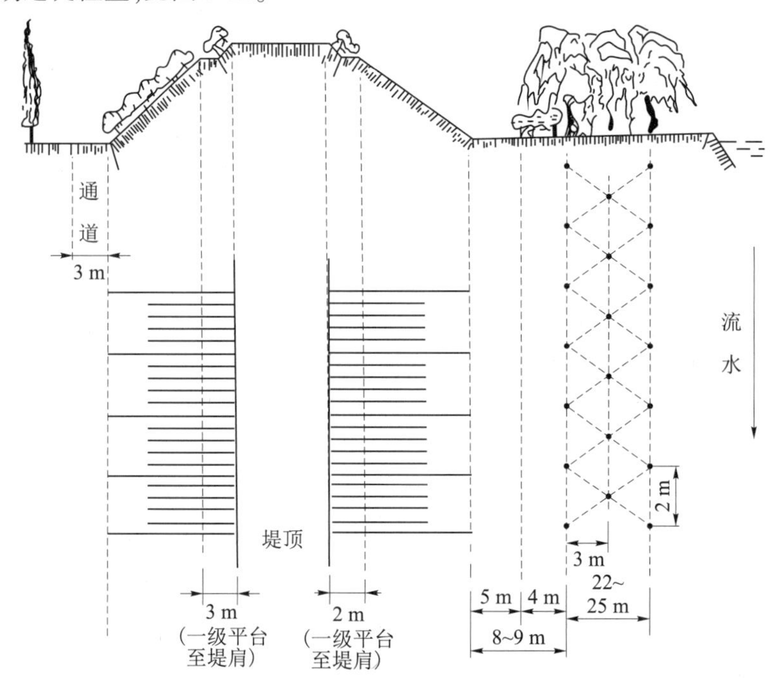

图5-12　确保堤防护林典型设计示意图

（10）树种选择。淮河中游平均比降较小，加之河槽浅、窄，汛期上排泄、下顶托，易遭水淹，树种选择当否是防护林营造成败的关键，正如林业学家陈嵘教授所说："造林事业成效，须历多年后著，其一切措施，苟不审慎于始，则无法挽救于后来，尤为重要者，为选择适当之树种，此著一误，前功尽弃"。由此可见，营造防浪林所采用的树种，应具有较强的耐水性，生长速度快，保土固堤能力强。淮河中游堤岸防浪林应以杨、柳类为主，如72杨、69杨、旱柳；其次是重阳木（*Bischofia polycarpa*）、中山杉（*Taxodium hybrid* ‘zhongshanshan’）、池杉、枫杨、枫香、乌桕等。焦岗闸、芦家沟等堤段采用榆树、中槐作为防浪林树种是不适宜的，应予以更换。

背河面防护林树种选择，应根据不同的土壤条件和地下水位来综合考虑。

①在地下水位高的立地条件，可选择柳树、杨树、法桐、枫杨、白蜡、乌桕、水杉、池杉(土层疏松深厚、中性偏酸)等。

②在地下水位低的立地条件，可选用泡桐、刺槐、榆树、杨树、枳椇(*Hovenia acerba*)、臭椿及桧柏[*Sabina chinensis* (Linn.) Antoine]、铅笔柏。

③在土壤深厚肥沃的立地条件下，可选用泡桐、72杨、69杨、苦楝、楸树、香椿、白榆、榉树(*Zelkova schneideriana*)、梓树(*Catalpa ovata*)、桑树、柿树、羽叶槭(*Acer negundo*)、三角枫(*Acer buergerianum*)、薄壳山核桃[*Carya illinoensis* (Wangenh.) K. Koch]。

④在土壤瘠薄黏重的立地条件，可选择刺槐、侧柏(石灰性土壤)、棠梨、紫穗槐等。

2.堆土区防护林设计

堆土区的特点是，堤顶一般较宽，100 m左右，面积较大，土层深厚，营造堤岸防护林既可作为防护工程，又可作为林业基地。目前虽已大部分绿化成林，但由于树种单调(主要是刺槐、泡桐、大官杨)，品种低劣，栽植密度过大，抚育管理粗放，长势较差，尚未发挥最大的经济效益。鉴于上述特点，应将堆土区规划为用材林、经济林基地。可采取下列措施：

(1)加强对现有林木抚育管理，合理间伐，促进生长，加以利用。

(2)选择速生优良树种，逐步将堆土区建设成为用材林、经济林基地。现堆土区泡桐大部分为毛泡桐，其生长量一般比兰考泡桐、白花泡桐差。选用人工杂交种(毛泡桐×白花泡桐)更佳，其生长量不仅大大超过毛泡桐，而且还超过兰考泡桐和白花泡桐。杨树可选72杨、沙兰杨、69杨(鲁克斯杨)、63杨(哈佛杨)、214杨等。另外，薄壳山核桃、柿、枣树、香椿也可进行成片营造。

(3)配置和栽植法。临河面的护堤地，栽植耐水湿树种；临河和背河坡面，考虑到固土保水和长短结合，可栽植白蜡条；堤顶应作为用材林、经济林成片造林基地。

栽植方法，除临河面护堤地按三角形配置和栽植外，其余均按一般造林方式进行。

3.闸坝和城市工矿圈堤绿化设计

(1)闸坝绿化设计。闸坝是水利工程重要组成部分，绿化又是闸坝不可分割的部分，经过特殊绿化的闸坝，它不仅可以烘托闸坝建筑艺术美，为人民创造优美的工作环境，而且对闸坝具有防护作用。淮河流域现有大型闸坝11座、中型26座、小型437座，因此搞好闸坝绿化具有十分重要的意义。

闸坝绿化设计的原则，在充分发挥绿化对闸坝的防护作用前提下，应根据建筑形式、高度、占地面积、水域情况、周围环境特点等综合考虑，在整体构图和局部设计过程中，必须突出主体闸坝。

构图的形式，以规则式和自然式结合为宜。

在树种选择上，应考虑针阔结合，落叶与常绿结合，乔灌结合，木本、草本和花卉结合等。树种视具体立地环境适当选用，雪松(*Cedrus deodara*)、龙柏(*Sabina chinensis*)、圆柏、千头柏(*Platycladus orientalis*)、垂柳、龙爪柳(*Salix matsudana tortuosa*)、倒槐(*Sophora japonica*)、法桐、重阳木、乌桕、红枫(*Acer palmatum atropurpureum*)、桃树(*Amygdalus persioa*)、樱花(*Cerasus yedoensis*)、桂花(*Osmanthus fragrans*)、栀子花(*Gardenia* jasminoides)、夹竹桃(*Nerium oleander*)、海棠(*Malus spectabills*)、蜡梅(*Chimonanthus praecox*)、木槿、紫荆(*Cercis chinensis*)、紫薇(*Lagerstroemia indica*)、石榴、南天竹(*Nandina domestica*)、黄杨(*Buxus sinica*)、黄连木(*Pistacia chinensis*)、丝棉木、广玉兰(*Magnolia grandiflora*)、白玉兰(*Magnolia denudata*)、月季(*Rosa chinensis*)、牡丹(*Paeonia suffruticosa*)、芍药(*Paeonia lactiflora*)、美人蕉(*Canna indica*)、菊花(*Dendranthema morifolium*)、大丽花(*Dahlia pinnata*)、鸡冠花(*Celosia cristata*)、三色堇(*Viola tircolor* L.)等。

对蚌埠大闸绿化的一点建议:蚌埠大闸,依山跨水,面向淮北平原,周围环境优美,又为南北交通要道,过往人员多,为了便于人民群众参观游憩,在大闸北岸应适当布置一些花坛、绿篱,以规则式为主,以便与大闸建筑协调一致,烘托主体,并配置一定数量石桌、石凳,供人民休息之用。在大闸南岸东、西两侧临河面,可建造游廊,以眺望沿河风景。在分洪渠的南岸为黑虎山,分洪大桥又为民族式拱桥,系自然景观,绿化设计应以自然式为主,在黑虎山上可建造凉亭,供游人纵览大闸全貌和淮河风光。

(2)城市工矿圈堤绿化设计。应从美化和保护环境的原则出发,设置各种不同类型的防护林,如防浪固堤、抗烟、滞尘、消音、美化城市等。因此,在临河面护堤地,除营造防护林外,在一级平台至堤肩,尽可能栽植铺地柏,并按一定距离配置千头柏、黄杨、海桐(*Pittosporum tobira*)等常绿观赏灌木,以点缀堤岸,丰富沿岸景观。在背河面可选用抗烟树种,如桧柏、侧柏、日本黑松、大叶黄杨(*Euonymus japonicus*)、女贞、冬青(*Ilex purpurea*)、珊瑚树(*Vibuinum odoratissimum*)、石楠、夹竹桃、枸骨(*Ilex cornuta*)、银白杨(*Populus alba*)、垂柳、旱柳、中槐、枫杨、刺槐、白榆、白蜡、合欢、皂荚(*Gleditsia sinensis*)、石榴、紫薇等。防尘消音树种可选用柏类、刺楸(*Kalopanax septemlobus*)、白榆、女贞、构树、朴树(*Celtis tetrandra*)、白蜡、梅(*Armeniaca mume*)、杏、海棠、杜梨(*Pyrus betulaefolia*)、小叶杨(*Populus simonii*)、大叶黄杨、竹类、木槿等。防火树种可选用泡桐、冬青、黄杨、女贞、刺槐、臭椿、栎类、无患子(*Sapindus mukorossi*)、珊瑚树等进行栽植,以保护环境、减轻污染。

另外,淮河上、中游支流特多,在河南、安徽两省直接入淮的较大支流有 29 条,其他小支流总数在 180 条以上。据水利部门 1973 年 7 月 10 日测定,淮河河水平均含沙量为 0.581 kg/m^3,最大为 17.2 kg/m^3。鉴于上述情况,为防止水土流失,建议在淮河上游和主要支流大力营造水源涵养林和进行封山育林。

党和国家领导人十分重视和关心治淮。毛泽东主席四次对淮河救灾及治理做出批示,并于 1951 年发出了“一定要把淮河修好”的伟大号召;周恩来总理亲自部署召开第一次治淮会议;刘少奇、朱德、邓小平等党和国家领导人也多次视察淮河。

1991 年淮河大水,党和国家领导人江泽民、李鹏、朱镕基多次亲临现场视察,对淮河救灾和治理做出指示,国务院于 1991 年做出《国务院关于进一步治理淮河和太湖的决定》。

多年来,党中央、国务院始终把淮河治理放在重要位置,做出重大战略性决策,召开治淮会议,即使在“文化大革命”那样的非常时期,治淮仍未间断。

1981 年《国务院治淮会议纪要》明确提出了淮河治理纲要和 10 年规划设想,并指出淮河流域是一个整体,上、中、下游联动,流域统一治理,以最小的代价取得最大的效益。

1985年3月,国务院在合肥召开治淮会议。会议主要审议淮委提出的《淮河流域规划第一步规划报告》《治淮规划建议》和"七五"期间治淮计划的安排。1993年治淮骨干工程全面展开,淮河流域的治理进入一个新阶段。1997年国务院又在徐州召开第三次治淮治太工作会议,进一步落实1991年国务院做出的《关于进一步治理淮河和太湖的决定》,明确2000年基本完成在建重点骨干工程。2005年基本完成国务院确定的19项治淮工程,使淮河中下游防洪标准提高到百年一遇,沂沭泗河东调南下工程防洪标准达到50年一遇,并在山丘区开展水土保持,新治理水土流失面积2万km^2。对34座大型水库中的19座进行除险加固;复建因"75·8"洪水垮坝的板桥、石漫滩水库;兴建出山店(或红石潭)、白莲崖、燕山等水库,增加拦蓄洪水的能力。2011年6月16日,淮河入江水道整治工程初步设计获得水利部批复,并于当年汛后开工。这标志着安徽省新一轮淮河治理全面启动。

(四)堤岸防护林效益

1.降低风速

堤岸防护林不仅对防浪有显著的作用,而且对降低风速亦较明显。当气流遇到林带阻挡时,一部分从林带顶部越过,另一部分从林带内部穿过,受到树干和树叶的阻挡而被分成小股气流,并发生方向的改变,它们相互之间碰撞、摩擦,消耗了动能,致使风速降低。据调查组在茨淮新河观测,不仅在林带的背风面有明显的降低风速作用,而且在迎风面,降低风速也较显著,见表5-2。

表5-2　茨淮新河护堤林带防风效应观测

仪器高	林带结构	疏透度	风向	与林带交角	对照点(河口)风速	迎风面风速						林带			说明
						林内坡角	降低	1.5H	降低	2.5H	降低	高度	树种	株行距	
1.3 m	疏透	0.4	北偏东25°	65°	7.5 m/s	1.6 m/s	79%	5.2 m/s	31%	5.8 m/s	23%	10 m	大官杨 紫穗槐 泡桐	2 m×2 m 1 m×1.5 m 3 m×3 m	树叶基本落光

注:林内坡角仪器高1.9 m(为紫穗槐高度),观测日期:1980年10月21日上午8时。

由此可见,堤岸防护林带的防风作用是非常显著的。

2.固堤保土,防止堤岸冲刷

凡堤身坡面裸露,未及时栽植草、条类者,水土流失较为严重。据调查组在沙家洼观测,侵蚀沟宽0.6~1.4 m,深55~70 cm,长度从第二平台到堤脚,对堤身破坏较大,反之堤岸均完好无缺。

在2003年6月和2020年7月的防汛抗洪中,安徽省淮河堤防安然度险,既显示了堤岸稳固,也显示了堤岸防护林在防汛中的作用。

3.堤岸防护林经济效益

营造堤岸防护林不仅可以增加收入,而且也是解决沿岸群众木材和烧柴部分自给的有效措施。据了解，堤岸防护林总共树木株数700余万株，共有立木蓄积量15万~20万m^3，价值1 950万~2 600万元（按130元/m^3计算），这个数字是十分可观的。每年产紫穗槐等条类1 000万~1 250万kg，紫穗槐种子5万余kg。堤岸绿化，对城市工矿环境美化、净化空气，防止环境污染起到了一定作用。

三、新汴河和茨淮新河的绿化设计

（一）新汴河

新汴河是淮北平原中部的大型人工河，全长217 km，1966年动工，1975年正式通航。在安徽省境内127 km，起于宿州城区西北部七岭子接沱河，向东经宿州市的埇桥区、灵璧县、泗县至江苏省泗洪县，在泗洪县付圩子入洪泽湖溧河洼。其中，宿州市境内108 km，沿线建有宿州、灵璧、团结三座水利综合枢纽，具有防洪、灌溉、航运等综合功能。两岸堆土区宽100~200 m，竣工后两岸已营造了绵延数百里的大型紧密防护林带，栽植刺槐、杨树、泡桐等4万亩，据调查活立木蓄积量达80 000 m^3，价值3 000余万元。

（1）堤岸堆土区的原土壤为潮土类的两合土（河流西部地段，占林带总面积的28.8%）及砂姜黑土类的淤黑土（中部地段，占17.4%）和普通砂姜黑土（东部地段，占53.8%）。

（2）配置方式，应按照土壤性质、堤岸部位和树种特性来定。林带初植时，主要树种大多采取块状和宽带状配置。20世纪八九十年代，为推广速生杨树，又加大了密度，实行行间套种，从而形成了泡桐与杨树、泡桐与刺槐、刺槐与杨树之间块状、宽带状和行间混交方式。从单位面积保存株数看，以块状最多，宽带状次之，而行间状最少。

（3）配置方式不同，各树种生长情况亦不一样。以林分平均木材积及单位面积蓄积量比较，在堆土区堤岸泡桐以块状配置材积生长量最大，宽带状次之，而行间状较小；杨树以单行、多行式栽培生长较好，而块状则生长较差。刺槐与其他树种混生能抑制侧枝横生，从而能促进主干向上生长。堤岸林中的刺槐与杨树混交比较成功，一般采取宽带状配置为宜。

总之，为建立多树种、多林种、多层次、多功能及高效益的堤岸防护林带，规划设计时应分地段按土壤及堤岸部位进行规划设计造林，坚持高标准，坚持适地适树、良种壮苗，坚持抚育、间伐、更新。

（二）茨淮新河的绿化设计

茨淮新河林场段堤岸防护林树种配置是：迎水面护堤地栽植大官杨5行，坡面为紫穗槐，堤顶为泡桐，背水面坡面为刺槐，护堤地为3行大官杨。在怀远县境内的堤长为50 km，两岸堆土面积约1.6万亩，栽植刺槐、杨树防护林7 000亩，石榴3 000亩，胡桑（*Morus alba*）、条类6 000亩，每年果、条、茧收入数百万元。

四、亳州市龙凤新河堤岸林规划设计

（一）基本情况

亳州市的龙凤新河是1977年冬季人工开挖的一条河道，北起凤尾沟，南至龙德寺，全长 41 km,流经十九里、十河、核桃林场古城 3 区 1 场 7 个乡,东西两岸堤坝各宽 30 m。

特点:堤坝绿地是一种特殊类型,因人工开挖或修沟、河将土堆放两侧而形成的,呈梯形断面,地势较高,排水良好,堆积物深厚又疏松,但有机质含量低,为 0.27%~0.36%,全氮 0.031%,全磷 0.044%~0.076%,速效磷小于 4 mg/kg。在林种安排上,既是防护林的一、二级主副林带,又是成片造林的重要基地。

(二)规划设计

此河段为人工开挖的堆土区,不属堤防,故可以全面栽植用材树种,并配置条类等,实行乔灌结合。

1978 年春在堤顶栽植泡桐 10~15 行,计 9.7 万株,至 2000 年仍保存 9.5 万株,沿河两岸坡面栽植紫穗槐 30 万穴,林下还分段配置了白芍、黄花菜、牡丹等,形成了乔灌结合的立体复层结构,既可防止水土流失,又发挥显著的经济效益。

(三)经济效益显著

据 1988 年调查,泡桐蓄积量达 1.9 万 m^3,价值 760 万元;沿河两岸坡面栽植紫穗槐 30 万穴,年收入 5 万元,年可收槐叶 5 万 kg。

2018 年龙凤新河启动治理工程,充分运用自然地形因地制宜开展河堤更新改造、水系整治、园林景观及景点建设等。建成后的龙凤新河湿地公园将成为南部新区南北向的绿色景观长廊,供广大市民和游客休闲娱乐和健身。昔日被称为“龙须沟”的龙凤新河河畔如今风景如画,美不胜收。

第五节　湿地堤岸景观防护林工程规划设计

湿地生态系统是陆地、水域共同与大气相互作用、相互影响、互相渗透,兼有水陆双重特征的特殊生态系统。湿地生态系通过物质循环、能量流动以及信息传递,将陆地生态系统与水域生态系统联系起来,是自然界中陆地、水体和大气三者之间相互平衡的产物。湿地这种独特生境具有丰富的陆生与水生动植物资源,是世界上生物多样性最丰富、单位生产力最高的自然生态系统。湿地在调节径流、维持生物多样性、蓄洪防旱、控制污染等方面具有其他生态系统不可替代的作用,是人类文明进步和文化发展的物质及精神基础。保护好湿地从一定高度讲,就是保护人类生存和社会经济发展。

安徽为全国湿地资源较丰富的省份之一。境内河流纵横,湖泊密布,生境多样,长江、淮河横贯全境,新安江发源于皖南,巢湖为全国第五大淡水湖,分布于淮北、淮南、亳州等地的煤矿塌陷湿地在全国极为典型独特,安庆沿江大型湖泊集中成片,构筑了长江中下游区域享有盛名的华阳河湖群。目前,全省湿地总面积 104.18 万 hm^2,占全省国土面积的 7.47%。

湿地综合利用,应从节约资源、保护环境、保护淡水资源和生物多样性出发,走可持续发展道路。严禁在周边坡地开垦种粮、破坏植被,造成水土流失,尤其是要严控污染源进入水域,破坏湿地生态系统。

一、焦岗湖堤岸防护林工程规划设计

(一)基本概况

在广袤的淮北平原上,有一片皖北最大的湿地,这里风景秀丽,水产丰富,这便是名闻遐迩的焦岗湖。焦岗湖位于淮河北岸,跨颍上、凤台两县,湖面大都在凤台县境,为局部凹陷洼地积水形成,为安徽省重点湿地,平水面积 4 060 hm^2,属永久性淡水湖类型。湖区地势东部较低,北、西、南三面较高,东西长约 20 km,南北宽 7 km,来水总面积 480 km^2,纳颍上境的古沙河、老墩沟,凤台境内的浊沟、花水涧来水,经湖区调蓄后,由便民沟经焦岗闸(原为元庆闸,1958 年拆除重建)注入淮河。湖底高程 17.0 m,当蓄水位为 17.5 m 时,湖面积 37.5 km^2,蓄水量约 2 000 万 m^3。1969 年 7 月湖区最高水位达 19.02 m。

焦岗湖汛期主要滞蓄内水,非汛期控制蓄水,发展灌溉、水产。鱼类以鲤鱼、鳊鱼和虾为多,水生植物有芡实、红菱、芦苇(*Phragmites communis*)等,是安徽省水产养殖较早的湖泊之一。

碧波荡漾的焦岗湖由来自颍上等地的 18 条河流汇集而成,它宛如天赐碧玉,镶嵌在淮北平原,湿地植物丰富,有万亩芦苇荡、千亩荷花淀,是安徽省生态环境保护完好的区域之一。湿地被誉为"地球之肾",与森林、野生动植物共同构成了陆地生态系统的主体,在维护和优化生态环境中发挥着不可替代的作用。在湿地大都遭到围垦破坏的今天,焦岗湖湿地生态系统是为数不多的野生自然湿地群落之一,具有原始性、稀有性、生物多样性等特点。焦岗湖有可养水面 6 万多亩,湖内水质优良,水生种群繁多,其中焦岗湖大闸蟹、青虾、鳜鱼三个品种荣获国家绿色食品 A 级证书,远销欧美,是中国绿色食品基地之一。

焦岗湖烟波浩淼,湖水如镜,长年不受污染,盛产各种鱼虾、芡实、紫菱等,并有名扬四海的大闸蟹,加上美丽的传说,仙侣湖、欧苏台等名胜古迹而闻名遐迩。湖中芦苇茫茫,荷花袅娜,加上长年生活在湖中的大船浜和淳朴的渔家风情——渔家乐,堪称湖中一绝。

(二)湖岸防护林工程规划设计

营造以湖岸防护林为主体的林、牧、副、渔协调发展的人工林复合生态经营系统。通过林芦、林藕、林渔、林禽、林水(水生作物)相结合,达到防浪固堤、保护湿地、绿化美化堤岸、改善环境的目的,逐步发展成为安徽省重要的水产基地和旅游胜地。

(三)主要参数和树种选择

1.林带走向

湖堤防护林带走向应与湖岸滩地走向一致。

2.林带宽度

林带营造宽度,应视湖面常年水位高程和滩地情况综合考虑。对于湖滩地较宽的护堤地,在不影响航运和巡堤查险的前提下,应充分提高滩地利用率,提高"三大效益",增加沿湖农民收入。

3.林带结构

湖堤防护林带的结构应视不同防护要求和具体堤段,可设计为紧密结构、疏透结构、通风结构。

4.林带距离

营造的湖堤防护林带要与湖堤线平行。林带内缘离堤脚的距离 8~10 m。

5.栽植配置

正三角形栽植配置,株行距以 2 m×2 m、2.5 m×2.5 m、3 m×3 m 为宜。

6.树种选择

湖堤防浪固堤所采用的树种,应具有较强的耐水性、速生、保土固堤能力强、防浪效果好的特性,如柳树、水杉、池杉(碱性土壤禁用)、芦苇、紫穗槐、桑树等。堤身只允许植草,严禁栽植树木。

对于入湖两岸河堤,除严禁开垦种粮、种菜外,应营造水土保持林,减少河水挟带泥沙入湖量。

二、瓦埠湖流域水土保持林的规划设计

(一)流域基本情况

瓦埠湖位于淮河中游南岸,位居江淮分水岭北侧,主要坐落在寿县境内,贯穿寿县南北,地势东高西低、南凸北洼,是淮河中游面积最大的淡水湖泊,为安徽省重点湿地,平水面积 16 000 hm^2,属永久性淡水湖类型。东淝河的中游,河湖一体,为河道扩展的湖泊,受南北不均匀升降运动,黄河南泛河口段被淤,洼地积水逐渐形成。湖区南起白洋淀,北至钱家滩,长 52 km,东西平均宽约 5 km。正常水位 18.0 m,水面面积约 156 km^2,湖底高程 15.5 m,相应容积为 2.2 亿 m^3。由于瓦埠湖为蓄洪区,随湖水位的上升,大片肥沃滩地常被水淹而难以利用,加之森林覆盖率只有 3%左右,水土流失相当严重,水涝面积不断扩大,沿湖农民生活贫困。如何综合治理瓦埠湖流域,使农民尽快脱贫致富,一直受到关注。

瓦埠湖流域整个范围约 4 793 km^2,其中:海拔 20 m 以下的湖泊滩地 35.86 万亩,占 4.99%;20~40 m 的平畈与冈坡地 307.71 万亩,占 42.8%;40~80 m 的低冈地 238.34 万亩,占 33.15%;60~80 m 的高冈地 120.76 万亩,占 16.79%;80 m 以上的丘陵山地 16.34 万亩,占 2.27%。流域内耕地 406.7 万亩,其中 287 万亩处于低产状态;约有 17 万亩荒山、荒冈未被充分合理利用;在 84 万亩水域用地中,至少有 25 万亩以上滩地与堤岸还未充分利用。浅滩无水草,人工栽种了一些芦苇(*Phragmites communis*)、荻(*Miscanthus sacchariflorus*)。

据森林资源清查,全流域有林地 12.3 万亩(其中幼林地 8.13 万亩),果、桑、茶园 1.2 万亩,加上“四旁”植树折有林地 20 万亩,森林覆盖率只达 2%,是全省林木覆盖率最低的区域。同时,长丰县现有林中,80%是黑松,10 多年生林分每亩蓄积量仅 1.60 m^3。为进一步改善瓦埠湖流域的生态环境,促进农业稳产高产,保持行蓄洪区安全度汛,运用工程措施与生物措施相结合,对流域进行综合治理,建立水土保持林显得尤为重要。

(二)水土保持林规划设计

1.分水岭的水土保持林规划设计

在瓦埠湖上游即分水岭两岸,分三种类型:

(1)海拔 80 m 以上的丘陵山地,包括寿县八公山,淮南市唐山乡、赖山乡,长丰县三

和乡、土三乡，肥西县焦婆乡、南分路乡、井王乡，金安区椿树镇、枣树乡。境内有草坡5.06万亩，裸岩1.40万亩，石砾地0.64万亩，裸土、裸沙0.62万亩，合计7.72万亩。该地应首先把水留住，再抓荒山、草冈水土保持林营造，对现有黑松低效林进行改造，直播麻栎，形成松栎混交林，种植滁菊（*Dendranthema morifolium*）、绞股蓝（*Gynostemma pentaphyllum*）、太子参（*Pseudostellaria heterophylla*）、丹参（*Slvia miltiorrhiza*）、银杏、矮化大佛指（*Ginkgo biloba*）、百合（*Lilium brownii*）、芍药，结合江淮丘陵地域特点和农村产业结构调整发展节水型农业，以及具有地方特色的名、特、优农业和经济林产品，提高经济效益。

（2）海拔50 m以上的高冈地带，约30个乡（镇），境内有荒冈7.02万亩，裸土沙地0.75万亩。这一片是分水冈地的主体部分，水利条件差，低产面积大，大面积高冈地需要提灌或利用水库蓄水灌溉，所以尽可能将产量低、效益差、环境恶劣的耕地退耕还林，保土、保肥、保水。林间亦可间种经济作物，可选择适应性强、品质优、有市场潜力的果树，如特大枣、金沙梨（*Pyrus pyrifolia*）、桃等，果林间种微型西瓜（*Citrullus lanatus*）、蔬菜、黑山芋（*Ipomoea batatas* ssp.）和节水耐旱高效玉米（*Zea mays* L.）、香椿等。同时应结合水利工程和农田基本建设以及路、渠等进行农田防护林营造。

（3）海拔30~50 m以上的缓低冈地带，有6个乡（镇），冈地面积大，水利条件好，应以农田防护林为主；在冈顶部适当营造小片水保林和经济林，少占或不占耕地。江淮丘冈区历史上沿用一麦一杂（粮）、一年两熟的“越种越穷，越穷越种”恶性循环的耕作制度，既不能保持水土，又不能增产增收。这种以种为主、以粮油为主，以大路货为主的农业结构已到了非调整不可的地步，否则即使花费几倍的力气（人、财、物），也难以收到理想的效果；相反，只要能留住地面水，调整好农业结构，旱地农业潜力更大、效益更好。发展江淮旱地高效农业，应在优质前提下努力实现稳产、高产，低成本、高效益、可持续、大市场。发展江淮旱地农业的首选项目应该是果品、牧草和耐旱高效经济作物（同上）等。合理安排茬口，避开干旱季；采用地膜覆盖保墒，减少水分蒸发；使用生物有机肥、抗旱剂等改良土壤、增强作物抗旱性。

2.湖区堤岸防护林营造

海拔18.5~22 m的湖滩地，主要在寿县境内，除留出行洪滩地外，尚有2万亩可以开发利用。在湖区的迎水面以苇荻、柳、杞柳、枫杨、杨树等耐水树种为主，起防浪作用。背水面在较高的滩地可以发展桑树、水杉、池杉、杨树、桃、葡萄等用材林、经济果木林。

三、高邮湖堤岸防浪林规划设计

（1）安徽天长县（今天长市）在高邮湖区按照“临河防浪，背水取材”的布局，即在迎水面护堤地栽植防护、用材、经济兼顾的多用林带，堤身栽植固堤草皮，形成立体防护，有效地保护了湖堤的安全，取得了初步效益。

（2）据天长县高邮湖湿地保护监测中心观测，由枫杨、泡桐、池杉、紫穗槐组成的100 m宽林带，在迎风面可降低风速23%，在水面可使浪高降低1/3、波长减短1/4强。

（3）防浪林树种选择。由于湖滩地势低洼，汛期树木易淹易渍，因此迎水面防浪林必须选择耐水湿的树种，如旱柳，池杉，南方型良种杨树I-63、I-69、I-72，枫杨，垂柳等。

（4）背水面林带，除护堤外，多以经济用材为目的，可选择枫杨、池杉、水杉、欧美杨、桑、桃、银杏、葡萄为造林树种，对提高林带综合效益有积极的作用。

四、女山湖景观林规划设计

（一）女山湖基本情况

女山湖地处北纬 32°57′、东经 115°04′，安徽省滁州市明光市境内，面积12 700 hm^2（平水面积 10 000 hm^2），为安徽省重点湿地，属永久性淡水湖类型，海拔 13 m。

女山湖是安徽省第二大淡水湖，距明光市 34 km，与江苏盱眙县毗邻，距洛宁高速、京沪线 34 km，水陆交通便捷。湖水中含脂肪、无机盐、糖类、维生素等多种人体需要的营养成分。这里有淮河三峡之一的浮山峡，有素以“千岛湖”之称的分水岭水库和旅游度假胜地林东水库。女山湖、七里湖相连蜿蜒百里，并与淮河、洪泽湖相通，湖光山色，令人留连忘返。女山湖是美丽淮河流域的一颗璀璨明珠。

女山湖镇是安徽省滁州市新农村建设示范镇。总人口 4.3 万人，镇区常住人口 1.5 万人，该镇是水产专业镇，渔民 1.2 万人。女山湖与天目湖、阳澄湖和鄱阳湖并列我国长江绒螯蟹四大天然养殖湖。除螃蟹外，湖内还盛产银鱼、青虾、甲鱼及其他多种鱼类，野菱角、芡实、莲子等均是天然绿色食品。可年产野菱角 2 000 t、芡实 5 000 t。

女山湖大闸蟹味道鲜美，营养丰富，体大肉肥，膏丰黄满，每年的螃蟹产量达到 4 150 t，远销我国香港、韩国、日本、新加坡、美国等。

女山湖银鱼为贡品，据说比太湖银鱼和巢湖银鱼还早上百年。女山湖银鱼个小体肥，肉质鲜嫩，无刺，营养丰富，食之回味无穷。因这小鱼银白无鳞，被人称作银鱼。

该地土壤为二合土，水资源丰富，水质好，无污染源，水路通畅，旱能灌、涝能排。

气候条件：女山湖镇年平均气温 16.4 ℃，年最高气温 38 ℃，最低气温-6 ℃，全年无霜期 220 d，全年日照时数 2 080.6 h，年降水量 1 240 mm。

（二）女山湖景观林规划设计思路和原则

明光市灵山秀水，景致宜人，众多古迹遗址令人揽胜怀思，旅游资源十分丰富。目前，为积极融入南京一小时都市圈，搞好旅游线路衔接延伸，编制了明光市旅游总体规划。为把女山湖这一颗璀璨明珠建设得更加光彩夺目，按照“规划先行，分步实施，因地制宜，分类指导，整体推进，全面发展”的思路，从改善生态和经济环境入手，围绕总体规划的目标，在保护环境和节约资源的基础上，走可持续发展之路，尽可能采用先进技术和最新科研成果改善环境和发展经济，使景观与环境浑然一体、天水合一。

（三）规划设计内容

1.观光林业设计

可在女山湖明旧路沿线，新建一定规模苗木花卉生产基地，依托南京、滁州，服务城市，并可建一定面积的智能塑料大棚温室和组织培养室，为苗木花卉工厂化生产创造条件。同时还可建科技含量高的观光农业，如蔬菜无土栽培、水产品系列精包装和深加工，减少污染，争创名牌，提高市场占有率，供游人参观。

2.水库水源涵养林和景观林设计

对有素以“千岛湖”之称的分水岭水库和旅游度假胜地林东水库，应营造复层水源涵养林。树种以松、栎为主，林下可间种中药材和发展一定数量的滁菊，提高经济效益。

在水库周围和湖岛上建造一定数量的小木屋和观光亭等，供游人游览、休闲、度假、垂钓。

在保护水利建筑和巩固堤防的前提下，为烘托闸坝建筑艺术美，可进行景观林设计，但要求与水库周边环境浑然一体、天水合一。

3.女山地质公园景观林设计

女山是世界上保存最完整的古火山口之一，2003 年女山被定为省级地质公园，是科教和地质科普教育的绝佳基地。其三面环水，状若玉环，山湖掩映，景致宜人，女山“十景”正在开发之中。地质公园景观林设计，首先对女山的原始植被群落原貌，应加以充分保护，严禁无序开发利用，破坏或改变古火山口原貌和自然景观；其次，为更好地进行地质科普教育，可建立地质文献资料和实物标本陈列馆，陈列馆景观林设计，应将体现当地特色与古火山口环境融为一体，树种则可选择怀远石榴、滁菊、醉翁榆（*Ulmus gaussenii*）、琅琊榆（*Ulmus chenmouii*）、木兰属（*Magnolia*）、水杉、银杏等。

4.湿地景观的保护利用

女山湖与七里湖相连，蜿蜒百里，并与淮河、洪泽湖相通，还有素以“千岛湖”之称的分水岭水库和旅游度假胜地林东水库等，这些湿地是特殊的生态系统。

5.女山湖镇景观林设计

女山湖镇是安徽省滁州市新农村建设示范镇，如何尽快将该镇建设成为经济繁荣、文化发达、整洁卫生、环境优美、鸟语花香的社会主义新农村，已经成为女山湖镇领导一项重要而长期的任务。女山湖镇正在开发女山“十景”，逐步使该镇建成科教旅游胜地。渔民在以渔业为主的同时，可在村旁及房前屋后隙地，大力开展“小果园、小竹园、小桑园、小药园、小花园”建设，提高女山湖镇绿化水平。

女山湖镇景观林设计，可以通过林荫道、防护林带、公园、绿地、街心小花园等手段进行分割、联系、调节组装，使之组成一个有机的整体，以充分发挥园林绿地改善环境、丰富人民文化生活、增加收入等作用。

五、八里河湿地规划设计

（一）基本情况

颍上县地处安徽省西北部、黄淮平原南端，南临淮河，北靠西淝河，中贯颍河，全县国土面积的 42%是低湖洼地，沟河纵横，湖泊众多，历史上还经常成为洪水肆虐之地。八里河风景区位于该县南部的八里河镇，南临淮水，东濒颍河，北距颍城 8 km，西迄阜阳 60 km，东南距合肥 170 km。八里河镇是淮河流域典型的湖洼地区，为安徽省重点湿地，平水面积 1 200 hm^2，属永久性淡水湖类型。20 世纪 80 年代曾是水来成泽、水退为荒，被称为“过水笼子”“洪水走廊”，是十年九涝之地，农业生态环境十分恶劣。农民人均收入不足 200 元，人均粮食不足 200 kg，曾是国家级贫困县的重点贫困镇。

近年来，经过颍上人民的艰苦努力，颍上生态旅游业取得不断发展，旅游新景观不断涌现，日益成为皖北旅游之星，是国家 5A 级风景区——八里河风景区（所在地八里河镇被联合国环境规划署授予环境保护“全球 500 佳”）、阜阳市水资源保护区、省级自然保护区、皖北水产品的生产基地。党和国家原领导人李鹏、胡锦涛、温家宝等先后到此视察。八里河风景区巧绘"锦绣中华""世界风光"等景观,被誉为"中国农村第一园"。

这些成就的取得,都是因为近年来,颍上人民在党的富民政策指引下,探索出一条保护环境、综合治理和科学开发利用的可持续发展之路。在提高土地和资源利用率的诸多生态农业区中,尤以八里河镇的生态旅游农业模式最具代表性,曾被胡锦涛总书记称为"现代农村生态发展的模式"。

(二)湿地保护、综合治理和科学开发利用模式的规划设计

1.湿地保护工程措施

对于八里河镇来说,面对大面积的湖洼沼泽地水旱灾害频繁的自然条件,如何提高土地和水资源的利用率,是摆在他们面前的一项重大课题。他们认真总结经验教训,自1989年开始,为趋利避害,八里河镇以改善生态环境为切入点,治水改土、调整产业结构、培植优势产业,遵循自然规律,运用生态学原理,走出了一条生态和谐的可持续发展道路。

入冬以来,他们合理配置水资源,大兴水利工程,筑堤防洪、开渠建站,完善水利配套设施,先后投入劳动力近百万个,完成220多万 m^3 土方,开挖沟渠633条,建机灌站57个,完善了水利排灌系统,初步做到遇洪可排、遇旱可灌。以护堤防治为契机,广泛开展堤岸防护林营造,现全镇林木总占地2万多亩,林木覆盖率由过去的6%提高到26%,农田林网化率达91%以上,基本实现了大地园林化、农田林网化、道路林荫化。

颍上县人民为了保护一方碧水蓝天,多年来,他们恪守"四不"原则:沿湖一周设置拦水闸坝,不准有污染的客水入湖;不准在湖周围种植黄麻等沤制类作物;不准兴建可能造成污染的企业;不准使用过量化肥和剧毒高残留的农药。不仅保护了自然环境,还实现了人与自然的和谐相处。

2.综合治理和科学开发利用模式规划设计

在湿地的综合治理和科学开发利用上,八里河镇领导的指导思想是:在保护环境和改善农业生态环境的前提下,着力提高土地和资源利用率,采用工程措施和生物措施相结合、治水与改土相结合、调整农业产业结构与生态农业旅游相结合,规划设计了被誉为"中国农民第一园"的八里河风景区。

(1)颍上八里河风景区规划设计。颍上县八里河风景区于1991年特大洪水后,充分利用当地低湖沼泽地面积较大的区域优势,规划设计、综合治理而建成。

风景区是依托自然资源的湖泊水域型风光,以湖光水色,按照自然式和规整式相结合来规划布局,创意精妙,布局严整,中西建筑交相辉映,美不胜收。自然景区田园野趣,有回归自然、返朴归真之感。

占地3 600亩的八里河风景区是在一片沼泽地上规划设计建成的。主景区分"世界风光""锦绣中华""碧波游览区""游乐场"四大块。

①"世界风光"。又称西园,分陆岛和廊桥两大园区,中轴式设计,缩微了世界的名建筑。跨过欧亚桥,"戴高乐广场"东西两侧的天柱喷泉水雾缭绕,鱼翔浅底;红色尖顶的两个法式风格购物中心高高挺立,南端坐落着世界名建筑——"希腊宙斯神庙",沿广场中轴线是五彩音乐雕塑喷泉,248个喷头可以喷射高10 m的雪松、牵牛等5种造型,与11尊雕塑交织成一幅天然沐浴图。中轴线东侧是"巴黎圣心教堂",西侧是"法国雄狮凯旋

门”“德国柏林众议院”。中轴线南端长 1 800 m 的柳堤,垂柳倒挂,绿意盎然,婀娜多姿,一派江南水乡的旖旎风光;湖心书画长廊,雕工精细,玲珑剔透;五冠桥和“北京北海白塔”相对;天鹅湖里,碧波荡漾,鱼欢鸟鸣,百米喷泉直上云霄;从东到西点缀着荷兰村岛、汉堡岛等。

②“锦绣中华”。又称东园,集东方建筑艺术之大全,融中国传统文化之精华。全园以绿柳掩映殿宇轩、清莲濯水白雀寺庙为中心,前后有烟波阁、小桥流水,两旁有苏式园林,小巧奇绝,古色古香;西有“九天瀑布”,北有寿山和白龙厅;人工堆砌而成的张公山临湖矗立,巍巍长城盘旋而上,登上烽火台,景区全貌尽收眼底。

③“碧波游览区”。占地 3 000 亩,湖面上错落有致地分布着以十二生肖命名的 12 个小岛,各占地 2 亩,由软、硬桥相连。过长城、走大桥,登临湖中群岛,观河马、鳄鱼,逗群猴嬉戏,同时还能观赏到蒙古野驴、新疆野马、黑天鹅等众多世界珍稀野生动物。60 多个木屋和铁皮房别具特色,风格迥异,分布在湖中湖柳堤上,置身其间,如有隔世之感,恍入蓬莱仙境。

④“游乐场”。位于“世界风光”西侧,百米天池浴场是游人展示游技、沐浴阳光的天然乐园;游泳池深浅各异,跳台高低不一;溜冰场光滑如镜;“惊险世界”有太空船等数种大型游乐设施,极具挑战魅力。北面的百鸟园堪称华夏第一鸟语林,百种万只鸟类在占地 40 hm^2 的自由天地里鼓噪争鸣,比翼齐飞,蔚为壮观。

(2)科学开发利用沼泽地,大力发展水产养殖。集约化管理 2 万多亩的天然养殖水面,开挖精养鱼塘 5 000 多亩,推行生态链条式养殖,开拓特色水产养殖,开发池藕套种,大力推广反季节大棚蔬菜,使八里河成为“全省水产科技示范镇”。

(3)调整农业产业结构,增加农民收入。按照“吨粮田,千元钱,池藕套种秧苗田,稻田养鱼抓主体,洼地开发搞水产”的思路,发展“旱改水”,改革耕作制度,由“一麦一豆”改为麦稻轮作,从而大大提高了土地和资源的利用率,提高了农民的收入。

(三)生态环境改善,经济社会效益显著

八里河是大自然的恩赐,八里河风景区是八里河人民的智慧结晶。她所展示的自然景观和人文景观,游客无不震撼,视为神奇。如今的八里河成了一个人民生活富裕、自然生态良好的“桃花乡”。2005 年,全镇实现工农业总产值 2.4 亿元,财政收入 1 700 万元,农民人均收入 3 150 元。2003 年被评为“国家 4A 级风景区”;2004 年被授予“全国首批农业旅游示范点”;2005 年被评为“全国文明村镇”“全国环境优美镇”,同年获得“中华环境奖——绿色东方城镇奖”;2013 年 10 月 11 日,八里河风景区被国家旅游局授予“国家 5A 级风景区”称号;2014 年 9 月 29 日,八里河风景区被国家水利部授予“国家水利风景区”称号。

日本《朝日新闻》记者清日胜彦曾以《奔流的中国》为题,对该公园作了热情洋溢的赞扬。国内外新闻媒体多次宣传报道了这里荒滩变公园的奇迹。

生态环境的改善还带来可观的经济效益和社会效益,旅游业的发展激活了农村产业结构调整,更新了群众的观念,带动了“三产”发展,推动了餐饮服务、交通运输、商业贸易、社会服务等行业的蓬勃兴起,促进了景区周围乃至全县的经济发展。过去资源荒凉的八里河发展成今天水美鱼肥稻花香的现代生态农业发展示范区、享誉全球的环保“500

佳”。原国务院副总理回良玉对此精辟地总结道:“我们在八里河所看到的旅游农业别具一格,它没有那个优势,但它创造了那个优势,创造了新的景观,为农业的发展提供了一个新的值得研究的命题。”

颍上八里河人节约和综合利用自然资源,沿着与生物圈相互协调的方向形成生态化的产业体系,积极寻求农业生态效益、经济效益和社会效益的协调统一。在这个发展过程中,生态可持续是前提,核心是增加农民收入。

六、安丰塘堤岸景观防护林规划设计

(一)基本情况

安丰塘在寿县城南 30 km 处,为四面筑堤的平原水库,为安徽省重点湿地,平水面积 3 403 hm^2,属永久性淡水湖类型。古名芍陂,今名安丰塘。芍陂之名,始见于《汉书·地理志》:“庐江郡,……沘水所出,北至寿县入芍陂。”至于安丰塘之名,则始见于《唐书·地理志》:“寿春……安丰……县界有芍陂,灌田万顷,号安丰塘。”但自唐至明,通常仍称芍陂,有清以来,才号称安丰塘。芍陂是我国古代四大水利工程(芍陂、漳河渠、都江堰、郑国渠)之一,创建于春秋楚庄王时(公元前 613~前 591 年),距今已有 2 500 多年的历史。据《后汉书》和《水经注》记载,芍陂为楚相孙叔敖所建。今安丰塘北岸有孙公祠,即后人为纪念孙叔敖而立,祠内殿阁俨然,碑石林立。芍陂选址科学,工程布局合理。据《安徽通志·水系稿》载,芍陂有三源:“一淠水,今湮塞;一淝水,今失故道;一龙穴山水。”芍陂承蓄南来充沛水源,居高临下,向西、北、东三个方向灌溉田地,衔控 1 300 多 km^2 的淠东平原,蓄溉关系考虑十分周到。它的创建,为后起的大型水利工程提供了宝贵的经验。芍陂修建后各代均有修竣。由于历代豪强轮占,战乱频繁,到新中国成立前夕芍陂灌溉面积已不足 8 万亩。新中国成立以来,芍陂灌区人民在党和政府的领导下,艰苦奋斗,对芍陂进行了综合治理,沟通了淠河总干渠,引来了大别山区的佛子岭、磨子潭、响洪甸三大水库之水,成为淠史杭灌区一座中型反调节水库,塘堤周长 25 km,面积 34 km^2,蓄水 1 亿 m^3,灌溉面积 83 万亩,被誉为“天下第一塘”。1983 年被列为国家商品粮基地重要水利设施后,越来越受到世界各国的瞩目。近年来,前来参观考察的国内外专家、学者及国际友人络绎不绝。1973 年,联合国大坝委员会名誉主席托兰曾亲临安丰塘考察,一睹古塘风采。1986 年,安徽省人民政府公布芍陂遗址为安徽重点文物保护单位。1988 年,国务院将其公布为全国重点文物保护单位。

(二)安丰塘保护和景观林及堤岸防护林规划设计

1.安丰塘保护的意义

安丰塘作为这片楚都故地的“心脏”,距今已有 2 600 多年历史。遥想当年,一代名相孙叔敖动议开挖这方陂堰时,科学选址,合理布局,上引大别山充沛水源,下控一望无际的淠东平原,上循天地大道之运行法则,下应周边环境的相互协调,故“纳川吐流,灌田万顷,无复旱灾”。结阜成岗、聚水成渊的古寿春,从此“人赖其利”,而“境内半给”,缔造出绵延 2 000 年光辉灿烂的农业文明。公元前 241 年,“楚东徙都寿春”的原因,正是这片沃土仰安丰塘福祉而兴发达之路。可见,保护好这片碧水蓝天,经济和文化才能可持续发展,人民才能安居乐业。

为此，应在政府的统一领导下，由环保、水利、农业、文物保护单位等部门联合对安丰塘上游可能造成污染的企业，使用过量化肥和剧毒残留农药的水体进行监控，防止污水流入塘内造成危害。

2.景观林和堤岸防护林规划设计

1）安丰塘堤岸景观林设计

安丰塘的环境清新而幽雅，环塘一周绿柳如带，烟波浩淼，水天一色，鱼戏水中，鸥鹭点点，一派泽国气象。下檐翘角的庆丰亭、环漪亭点缀在平波之上，与花开四季的塘中岛相映成趣，构成一幅蓬莱仙境图。

根据安丰塘优越的自然资源和历史文化背景，堤岸景观设计应在水利和文物保护单位共同指导与授权下，由城建、林业等部门负责对安丰塘堤岸景观林进行统一规划、合理布局、综合治理和开发利用，以建立良好的生态环境，提高堤岸景观林的防护效益、经济效益和社会效益。

充实、完善、提高现有堤岸景观林，可采取补植、更新、重新组装等方式进行，做到一林多用，乔、灌、草、花卉结合，以组成多层次、多树种立体结构的堤岸景观防护林带。在常年水位高程以上的重点堤段（如庆丰亭等），可进行彩带式色块设计。绿化树种有金叶女贞、红叶小檗、黄杨、月季、火棘、鸢尾、葱兰、红花檵木、珊瑚树、石榴、桃树、蜀桧、美人蕉等。

2）固堤防浪林营造

在规划和营造中应遵循下列原则：

（1）堤外挡浪、堤内取材。

（2）为确保汛期堤防安全，对覆盖层浅、沙基渗漏严重的险段与积土铺盖压渗平台，只准铺设草皮，严禁栽树，防止树根穿通，导致出险。

（3）营造防护林带要与堤岸线平行。

（4）防护林林带内缘离堤脚的距离为 8～10 m。

（5）栽植方法和株行距：防护林带应采用正三角形（或“品”字形）栽植方法，株行距以 2 m×2 m、2.5 m×2.5 m、3 m×3 m 为宜。

（6）堤身除块石砌坡外，均应铺设草皮，不栽乔木和灌木。

（7）树种选择，应以柳树为主，也可选用池杉、乌桕等。

3）淠东总干渠堤岸防护林带营造

淠东总干渠是安丰塘从大别山区佛子岭等三大水库引水的唯一渠道，保护好沿线干渠水质不受污染尤为重要。对上游丘陵冈地应营造水源涵养林、水土保持林，防止泥沙进入库塘，降低库容。

对淠东总干渠的堤岸防护林带，应按高标准景观林进行规划设计，逐步建成多林种、多树种、多层次、多效益的生态坡地景观林，供游人观赏游览。

4）科学开发利用

寿县是国务院 1986 年颁布的中国历史文化名城之一，是安徽省人民政府确定的全省 7 个重点旅游城市之一，旅游资源丰富。已初步形成了八公山国家森林公园、寿州古城和安丰塘三大旅游景区，年接待游客 30 多万人次，潜力巨大，应加大宣传力度，充实、完善景区基础设施。如增加一些环安丰塘堤防大道观光车和水上观光船，提高服务质量和水平，增加知名度，提高经济效益。

第六节　新农村城镇圈人居绿化工程规划设计

现安徽省500多个建制镇绿化标准均较高，基本上都做到了常绿与落叶结合，乔、灌、花、草结合，形成集景观、生态效益和社会效益于一体的新型城镇。在保护环境、改善小气候、树立城镇良好形象方面，均起到了积极的作用。

如何将全省村庄建设成为经济繁荣、文化发达、整洁卫生、环境优美、鸟语花香的具有社会主义鲜明特色的新农村，已经成为农村一项致富奔小康长期而艰巨的任务。现村庄绿化在全面调整林种、树种结构的基础上，农民利用村旁和房前屋后隙地，大力开展"小果园、小竹园、小桑园、小药园、小花园"建设。同时，改造低产林，广植优质、高产、高效经果林，形成复合型的生产结构和树种配置，提高村庄绿化水平，增加农民收入，是绿色村庄绿化工程的新特点。现以颍上县小张庄村绿化规划设计为例，来阐述该生态村绿化特点。

一、基本情况

小张庄村位于颍上县东北角，北靠济河，东与凤台相邻，南临白塔湖，西接谢桥煤矿。该村地处淮北平原南部，这里地势低洼、平坦，境内土壤是第四纪古老黄土性冲积物上发育的砂姜黑土。土地总面积421.9 hm^2，其中耕地面积为323.9 hm^2。属暖温带向亚热带过渡气候。冬、夏季风明显，冷暖气团交替影响，有易旱、易涝和干热风、霜冻等自然灾害，对小麦产量危害极大。从1975年开始，该村先规划、后绿化，考虑长远、着眼当前，确定了实现农田林网化、村庄园林化的宏伟目标，开展了以植树造林、治水改土为主要内容的生态工程建设，统一规划建设了林、田、沟、路和住宅。共营造东西南北各8~11 m宽农田防护林带20余条，全长40.82 km，构成50~150亩面积的大小不等网格，保护耕地323.9 hm^2；与此同时，还对村庄绿化进行了合理布局和规划，先后营造了环村林、果园、花圃、竹园，还建造了张庄公园，栽植多种珍稀树木和名贵花卉，从而改善了农业生态环境，提高了抗御自然灾害能力。

二、主要参数和树种选择设计

（一）农田林网设计

1.原则

（1）本着因地制宜、因害设防的原则，根据当地具体情况，做出设计。

（2）水、田、林、路、渠统一规划，综合发展，逐步形成复合型的生产结构。

（3）坚持防护林、用材林、经济林相结合，农田林网化和园林化相结合。

2.林带走向

林带走向，一般按垂直于主害风的方向来定，但害风方向有一定的变幅，再者，林带方位角由于受道路、水渠走向所限，也需要有一定的偏移。当风向与林带的交角偏移超过一定幅度时，就会影响防护的效果。据各地观测结果证明，当风向偏角在±30°以内时，对防护效果影响不大。小张庄村林网主林带多数为东西走向，副林带多为南北走向，与主害风（西南干热风）的方向，偏角在10°～25°，这是比较适宜的。

3.林带结构和宽度

林带结构以疏透结构为主，占林带总长的67%；其次是通风结构的林带，占林带总长的27.5%，林带的疏透度为0.3。树种搭配：乔木2～6行，侧柏每侧各1行，株行距2 m×2 m、2 m×1.5 m，“品”字形栽植；林带宽，除中心沟南岸一条林带宽为30 m外，其余均为8～11 m。

4.林带间距

安徽省淮北平原，以降低风速30%的有效防护距离为带距，确定有效防护距离为林带高的15～22倍。林带成林高度一般在12 m，故主林带间距为180～260 m，副林带间距多数为200～250 m。

5.树种组成

主要树种为水杉、侧柏，其次是楝树、法桐、泡桐、池杉。

（二）村庄园林设计

1.张庄公园

该园建造在林网的南端，是在充分利用农田林网、村庄绿化、果园、田野风光，经过规划建设使其成为林网中的公园，它不同于城市中的公园，具有一定的森林环境和平原田野的特色。其目的是供村民游憩、娱乐，同时也保护了森林、美化了环境、促进了林业的发展。

规划布局手法和独到之处：

（1）效法自然的布局。以引水挖池堆山——“望富山”、建筑亭台为公园的主景，并与周围林网、田野配合，与建筑物融合在一起，形成了网中的仙境。登高望远，可以领略田野无限风光和情趣，成为“虽由人作，宛自天开”的农田林网中林园。

（2）园中有园的手法。公园里景区与景区之间、景点与景点之间，均有隔、有分、有联，形成大园之中有小园，达到曲折幽深、时进景新的艺术效果。

（3）规划布局上以中轴对称进行布置。如植物配置、园地、园路均采用对称式或几何图形式等。

（4）树种有水杉、柳树、柳杉、乌柏、雪松、龙柏、桧柏、侧柏、广玉兰、白玉兰、松、竹、梅、栀子花、黄杨、女贞、牡丹、月季等50余种树木与花卉。

2.农民新村绿化

小张庄四个农民新村，均营造了环村的防护林，村部建立在四个新村的中央，采用规整布局，居中四顾。作为各个新村绿化的独立单元，不仅与村部之间有林荫道相通，还与农田林网紧密结合在一起，不仅形成了网中绿洲，而且使新村与新村之间避免相互干扰，减轻环境污染，为村民创造舒适、安静、优美的劳动、生活环境。

3.村镇庭院绿化

小张庄的庭院绿化，从该村紧靠谢桥特大煤矿的地理优势出发，在规划中体现了服务矿区、依托矿区，集约经营、发展鲜活应时产品的要求。以张庄公园为中心，在其周围发展花卉苗木、经济林和果木林800余亩，竹园100亩，蔬菜瓜果800亩。建立小花园、小花圃，发展水果、珍稀树木及观赏花卉，以满足矿区需求。这种服务矿区、依托矿区、综合式庭院绿化规划布局，实际上就是园林化的规划布局中不可分割的重要组成部分。与此同时，该村还对公共绿地、街道商业区、机关、学校、医院等区域的绿化进行了规划和实施。如建造各种花坛，商业区四条街道均以行道树如雪松、龙柏等命名街名。雪松大街(长1 600 m)、龙柏大街(长2 500 m)等，在烘托主体建筑、美化街景方面均收到了良好的效果。

三、生态村的效益

过去小张庄村是一个少林、多灾、低产的穷地方。经过多年的植树造林，到1987年小张庄的林地面积约97.9 hm^2，栽植各种树木14.5万株，森林覆被率由1975年的6.9%提高到21.5%；木材蓄积量达4 074 m^3，人均1.42 m^3；年产水果13万kg、竹竿15万kg。现在小张庄境内林带纵横交错，初步形成了网、带、片相结合的综合防护林体系。已实现了农田林网化、村庄园林化的目标，从而改善了农业生态环境和提高抗御自然灾害的能力，农、林、牧、副、渔各业得到了全面发展。据安徽省环保所1988年5月下旬在小张庄村实测，在林网内林带高3～15倍范围内，风速比无林网区降低47.7%，日平均气温低0.95 ℃，相对湿度提高7.1%，土壤蒸发量减少28.9%，减轻了干热风对小麦灌浆乳熟期的危害程度。在冬季，林网内的地温又较无林网区提高0.5～1.0 ℃，从而减轻霜冻程度，保证农作物丰收。

1987年，该村林业产值达35万元，占工农业总产值的14.1%。林业除生态效益外，每年从林带和“四旁”共间伐木材500 m^3，产值25万元；每年修树木枝桠干柴17.5万kg，用作燃料；树叶134.4万kg，用于饲料和肥料。粮食亩产已超过500 kg，人均年收入800多元。在抓好种、养业的同时，小张庄村还在搞好农产品的深细加工和村办企业上下功夫，兴建了精米厂、面粉厂、板材厂、工艺被服厂、玻璃制品厂等，不仅延长了产业链，增加了农民收入，而且实现了劳动力的就地转移。全村60%的劳力转移到工副业生产，2006年实现工农业总产值4 002万元，农民人均纯收入提高到3 160元。

实践证明，平原农田林网化有利于改善农村生态环境，提高抗灾能力，保障农业稳产高产和农村经济的发展。

1982年，该村出席了全国文明村座谈会，被阜阳地委、行署授予“农村园林化红旗”“文明村红旗”等荣誉称号。后来，国内外许多专家、学者，以及联合国环境署生态考察团，纷纷前来参观考察，并给予了很高评价，诸如“淮北平原上绿洲仙境”“小张庄生态农业建设为黄淮海平原地区的改造探索了途径”等。1990年9月，联合国副秘书长、环境署主任托尔巴博士不远万里来小张庄村参观后，欣喜地说：小张庄村在世界上树立了一个很好的榜样，在致富的同时改善了环境，可以为发展中国家仿效。他在给小张庄村题词中说：“我很愉快地看到像这样自力更生的，具有杰出成就的典型。这个成果是惊人的。我希望把这个经验传播到全世界！”1991年，小张庄村被联合国环境署评定为“全球500佳”荣誉称号，并再一次肯定小张庄村在环境方面所做出的突出贡献。

第七节　淮河中游绿色长廊工程建设规划设计

绿色长廊是以全省铁路、国道、省道公路绿化和林带建设为主线，山丘、田地、城镇、村庄、河渠等造林绿化整体推进，绿化、美化融为一体，经济、生态、社会效益有机结合的一项经济生态型综合防护林体系工程。在实施该工程时，不仅要有强有力的行政措施和政策措施，而且要以林业科学技术为支撑，认真贯彻执行各项林业技术措施。在诸多技术措施中，树种结构和配置方式是十分重要的技术要素，正确选择造林绿化树种并进行合理组装和科学配置，对绿色长廊发挥抗御自然灾害、维持生态平衡能力、护农增产关系极大。为此，结合 2000 年绿色长廊考察，调查组对淮河中游绿色长廊工程建设中的林带结构和树种配置情况进行了调查。以下通过对典型案例的介绍，供以后绿色长廊工程建设借鉴和参考，从而把淮河中游绿色长廊工程建设提高到一个新水平。

一、线路绿化

(一)铁路绿化设计和树种配置

京九铁路阜阳段，总体设计要求全线达到“一带林荫道，一带鱼儿跳，一带花果香，一带新气象”的绿化美化总目标，把京九铁路沿线建成风景优美、环境宜人的绿色长廊，形成一道美丽的风景线、绿化线、致富线。铁路两侧铁丝栅栏内，均按照铁路部门的要求设计，一般在路坡种植紫穗槐、爬根草(*Cynodon dactylon* (L) pers.)，与路基平行的 12 m 处只栽植常绿树；栏外侧一般均设计意杨、刺槐、柳、蜀桧、水杉、泡桐、经济果木林。在铁路和国道、省道公路交会处，还设计有花坛和花坛群，形成多层次立体配置。亳州十九里镇张庄行政村，在铁道两侧的泡桐林带下间种中药材，颇具特色，以耕代抚，经济效益非常显著。京沪铁路安徽段、淮南铁路蚌水线两侧，主要栽植紫穗槐、芦苇、柳、意杨、水杉、枫杨、蜀桧等。其结构均为通风结构和疏透结构。

(二)高速公路绿化设计和树种搭配

高速公路是经济发展的产物，是一个国家现代化水平的标志之一。如何把不断扩展的道路交通与周边环境合理地融为一体，构筑高速公路安全、快速、舒适、美观的特色成为现代道路景观建设中的一个重要课题(详见第八节高速公路绿化工程规划设计)。

(三)国道、省道公路绿化设计和树种配置

从淮河中游区域调查情况来看，国道、省道公路绿化设计和树种配置有以下特点：

(1)规划设计起点高、质量好。

(2)沿线景观一般都达到“三季有花，四季常青，一路一品”的要求。

(3)乔、灌、花、草合理配置，用材林、经济林、农林结合，做到空间上有层次、时间上有序列，生态、经济、社会效益有机结合。

S102 毛集段，第 1 行为雪松、棕榈(*Trachycarpus fortunei*)、木槿，第 2 行为银杏和美人蕉作株间混交，第 3~4 行为意杨，沟边栽植柳树；在 1~2 行地表，还铺设了马蹄金(*Dichondra repens* Forst)草坪。颍上段，两侧第 1 行栽植银杏、紫薇、木槿或蜀桧、木槿作株间混交，第 2~3 行为意杨，“品”字形配置，沟外栽植 6 行意杨。G105 亳州市十河镇宋场段，

两侧栽植1行泡桐和蜀桧,第2~5行为意杨,林下间种朝天椒(*Capsicum frutescens*),以耕代抚,以短养长。涡阳在省道两侧栽植当地培育的杨树新品系——中涡1号新品种,目前长势喜人。淮北市在S202百善段,中央分隔带栽植黄杨球,两侧第1行为黄杨球,第2行为蜀桧、紫薇、红叶李作株间混交;在S303百善西段,两侧第1行为黄杨球,第2行为紫薇和女贞,第3行为国槐;百善东段,第1行为黄杨球,第2行为银杏,第3行为国槐。宿州市的宿符路、宿泗路、宿固路总长41.2 km,已分别建成棕榈大道、银杏大道、合欢大道,共栽植棕榈、银杏、合欢、迎春花(*Magnolia denudata*)、紫薇、垂柳、桧柏、女贞、黄杨、水杉、杨树等15.93万株。砀山县在月杨路,栽植杨树、女贞、红叶李、木槿、黄花菜等8 km。淮南市在G206洛河开发区段,两侧第1行为蜀桧、木槿作株间混交,第2~4行为水杉,局部路段还配置了花坛群。阜阳市颍东区插花镇木寺段,路两侧第1行为蜀桧,第2~3行为意杨,第4~15行栽植柿树,林下间作山芋、玉米。S202阜南县段,道路两侧第1行为蜀桧,第2~3行为意杨,沟边栽植水杉4行,沟塘养鱼,林下间作南瓜(*Cucurbita moschata*)、山芋、花生(*Arachis hypogaea*)等。G206蚌埠段,两侧第1行为红叶李,呈正三角形配置,第2行以石楠、金边侧柏(*Platycladus orientalis*)3株一组排列配置,第3行银杏和国外松株间混交。S307怀远段,经多次筛选,最后确定沿路肩北侧植树3行,南侧植树1行,北侧第1行以球类为主(内侧),栽植蜀桧球、黄杨球、火棘(*Pyracantha fortuneana*)等,第2行以花灌木为主,栽植木槿、紫荆、红叶李、黄金钟(*Forsythia viridissima*)等4个品种,第3行(外侧)栽植海桐球和怀远石榴,用以体现怀远特色。林下间种有花生、黄豆、绿豆(*Phaseolus radiatus*)等。线路绿化设计和树种配置,实现了四季常青、三季有花,错落有致,别具特色,使人真有“车在路上行,人在景中游”之感。

寿县在线路绿化设计中,坚持一乡一品,管护到位。例如,S203安丰段,每侧植树4行,树种配置第1行为紫薇、红叶李,第2行为女贞球,第3行为意杨,第4行为水杉;窑口段,第1行为紫荆、红叶李,第2行为圆柏,第3行为意杨,第4行为水杉。盖护林房数十座,管护承包到人。G205合淮路,树种配置为第1行蜀桧、红叶李,第2行水杉或意杨和紫穗槐,第3行水杉或意杨。

(四)林带结构和树种配置

从全流域调查的情况来看,林带结构以通风结构和疏透结构为主,紧密结构为辅(经果林),林带宽度一般为6~10 m和10 m以上不等。主要树种为意杨、水杉、蜀桧、梨等。

1.紧密结构

五河县在G104道路两侧建成50多m宽910亩的经果林带;临泉县在临泉—艾亭路两侧,营造60 m宽经果林带50 km;蚌埠已在蚌水铁路两侧营造50 m宽经果林带6.9 km。

2.通风结构

绝大多数分布在林网内的沟、渠、路边,两侧栽植1~2行意杨或水杉、池杉、蜀桧。例如,濉溪县城关镇的林带,树种为意杨,属通风结构林带。S203窑口村,林网道路每侧配置1行意杨。六安市设计的国道林带宽为6 m,栽植5行以上树木,省道林带宽4 m,栽植3行以上树木,主要树种是意杨、柏类、银杏等,均属通风结构。

3.疏透结构

线路绿化和两侧的林带结合,形成了多树种、多层次、多效益,乔、灌、花、草相结合的疏透结构林带。

二、农田林网建设

根据对全流域绿色长廊工程考察结果,安徽省农田林网建设有以下特点:

(1)与农田基本建设结合,沟、路、渠、林配套,山、田、水、路、林综合治理。

(2)用材林与经济果木林结合,多林种、多树种、多效益结合。

(3)小网格、窄林带,以长方形为主。

地形起伏较大的丘冈地区和沿淮地区按照因地制宜、随形就势的原则,减少胁地,有路、有沟、有树的情况下,多为不规则的林网。

根据淮河中游地区自然特征和灾害风方向,在农田周围多以营造窄林带、小网格的农田防护林为主,对安徽省沙化、干热风、台风等气象灾害均具有重要的防护作用,也是提高农业水分利用率和稳产增产的一项根本性措施。此种结构的防护林带,多以2~4行林木组成,株行距为2 m×3 m,乔木林下配置灌木,疏透度介于0.4~0.5。主林带一般为东西走向,林带间距随气候特点、害风具体情况而异,一般为200~300 m;副林带为南北走向,林带间距420~450 m,网格面积为120~200亩;丘陵区、沿淮地区,网格面积150~250亩。大多数网格均为主林带为长边的长方形小网格、窄林带。黄淮海项目宿县(今宿州市埇桥区)试区综合防护林体系,涡阳新建的高标准林网,网格面积均不超过200亩,林相整齐,乔灌结合。宿州市、阜阳市、亳州市、蚌埠市等均在沿线新建和完善高标准林网,面积均在150~200亩的小网格、窄林带2~4行林木,乔、灌搭配疏透结构林带。树种有意杨、水杉、池杉、蜀桧、紫穗槐、梨、柿、枣、石榴、花卉等。

在防护林带与风向交角的研究上,过去国内报道均以林带与风向成90°角为好。但据调查组对野外原形林带、野外模型林带和室内风洞等全面研究认为:在相同条件下(林网面积、林带高、透风度、零平面位移高度),对于短边法线与风向夹角为风偏角的长方形林网来说,风偏角增大,防风效益增大。风偏角在45°~90°时,防风效应优于相同条件下的正方形林网的防风效应;在0°~45°时,劣于正方形林网的防风效应;风偏角为90°时,防风效应最佳。

林网长宽比增加时,上述结论中防风效应增加或下降的程度加强。

相同条件下的正方形林网的防风效应不受风偏角的影响。

透风度对林网的防风效应有明显的影响。在其他条件相同时,透风度为0的林网效应最小,透风度为0.3~0.4时防风效应最佳。

根据以上结论,建议在淮河流域平原对有明显主害风地区,采取长边与主害风垂直的长方形林网,长宽比的限度应以不防碍其他条件保持正常为宜。长边法线与主害风向的夹角需要变化时,应控制在0°~45°范围。在无明显主害风地区,可采用正方形或近似正方形林网,因正方形林网防风效应随风偏角变化比较平缓,故可不考虑方位,在规划设计时应因地制宜进行。

绿色长廊工程建设,累计已完成农田林网241.3万亩(2000年调查数字)。网格建设,以主林带为长边的长方形的小网格为主,风偏角绝大多数均在0°~45°范围内,防风效应佳。

三、城镇绿化建设

按照建设规划三个部分要求，淮河中游城镇新增绿化面积不断扩大。通过林荫道、防护林带、公园、绿地进行分割、联系、调节装饰等手段，使之组成一个有机的整体，以充分发挥园林绿地改善小气候、保护环境、丰富人民文化生活、烘托建筑艺术美等作用。例如，淮南市凤台毛集镇，水灾后，经过不懈的努力，现已规划建成整洁、卫生、花园式美丽的社会主义新集镇。在绿化、美化、香化的基础上，还建造了毛集公园，亭、台、塔、假山、喷泉、雕塑布局合理，主景突出，错落有致，融为一体，为淮河流域城镇绿化再添一颗璀璨明珠。毛集镇被授予"全国造林绿化百佳乡镇""全国小城镇建设示范镇""全国乡镇投资环境300佳""全国文明村镇"等光荣称号。从流域调查的情况来看，建制镇绿化标准均较高，基本上都做到了常绿与落叶结合，乔、灌、花、草结合，绿化、美化、香化融为一体。在保护环境、改善小气候、树立城镇良好形象方面，均起到了积极的作用。

四、村庄绿化建设

沿线和流域范围内村庄，将如何建设成为经济繁荣、文化发达、整洁卫生、环境优美、鸟语花香的社会主义新农村，已经成为农村一项重要而长期的任务。而村庄绿化建设是其中最重要的内容之一。在全面调整林种、树种结构的基础上，农民利用村旁和房前屋后隙地，大力开展"小果园、小竹园、小桑园、小药园、小花园"建设。同时改造低产林，广植优质、高产、高效经果林，形成复合型的生产结构和树种配置，提高村庄绿化水平，增加群众收入，是绿色长廊建设村庄绿化新特点。

五、山丘绿化

山丘绿化的特点是：

(1)实行工程造林和封山育林结合、退耕还林与林业产业结构调整结合；

(2)营造经果林和速生丰产林结合。

(3)天然林保护与长廊旅游线路绿化结合。

(4)由粗放经营逐步向集约经营转变。

绿色长廊建设，对提高流域内森林覆被率、涵养水源、保持水土、维护生物多样性、提高经济效益，将收到极为显著的效果。

第八节　高速公路绿化工程规划设计

一、特点和要求

高速公路是经济发展的产物，是一个国家现代化水平的标志之一。但是，高速公路建设改变甚至破坏了所经区域原有的景观特征，影响了生态平衡，与环境的冲突日益严重。而且随着人们文化素质的不断提高，对道路的文化性、艺术性提出了更高的要求。如何把不断扩展的道路交通与周边环境合理地融为一体，构筑高速公路安全、快速、舒适、美观的特色,成为现代道路景观建设中的一个重要课题。

高速公路设计车速一般为 80~120 km/h,属于城市间的快速交通干道,车速快,空间移动快,形成了与其他交通方式不同的空间移动感,其空间的景观构成应以汽车行驶速度为前提,以驾驶员和乘客的角度考虑绿化的配置方式。由于速度的因素,高速公路上的景观供人们观赏只是瞬间的,但却是连续的。所以,一切景观元素的尺度要扩大,元素间的间隙等必须随车速的加大而加大。因此,在绿化配置时,不能以传统的小片种植或点缀为主,而应多采用片植的形式,形成较大面积的色块或线条;其间既要有变化,又要统一、协调,从而达到良好的视觉效果。

二、高速公路绿化工程规划设计的基本原则

(1)确保道路使用功能和行车的安全。

(2)应充分考虑高速行车所造成的视觉特征,加强道路特性的绿化,使其连续流畅性、方向性、距离感突出。

(3)注意生态景观与周围环境协调统一;道路等级越高,对自然景观的破坏就越大。为减少道路在环境中的视觉冲击规模,可利用天然或人工栽植树木屏蔽的办法遮去部分道路,或在分隔带中栽植绿化植物,遮蔽对向车道,从而减少视觉比例。

(4)树种以速生、景观效果好、经济价值高的乡土树种为主,体现地方特色和区域文化。

(5)创新思路,全方位、多角度展示道路景观的美学效应和艺术魅力。

三、主要设计参数和树种选择

(一)护坡及隔离栅的植物景观设计营造

护坡的形状要尽可能与周围景观相协调,通过植物配置,达到与环境的自然过渡,丰富道路景观。

1.挖方地段护坡绿化

护坡顶部采用低矮树种或下垂植物,如连翘(*Forsythia suspensa*)、迎春、紫藤、金银花、野蔷薇(*Rosa multiflora*)等。

2.填方地段护坡绿化

绿化的主要目的是减少对自然的破坏,使道路景观与自然达到和谐统一。

(1)高填方地段,高度一般 4 m 以上。要求绿化栽植所采用的图案单元比例较大。高填方可植草坪或栽植编篱,可用栽植槽栽植攀缘植物,如金银花(*Lonicera japonica*)、五爪金龙(*Parthenocissus laetevirens*)、五叶地锦(*P. quinquefolia planch*)、三叶地锦(*P. himalayana planch*)等,覆盖护坡。

(2)中填方地段。坡面铺设草皮,坡顶栽植灌木防止冲刷,坡底的边角栽植藤蔓性植被。

(3)低填方地段,高度在 2 m 以下。栽植耐瘠薄、耐干旱的优质树种和固氮类的草本以及木本植物。建议栽植优良速生乡土树种和药用草类,从而达到与环境相融。

3.边沟绿化

树木栽植要疏密相间,有的地段要求视线通透,形成视景线,有的地段形成屏蔽,收敛视线。树种选择应以抗性强、观赏性高、季相变化大的乡土树种为主,合理选引外来优良树种为辅。在边沟坡面铺设草皮,以保持水土,防止阻塞边沟。对于防护网,可以采用攀缘植物加以绿化,如蔷薇类、凌霄(*Campsis grandiflora*)、金银花、扶方藤(*Euonymus fortunei* (Turcz.) Hand. -Mazz)等,尽量与附近植被及沿路景观相协调。

4.隔离栅绿化

采用植物刺篱代替铁丝网,是高速公路隔离栅的发展趋势。树种选择要求耐瘠薄、抗性强、分枝密、枝上刺密度大、硬度强;以常绿为主,枝叶繁茂,有花、果可观赏的更佳。可选树种有火棘、枸桔(*Poncirus trifoliata*)、枸骨、马甲子(*Paliurus ramosissimus*)、酸橙(*Citrus aurantium*)等。

(二)中央分隔带的植物景观设计营造

中央分隔带的主要目的之一是防眩目,避免会车时灯光对人眼的刺激,保证行车安全。同时可以缓解司机紧张的心理,分隔带越宽,这种作用越显著。植株的高度通过人工控制,一般在 1.5 m 左右。

1.平坦地段绿化设计

设计可选用洒金千头柏、红叶石楠、金叶女贞组成大尺度图案的彩色色块带景观,以消除行车的枯燥感。

2.竖曲线地段绿化设计

该地段的绿化设计应着重考虑引导视线和防止眩目。由于在竖向上处于底部或顶部位置处,夜间行车时感受眩目的位置与平坦路段不同,因此在栽植高度上要比一般路段有所增加,多采用圆锥形树冠的植物,如桧柏(圆柏)、雪松、铅笔柏等,在接近凸形曲线的顶部栽植植株高度要高一些,从底部向上植株的高度形成自然式的递增。在凸形曲线和平面曲线相交的地段,中央分隔带的栽植要有明显的变化,以提示前方路线的变化。

(三)锥坡的植物景观设计

锥坡在植物景观设计时,应以低矮的花卉和中药材为主,以保持空间的开敞。另外,绿化形式要与护坡绿化设计和谐统一。锥坡绿化可用以下三种设计形式:

(1)图案式锥坡。图案可设计采用一些主题性的素材。

(2)花台式锥坡。形成层次,柔化其生硬的感觉。

(3)台阶式锥坡。

(四)立交区的植物景观设计

立交区的植物景观设计是主线景观的一个重点,就像镶嵌在项链上的钻石,对于提高整个高速公路的景观效果至关重要。可作为整个景观序列的高潮节点进行设计布局。

(1)互通区的绿化设计首要的是服从该处的交通功能,保证行车视线的通畅,突出绿地内交通标志,确保行车安全。

(2)有利于诱导行车方向,使行车有一种舒适安全之感。

(3)烘托立交桥梁的造型,突出建筑雄伟之美。

(五)服务区的植物景观设计

服务区是为了司机和乘客的活动、休息、维修、加油等目的而设的,最能直接体现服务水准,是人性化设计的一个综合表现。要满足呼吸新鲜空气、活动身体、欣赏风景、提供休息等多种功能。

为此,在其空间构成上要设置过境道路和存车区之间的分隔带(宽度不小于5 m),整个服务区的环境要优美。

服务区应根据不同的服务内容而进行与服务功能相一致的植物配置。加油区周围要通透,便于驾驶员识别,在栽植上选择低矮灌木和草本宿根花卉,这些植物要具有抗性,不易燃。停车的绿化应以形成阴凉的环境为基础,以栽植高大的乔木为主。休息室外的空地,栽植高大的观赏庭荫树,并且设置花坛和小品、水池,可以让人们在其中游憩、散步。可根据面积大小,采用自然式或规则式绿化设计。地面铺装以绿为主,可以做成有承载力的草地,如碎石草地、混凝土框格草地等。

第九节　石质残丘区水土保持林规划设计

一、基本概况

淮北石质残丘主要分布于东北部的萧县、濉溪、宿县(今宿州市埇桥区),泗县、灵璧、怀远、蒙城、涡阳也有零星分布。其面积约1 000 km^2(1 501 501.5亩),林业用地60余万亩,属剥蚀残丘,海拔在50~200 m,呈东北-西北走向,基岩主要为石灰岩,其次为页岩、砂岩、砾质岩,而片麻岩、花岗岩、石英斑岩等酸性岩也有少量分布。

(一)土壤

土壤有黑色石灰土、褐土、棕壤三大类,黑色石灰土多分布于山坡的中上部,有机质较多,结构良好;褐土分布于山坡及外围的剥蚀缓坡,多呈中性及微碱性反应,质地较黏重,为中壤-轻黏,由于地下水位低,旱情较突出,但土壤较肥;棕壤呈微酸至中性反应,质地不一,有轻壤,也有中壤-轻黏,厚薄不均。

(二)植被

本区为南暖温带落叶阔叶林区,现有森林主要类型有栓皮栎林、槲栎林、青檀(*Pteroceltis tatarinowii*)林、黄连木林、侧柏林、刺槐林等。植物组成以壳斗科、榆科、兰科为主,成分复杂,有华北习见的树种栓皮栎、麻栎、槲树、三角枫、毛黄栌(*Cotinus coggygria* var. *pubescens*)、臭椿、黄连木、山桑(*Morus mongolica* var. *diabolica*)、棠梨、毛梾(*Cornus walteri*)等,又有南方的耐寒、耐瘠树种黄檀(*Dalbergia hupeana*)、合欢、山槐、化香(*Platycarya strobilacea*)、栾树(*Koelreuteria paniculata*)、南京椴(*Tilia miqueliana*)等;喜碱性的植物也较多,有榔榆(*Ulmus parvifolia*)、青檀、朴树、大果榆(*Ulmus macrocarpa*)、黑弹朴(*Celtis bungeana*)等;还有常绿的针、阔叶树种侧柏、圆柏、胡颓子(*Elaeagnus lanceolata*)、小叶女贞(*Ligustrum quihoui*)等。

(三)林业现状及原因分析

新中国成立以来,淮北石质山丘已绿化20余万亩,现有林木蓄积量约为13万 m^3,尚有30万~40万亩宜林荒山有待绿化。由于山林长期遭到破坏,导致童山秃岭,水土流失,岩石裸露,立地条件恶化,造林难度大,生长量低,现有林每亩蓄积量仅为0.5~0.6 m^3。管理不严,采槐叶、摘柏籽、砍薪柴、打秧草、乱放牧,人畜危害比比皆是,穷山窝的面貌尚未根本改变。

分析其原因,除历史的因素外,主要有以下几方面:

(1)立地条件差,造林难度大。山场石多土少,造林只能见缝插针,覆土浅,如遇春旱少雨,保水、供水困难,很难成活。

(2)树种单一,经济效益低。几十年来,山区绿化大都栽植侧柏、刺槐,生长慢,防护效益差,经济价值低。如30年生的侧柏,一般胸径仅有10多厘米粗,效益差,群众造林不积极。

(3)政府和百姓认识不足,决心不大,对荒山绿化有畏难情绪,不愿在荒山造林上下功夫、花本钱。

(4)责任不明确,承包不落实。部分乡村的山场,特别是边远山场,至今权属不清,责任不明,集体不问、群众不栽,长期荒芜;还有少数山场因管护、执法不严,林木被破坏,又有新的荒山出现。

二、石质残丘区水土保持林规划设计

根据当地自然特点、经济状况及正反两方面的历史经验,提出如下规划设计:

(1)保护天然次生林。皇藏峪、大方寺等地区原有天然次生林必须严加保护、严禁采伐,对现有大面积侧柏纯林,应结合黄连木能源林基地建设,采用集约经营方式低改更新、抚育改造等,改变林分结构,改善环境,提高经济效益。

(2)水土保持林营造。石质残丘应一律退耕还林,营造水土保持林,发展多种经营。残丘中上部以营造铅笔柏、黄连木、侧柏、栎类为主;在残丘中下部可发展经济林,如石榴、杏、木瓜(*Chaenomeles sinensis*)、山楂、花椒(*Zanthoxylum bungeanum* Maxim.)、板栗、枣、柿等。

(3)黄连木生物能源林营造。以黄连木在群落中所占的比例为依据,分别采取封、改、引、造的方式进行合理调整,形成以黄连木为主体,而且布局比较合理的群落类型。天然林每亩黄连木株数达40株以上,且分布相对均匀的次生林可采用封山育林型;反之,则采用改、引、造型。

(4)萧县、宿县(今宿州市埇桥区)、濉溪和淮北市一带的石质残丘栓皮栎林,乔木层优势种为栓皮栎,次优势种为黄连木和黄檀,可逐步改造成黄连木-栎类群落模式。

(5)在萧县皇藏峪瑞云寺两侧及后坡,海拔150~200 m处,分布有以青檀占绝对优势,以黄连木、五角枫、山槐等为伴生树种的天然次生林群落,可采用补植黄连木、疏伐一些非目的树种,使之形成以黄连木为主的青檀植物群落模式。石灰岩山场上的侧柏、铅笔柏人工林可补植一定比例的黄连木,形成黄连木-侧柏-铅笔柏人工林群落模式。

(6)黄连木天然纯林模式。在天然群落中,当黄连木的比例达到70%时,即可作为纯林培育,重点是抚育管理,疏伐杂灌、翻土埋青、施肥,以增加土壤肥力,促进黄连木生长和种子丰产。

第十节　煤矿采空塌陷区绿化规划设计

一、基本概况

煤矿采空塌陷区绿化是综合治理的重要内容之一,是林业上的新课题,它的治理好与坏关系到人与环境、环境与经济发展是否协调和可持续发展的大问题。截至 2004 年 12 月,我国煤矿累计采空塌陷面积超过 7.0 亿 hm^2,损失逾 500 亿元,重点煤矿平均采空塌陷面积约占矿区含煤面积的 10%。安徽省淮北煤矿从建矿以来,已累计采空塌陷面积 14 200 hm^2。淮南煤矿采空塌陷区面积累计 8 667 hm^2,现已综合治理 4 000 hm^2。淮北电厂每年排放粉煤灰 80 余万 t,原灰场建在黄里峪,由于粉煤灰粒细质轻,内含汞、氟、铅等重金属有毒物质,每当干旱多风季节,随风飘扬,弥漫天空,造成周围果林不能结实,严重地污染环境和危害人们的健康。把粉煤灰、煤矸石排放到塌陷区,以造地复田,这样既解决了灰场,又可恢复土地资源、创造经济效益,是一举多得之事。

二、煤矿采空塌陷区绿化规划设计

“七·五”后期,淮北市对煤矿塌陷区已采取综合治理的措施,1988~1990 年三年造林 2 400 亩;在电厂粉煤灰复田试栽刺槐林获得成功;另在塌陷区的水边栽植护岸林2 572 亩,也初步取得了一定成绩。截至 2004 年,淮北矿区已治理塌陷区 7 100 hm^2(占塌陷面积的 50%),其中林地 520 hm^2,改造水面 1 400 hm^2。

(1)在复垦实施中坚持因地制宜、分类指导,土、水、田、路、林综合治理,农、林、牧、副、渔全面发展的规划布局,探索出一套行之有效的治理模式,取得显著的经济、社会、生态效益,被原国家土地局列为全国煤矿塌陷区复垦示范区。

(2)安徽淮北东湖湿地公园,是在典型的煤矿采空塌陷区自然形成水面的基础上建成的,是目前我国在采煤塌陷区上建成的唯一一家“国家城市湿地公园”。有白鹭入住,从几只增加至几百只。

(3)经过几年的实践证明,粉煤灰复田造林,不但具有显著的经济、生态、社会效益,而且为煤矿采空塌陷区粉煤灰复田营造矿柱材探索出理论依据,总结出一整套技术体系。

(4)造林树种。安徽省林科所选育的刺槐优良无性系皖 13 号、42 号、1 号等,均具有生长量大、质量好、无刺或具小刺等优良性状,并具有适应性强的林学特性。造林株行距 2 m×4 m,3 年可达到矿柱材规格,平均胸径生长量超过 10 cm。

三、粉煤灰复田造林

粉煤灰复田造林效益显著。一是经济效益。例如淮北矿务局营造刺槐良种试验林 125 亩(不包括辐射面积),造林费和抚育管理费开支 1.5 万元。据测定,矿柱材活立木蓄积量 311.5 m^3,价值 17.133 万元;搪材 157.7 t,价值 5 万元,计 22.133 万元,产投比为 14∶1,经济效益显著。若按淮北煤矿采空塌陷区 30%的面积营造良种刺槐林,则每年可增加矿柱材 15 万 m^3,价值近亿元。二是社会、生态效益显著。造林后改善了生态环境,净化了空气，形成了小气候。据测定，刺槐林内风速降低 30%～60%，夏季气温降低 2 ℃左右，相对湿度提高 10%～20%；空气中灰尘悬浮量明显降低，林内微粒比林外总悬浮微粒降低 42.93%。由于生态环境得到改善，也为多种鸟类创造了栖息的场所。造林前无鸟，现在林间鸟类成群，昔日风灰弥漫的灰场，如今是一派风景宜人的林地。1989 年联合国专家泰拉逊和捷克专家史帝逊到这里考察时认为：在这种特殊立地条件下，刺槐是一个速生丰产的好树种。这个试验是成功的，为煤矿采空塌陷复垦创造了好的经验。

第十一节　农林复合经营模式设计

由于我国人多地少的现实条件，在同一经营单位的土地上把农田防护林体系和农业有机地结合起来发展，是中国发展林业和农业的重要途径。在淮河中游地区主要农林复合经营形式有如下几种。

一、泡桐与药材间作模式

（一）特征

亳州市位于安徽省淮北平原西北部，属暖温带南部，平均气温 14.5 ℃，极端最低气温 −20.6 ℃。平均降水量 807 mm，无霜期 209 d。土壤系历次黄河南泛冲积物形成，土类有二：一是潮土类，主要分布在河流两岸；二是砂姜黑土类。

亳州是古代名医华佗的故乡，为我国著名的“四大药材集散地”之一，又有“泡桐之乡”之称，桐、药是当地的名、特、优产品，栽培历史悠久。

随着泡桐的大力恢复和发展，以量大质优闻名。在药材市场上享有盛名的地道药材——白芍、亳菊（*Dendranthema morifolium*）、紫菀（*Aster tataricus* var. *petersianus*）、红花（*Carthamus tinctorius*）等，随着市场的需求也得到迅速发展。如白芍 20 世纪 90 年代初累计在地面积已经达到 2 000～3 500 hm^2，由于白芍收购价大幅度上升，从而刺激了药农生产药材的积极性，为此出现了具有地方特色的林药间作模式。

（二）主要参数及间作模式

1.村片林间作型

经营目的：以生产民间建筑材——泡桐檩条材为主，兼生产大宗药材白芍及其他经济作物。檩条的规格要求：小头直径 12～16 cm，长度 3.5 m 或 7 m。采取栽植密度大、管理集约高和轮伐期短的经营方式。泡桐栽植密度以 3 m×4 m～4 m×5 m 为宜，而白芍的株行距大多为 0.5 m×0.67 m。一般泡桐 5～7 年生，最快 4 年生就可达到檩条材标准。白芍 5 年生起挖利用，为以短养长，充分利用幼龄时的空隙地，栽培后前 3 年在白芍行间还套种油菜（*Brassica napus*）、蚕豆（*Vicia faba*）、蒜（*Lycoris anhuiensis*）、苔菜（*Brassica campestris*）、生姜（*Zingiber officinale*）、蔬菜等作物，3 年后由于泡桐树冠的遮阴，白芍覆盖度扩大。套种一般农作物产量很低，而改为套种白芍小苗，从而缩短了连作白芍的收获周期。5 年生泡桐每公顷材积生长量 10.5～13.5 m^3，白芍年平均产量 1 575～2 160 kg/hm^2。按市场收购价计，仅此两项每年每公顷的产值达 8 520～31 500 元，比一般栽培农作物的产值要高 4～6 倍。

2.大田间作型

经营目的:以生产药材为主,兼生产大、中级商品材和粮、油、棉等农产品。桐木要求节干长、通直无节,如桐木高 6 m,小头直径 40 cm 者称“铭木”,其价格比一般桐木高 3~4 倍。泡桐栽植的株行距以 5 m×20 m~5 m×40 m 为宜,下层白芍栽植的株行距大多为 0.5 m×0.67 m,一般泡桐 10 年左右采伐,而白芍 5 年挖收,故一茬泡桐可间作两茬白芍。为减小对粮食生产面积的影响,第一茬白芍(前 5 年)种植于泡桐行两侧,宽 4~8 m,呈窄带状配置,带间宽 16~32 m,以种农作物为主。后 5 年随泡桐树冠的伸展,树下减产区的增多,适当扩大第二茬白芍栽种面积,栽植带宽为 8~12 m,带间 12~18 m 处仍可间种农作物。由于农作物配置在农桐间作的有效增产区,故其产量比未间作区要高。据调查,泡桐密度 5 m×20 m,5 年生胸径达 18.0~22.0 cm,材积生长量为 1.785~8.405 $m^3/(a \cdot hm^2)$,随着年龄增长,材积生长将会直线上升。此种密度下栽种的第一茬白芍,一般立地条件下的产量为 11 700~16 570 kg/hm^2,而在疏松、肥沃的沙土和两合土上可高达 30 000 kg/hm^2 以上。单白芍的平均产值 7 950~22 950 元/$(a \cdot hm^2)$,比一般农作物产值高 2~6 倍,但白芍忌连作。

(三)优良种和品种选择

泡桐以选择冠稀、干型好的兰考泡桐为宜,白芍选择质优、高产的“线条”“蒲棒”品种为好(白芍分为“线条”“蒲棒”“鸡爪”和“麻茬”四种)。

二、沙区综合治理模式

(一)概述及意义

土地荒漠化是当今世界十大环境问题之一。联合国环境署的报告表明,全球 9 亿人口受到荒漠化的影响,1/3 的国家和地区受到荒漠化的威胁,全世界每年因荒漠化造成的经济损失达 400 多亿美元。我国是一个荒漠化严重的国家,荒漠化土地面积 262.2 万 km^2,占国土总面积的 27.3%,并每年仍以 2 460 km^2 的速度不断扩展。安徽省是受风沙化危害的省份之一,根据 1994 年全省风沙化土地普查,全省沙区面积达 1 165 万亩,主要分布在砀山、萧县、亳州、太和、界首 5 个县(市)的 118 个乡(镇),其中风沙化土地面积 193.3万亩,占沙区总面积的 16.6%。从沙区社会经济发展情况看,目前仍以耕作农业为主,是工业基础薄弱、生态环境脆弱、经济发展滞后、人民生活水平较低的地区。除自然和历史因素外,造成安徽省土地大面积荒漠化的主要原因是人口剧增、植被破坏、长期不合理的耕作方式、水资源不合理利用等。经多年努力,目前,在局部地区有所控制和改善,但治理任务仍然相当艰巨。为此,研究和探讨沙区治理模式,对改善沙区生态环境,发挥沙区土地生产潜力,促进沙区经济发展,加快沙区脱贫致富全面建成小康社会都具有十分重要的意义。

(二)自然条件

沙区属暖温带半湿润季风气候,年平均气温 14~15.3 ℃,年日平均气温>10 ℃的活动积温在 4 600~1 885 ℃,极端最高气温 42.9 ℃,极端最低气温-24.3 ℃。年太阳辐射量可达 125~130 $kcal/cm^3$,是全省太阳辐射最优越的地区。年日照时数为 2 100~2 500 h,无霜期 200~220 d,年平均降水量 750~900 mm,主要集中在夏季。具有春季回温早、日照充足、温差大的特点。气候条件优越,适宜多种作物和林、果生长。

沙区主要集中分布在黄河故道及其支流周围,为黄泛冲积平原区,地势相对平坦,海拔多在 15~46 m。土壤主要为富含碳酸钙的近代黄河沉积物母质形成的潮土类,近河相为沙土,远河相为黏土,质地由沙壤向黏壤逐渐过渡。土壤质地较好、肥力较高,加之本区水利设施较完善,水源较为充裕,沙化土地大都是泡桐、杨树、苹果、酥梨等林木生长最适地区,因而具有较高的开发和利用价值,治理开发潜力很大。

(三)沙区综合治理成效

各级领导一直重视沙化土地的治理开发工作,从 20 世纪 50 年代起就着手进行黄河故道的整治改造工作,营造防风固沙林。改革开放后,继续发扬艰苦奋斗的精神,坚持不懈地开展植树造林、兴修水利、改造沙荒攻坚战,取得了显著成效。沙区各县先后达到部颁北方平原绿化标准,萧县还荣获"全国治沙先进单位"的称号。1991 年,沙区各县制定了 10 年治理与开发规划,并把沙化土地治理开发作为振兴当地经济和帮助群众脱贫致富工程纳入到国民经济发展规划和政府工作日程中。沙化土地治理工作实施以来,安徽省共完成治沙造林13.1万亩,低产田改造 5.2 万亩,水面开发利用 1.3 万亩,沙区治理工作已初见成效。

各地在沙区治理与开发中涌现了一批先进典型和样板。如萧县酒店乡丁庄村,昔日是有名的"生产靠贷款,花钱靠救济,吃粮靠供应"的"三靠村",通过沙区治理,大力发展经果林,而一跃成为"全省农林奔小康先进村"。亳州市十九镇园艺村治沙造林,栽植的果树变成了"摇钱树",1994 年水果产量 225 万 kg,仅此一项,人均收入 3 500 元,走上了小康路。砀山县在沙区治理上,大力发展水果,全县经果林达 60 万亩,水果年总产 2.4 亿 kg,年产值 5 亿元,成为县重要经济支柱,并跻身"全国水果百强县"行列。这些先进典型,为沙区治理与开发起到了示范、带头和辐射作用。同时也为沙区治理与开发积累了宝贵经验。

沙区拥有 14 个国营农林场,近百个乡村集体林场,这些组织在沙区营林生产、治理开发研究、新技术推广和服务等方面都奠定了坚实基础,提供了有力的技术保证,使沙区治理与开发形成了以国营农林场为骨干,国营、集体相结合;以科研为先导,科研、生产相结合的格局。

(四)治理开发规划设计

1.治理开发的目标和原则

根据安徽省沙区的自然环境和社会经济条件,沙区治理开发应紧紧围绕林业第二次创业建设比较完备的生态体系这一目标,坚持"以减少风沙危害为目的,以植树造林为基本措施,因地制宜,综合治理和开发沙区"的指导思想。依靠科学技术进步,动员全社会力量,努力改善沙区脆弱的生态环境和落后的经济状况,实现环境治理与经济发展相协调,推动沙区各项工作全面发展。

在具体实施中,要本着"统一规划,分步实施,先易后难,先近后远,治理与开发利用相结合,生物措施和工程措施相结合,生态效益和经济效益相结合,突出重点,讲求实效"的原则,做到治理一片,巩固一片,开发一片,受益一片。

2.综合治理和开发的规划设计

根据安徽省沙区普查结果，全省沙区在治理开发布局上，要突出砀山、萧县北部和黄河故道两岸重点地区的防治；加大黄河故道南部沙区的治理与开发；充分利用黄河故道及支流水利等自然资源。①在砀山、萧县北部和黄河故道两岸风沙化危害严重地区大力营造大型防风固沙林，建设小网格农田防护林，巩固和完善现有农田林网，加速平原绿化步伐，初步建成一个以农田林网为主体、沟路渠为骨干、网带片相结合的区域性防护林体系。同时，结合水利建设和农业综合开发等项目建设，挖渠打井，埋设暗管，引水治沙，水旱交替耕作，实现改良土壤，增强土壤保水蓄水能力和抗风蚀能力，提高粮食产量。②在黄河故道南部风沙危害较轻地区，在完善农田防护林的同时，根据区域光、热、土等资源优势和经济特点，围绕增资源、增活力、增效益，积极发展以酥梨、苹果等为主的“一优两高”经济林基地和以中药材为主的药材基地，实行立体开发，提高复种指数，建立林粮、林果、林药、林菜等多功能复合生态系统，形成主体开发良性循环的经营模式，实现由过去单一生态型向生态经济型转变，使沙区尽快绿起来、活起来、富起来。③对淤塞严重的黄河故道及其支流，进行疏浚、清理，充分利用水资源，发展水产和养殖业，在堤坡上营造乔灌混交防护林，向外辐射，实行农、林、牧、渔综合开发，实现“一带荷花笑，一带苹果红，一带鱼儿跃，一带稻花香”的治理模式。

三、泡桐檩条林复合经营模式

太和县农民从 1973 年开始在颍、茨、谷等河流域的沙壤土、两合土和黄泛影响区的淤土、沙淤土上发展泡桐檩条林，目前已有 7 万余亩。特别是该县李兴镇、清浅镇、赵庙镇、大庙集镇、双庙镇等 5 个镇，以泡桐檩条林为主的环村林迅速发展普及，几乎村村、户户营造了檩条林，造林面积达 2.5 万亩，蓄积量达 1.5 万 m^3，价值约 1 050 万元，每年为社会提供 1 500 m^3 檩条用材。李兴区的泡桐檩条材除自给外，还远销河南、山东、江苏等地，该地每年木材交易近 1 000 m^3，交易额达 30 万元以上。

(一)泡桐檩条材的培育

1.造林时间

以春植为宜(3 月中上旬)，也可秋末带叶栽植。

2.造林方法

多采取小苗定植平茬法。造林前，冬翻冻土，精细整地，施足底肥(以厩肥和土杂肥为主)，小苗定植时，要挖大穴，深挖穴(0.7 m×0.7 m×0.7 m)，浅栽植，高培土。

3.高干苗的培育

(1)及时打顶，培育粗矮的壮苗，为获得第二年平茬后高干壮苗奠定基础。

(2)“堆肥”憋芽，获得高干壮苗。在当年入冬时，每株进行施肥(以厩肥为主)，以保温防冻，促其根部生长，到翌年春季树液流动前平茬。平茬后及时“堆肥”30 cm 高左右，进行憋芽，这样萌发出的新芽粗壮，生长旺盛，当年高生长可达 5~6 m，地径生长可达 7~9 cm。

4.造林密度

根据当地民房建筑标准，檩材长 4 m，小头直径为 12 cm，栋梁材一般胸径 18 cm 以上，长 5 m 以上。根据农民对泡桐檩条林的栽培经验，其株行距以 2 m×4 m、3 m×3 m，密度 75～90 株/亩为宜。

为了有效地利用地力，在短期内收到较好的经济效益，采取株行距为 1 m×1.5 m 形式定植，第二年平茬，当年秋末冬初或次年开春隔行、隔株起苗出售，余下苗木即可以 2 m×3 m的株行距，密度为 110 株/亩，而成为檩条林，只要加强抚育管理，集约经营，5 年即可成材。

间种作物，以耕代抚，松土除草，间种小麦 3 年（也有间种蚕豆、大蒜），每亩每年收 200 kg，单价 0.5 元/kg，按平茬前造林密度 333 株/亩，第二年隔行隔株起苗出售，苗木单价 2 元/株，可起苗 250 株，檩条 75～90 株/m^3，每根檩条按 18 元市场价出售，再加上更新后，根枝每亩收入 100 元，1 亩泡桐檩条林平均年收入可达 478.80 元。

四、杞柳栽培及开发利用模式

（一）基本情况

杞柳为杨柳科柳属落叶灌木，又名红皮柳、笆斗柳、簸箕柳。杞柳在安徽省沿淮地区栽培已有 400 余年历史，特别是近几十年来，柳编生产迅速发展，产品出口逐年递增，柳编产品已成为该区域重要的出口创汇项目。例如，阜南县柳编品种达 300 余种，远销欧美等 20 多个国家和地区，创汇 6 000 余万元。该县黄岗柳编专业市场占地 1 万 m^2，现已成为皖、豫两省的阜南、颍上、固始、淮滨等县的柳编集散地，年交易杞柳白条 1 400 余万 kg，其中外贸 800 万 kg，内销 600 万 kg，从事交易人数达 1 万人次。全县有县办柳编厂 6 个、个体办柳编厂 70 多个，耿容、二郎等 20 个村柳编加工户达 5 万余户，从事柳编人员达 9 万余名。有 200 多户靠柳编人均年收入在 1 万元以上。既解决了当地部分剩余劳力的就业，又促进了农村经济的发展。

霍邱的姜家湖乡庆发湖工艺品有限公司（中外合资）和临水镇华安达工艺品有限公司（中外合资），年总产值超亿元，从而激发了当地群众从事杞柳生产的积极性，到 1997 年底，全县杞柳种植面积达 6.5 万亩，仅庆发集团柳编产业生产就覆盖沿淮 20 多个乡镇，辐射鲁、豫、浙、鄂、苏、闽等 7 个省，基本上形成了以贸易为中心，基地+工厂+农户为一体的农业产业化企业集团。产值、创汇、利税由建厂初的 5 万元、17 万美元、0.2 万元增加到 2001 年的 1.34 亿元、1 315 万美元、1 080 万元。产品由建厂初期的单一柳条编织品——花篮、吊篮、水果篮、食品篮等 400 多个品种，发展到铁艺、木艺、陶瓷、绢花等进出口业务，现有 20 000 多个品种，居国内同行业之首。主要远销美国、英国、德国、法国、日本、新加坡等 30 多个国家和地区，初步建立了稳定的产品销售渠道。不仅在上海、深圳等地成立了办事处和加工基地，而且在美国设立了窗口，拥有管理人员和技术骨干近 200 人，从事编织人员达 3.4 万人。2000 年公司被评为全国“双优企业”，荣获“安徽省乡镇企业出口创汇‘第三名’”“安徽省农业产业化 50 强企业”“省乡镇企业 50 强”“省民营企业 20 强”，连续 4 年被省政府授予“明星企业”称号；被农业部等八部委授予“农业产业化国家重点龙头企业”。

（二）分布

杞柳在安徽省主要分布于阜南、霍邱、颍上等县的沿淮行蓄洪区、低洼地和路旁、沟旁、堤旁。栽培品种有大白皮、大青皮和红皮柳三个，以大白皮为最好。柳条粗细均匀、洁白，韧性好，与微山湖、永定河等产区柳条相比，耐折、耐扭绞，既可作“经”，又能作“纬”，是出口工艺品的好材料。

（三）生态特性

杞柳喜光和比较耐寒、耐旱、抗涝，喜生于平坦的河湖冲积而成的淤泥土上，尤其在湖区“夜潮土”上生长特别良好。

杞柳在清明前开始萌芽生长，先花后叶，高生长在5～7月为速生期，7月底平均高生长1.9 m，立秋封顶，高生长暂时停止；由立秋到处暑之间大约10 d时间，有一个二次高生长阶段，一般高生长20 cm左右。到秋分前后叶子逐渐落光，高、径生长都基本停止。杞柳生长的快慢和更新时间与品种、立地条件和管护水平有密切关系，立地条件好、肥水充足，杞柳枝条细长且匀称，适于编织，工艺价值高，15～20年生长仍良好。

（四）造林

杞柳繁殖以扦插为主。选用1年生芽饱满、无病虫害、粗1 cm左右的健壮枝条作插条。造林时截成15～20 cm的插穗，剪口要光滑，不要劈裂。

（1）杞柳多采用全垦带状造林，耕深25 cm左右，耕后清除草根耙平。带宽因地和割条作业方式而定，一般宽60～100 cm，栽植4～6行，株行距根据经营目的调整，枝条用于编织，造林可采用密植型，株行距定为10 cm×（20～25） cm，每亩插穗2.2万～2.6万根，亩需种条200 kg左右。枝条细而匀，当年可产青条1 250 kg/亩。

（2）栽植时间多在清明前，也可在冬至和立春之间插条造林，最迟不能超过雨水。

基肥一般采用亩施农家肥200担，或翻耕耙平后亩施复合肥50 kg。追肥多采用尿素和碳铵，年施2次，4～5月亩施尿素20～30 kg，8～9月亩追施尿素10 kg；4月和6月各采取人工除草一次。

（五）病虫害防治

杞柳在沿淮地区病害较少，多为虫害，危害严重的梢部害虫有一点钻夜蛾、弯月小卷蛾和杞柳瘿蚊；叶部害虫有柳沟胸跳甲、盗毒蛾、叶螨等；根部害虫为地老虎。尤以杞柳瘿蚊危害最为严重，发生重灾区年降低产量达30%，导致杞柳枝条发杈，严重降低了工艺品质。除加强营林技术措施和做好虫情监测外，对枝梢害虫在成虫期使用1 000倍80%敌敌畏或2 000倍敌杀死液；叶部害虫主要在幼虫期喷施40%乐果和80%敌敌畏混合液1 500倍效果较好。

（六）杞柳条收割

柳条收割季节各地不同，一般在二伏至立秋之间选晴天早晨收割，并及时去皮晒干存放，以免白条发霉或变色。收割时留茬高2～3 cm。这种收割方法会萌发新条，俗称“柳毛子”，消耗养分很大，影响产量，一般只能连续割条2～3年，第四年应改为冬初割条，以恢复树势。也可全为冬初割条，但收割的柳条应及时捆扎放入60～70 cm深水塘里，以免干枯。春节后天气变暖，再移到15～20 cm深的浅水中，待3月柳条萌芽时，趁晴天上午及时脱皮晒干，堆放在干燥通风处即可。

（七）杞柳加工

主要采用两种生产工艺流程：一是“青条、剥皮、晾晒—破条—编织—熏色—染色—

晾(烘)干—包装”;二是“青条—蒸煮—剥皮—晾晒—编织—包装”。较常采用的是第二种流程,因其青条蒸煮后,柳条为自然枣红色,不需染色喷漆,为纯天然产品,在国内外市场备受青睐。

五、天长市平原水网地区生态林业模式

(一)特征

天长市地处皖东丘陵边缘,高邮湖畔,属平原水网地区,滩多(1 333.3 hm^2),河渠纵横,大小水库星罗棋布。针对这一宜林特点,从 1977 年开始引进耐水树种池杉后,加速该市平原圩区绿化的发展和生态林业的开发。目前有成片林 2 733.3 hm^2(其中池杉、水杉 1 000 hm^2);农田林网 35 333.3 hm^2;村片林 8 666.7 hm^2;“四旁”树木总量 2 465 万株,人均 45 株,其中池杉、水杉 800 万株;有林地总面积 16 866.7 hm^2,林木覆盖率达 10.6%,立木蓄积量 33 万 m^3,人均 0.6 m^3。1988 年被评为“全国平原绿化达标县”。

2010 年全市森林资源基础数据:①林地资源现状。林地总面积 2 420 hm^2,其中有林地 2 080 hm^2,疏林地 3 hm^2,灌木林地 13 hm^2,未成林地 65 hm^2,迹地 61 hm^2,宜林地 196 hm^2,“四旁”占地折合面积 27 606.30 hm^2;林木绿化率达 16.77%。②森林资源各类林木蓄积状况。活立木总蓄积 128 726.42 m^3,其中森林蓄积量 263 800 m^3(乔木林 260 300 m^3、经济林 3 500 m^3),竹林 0.53 万株,疏林蓄积 30 m^3,“四旁”树蓄积 1 024 096.42 m^3。

(二)四个系统六种模式

1.林农牧复合系统

即在成片丰产林内根据不同的造林密度和经营措施,实行林粮结合、林禽结合,幼林郁闭后,改林间放养禽(鹅、鸭、鸡)和羊以及间种药材。该系统每亩年纯收入可达 367.48 元,为一般林分的 2~3 倍。其主要结构变化见图 5-13。

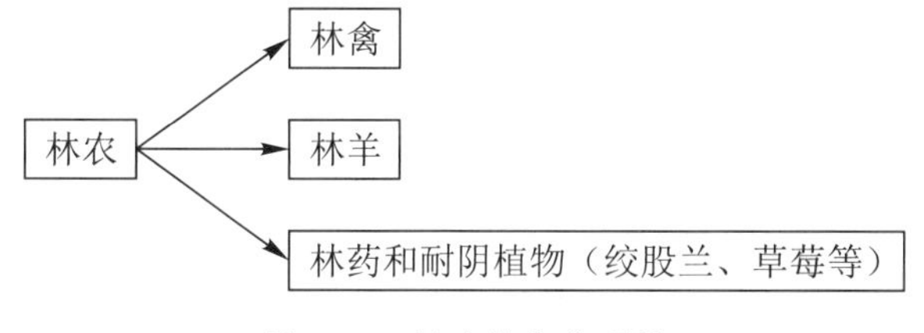

图 5-13　林农牧复合系统

2.池杉与稻麦间作

间作方式有两种:一为田间型,即在农田内采用大株行距栽植一行或多行树木,密度 10~24 株/亩;二为埂边型,即在农田的边缘,田埂的下方间栽,每块田一行,株行距为 2~4 m,每亩 8~12 株。“埂边型”易被农户接受,可使农田增值 11.6%。

3.基塘生态系统

利用原理,一是复合体形成的生态作用对环境产生影响;二是复合体之间物质、能量转换,实现一定程度上的自我循环利用,达到节约成本、提高综合利用效益的目的。主要

形式有两种：

(1)桑基鱼塘。利用低洼地开挖的基埂栽桑，埂边种鱼草，埂旁建桑室，即通过“栽桑—养蚕—蚕沙—喂鱼—鱼屎—肥源—促进桑叶增产”来实现能量源循环。一般 8 kg 蚕沙可养 1 kg 鱼，正常经营水平每亩桑基养蚕所产蚕沙可养鱼 30 kg，增产 270 元以上。

(2)果(杉)基鱼塘。利用鱼塘基埂栽果树或水杉、池杉，通过鱼塘养鱼产生肥源来增加基面有机质，促进果树丰产，树木速生。同时结合鱼塘边缘猪舍养猪产生的猪粪尿参与生态循环，补充基面能量不足，形成资源多次利用、各业协调发展的新格局。

4.池粮鱼复合经营型

利用低洼易涝积水地带改建而成，其方式是“窄田、深沟、宽埂”，田与田之间皆以宽埂和循环沟相隔，水田种稻、边沟养鱼、埂上栽杉、树下套种农作物，形成了多层次主体结构的生产形式，农作物产量大幅度增加；水产品(放养鱼苗、育小蚌)平均每年每亩纯效益 1 236 元。

六、江淮旱地农林复合经营模式

(一)江淮旱地特点

安徽省江淮地区旱地有 17 余万 hm^2，占总耕地面积的 30%左右。这一地区地形起伏，冈冲交错，土壤黏重，耕作困难；四季分明，雨量充沛，“梅雨”明显，但雨量分布时空不均，暴雨后冈坡旱地“三跑”(跑水、跑土、跑肥)严重，“梅雨”过后，伏旱、秋旱连年发生，旱、瘦、荒严重地制约这一地区农业生产和农村经济的发展。江淮丘冈区历史上沿用一麦一杂(粮)、一年两熟的“越种越穷，越穷越种”的恶性循环的耕作制度，既不能保持水土，又不能增产增收，这种以种为主、以粮油为主、以大路货为主的农业结构已到了非调整不可的时候了，否则即使花几倍的力气(人、财、物)也难以收到理想的效果；相反，只要能留住地面水，调整好农业结构，节约用水，保水，旱地农业潜力更大。

(二)江淮旱地农林复合经营模式的突破口

为适应市场经济需要，发展江淮旱地高效农业应在优质前提下努力实现稳产、高产、低成本、高效益、可持续、大市场。发展江淮旱地农业的首选项目应该是经果林、苗木花卉和耐旱高效经济作物。

(三)措施

(1)挖塘。挖蓄水塘，留住地表水，非常重要。

(2)选用耐旱、耐瘠、优质、高效、适应性强的特大枣、金沙梨、黑山芋和节水、耐旱、高效的玉米(紫黑玉米)、瓜类、蔬菜、香椿等品种，合理安排茬口，避开旱季。

(3)经果林下可间种微型西瓜、蔬菜等复合经营模式。

(4)采用育苗移栽，地膜覆盖保墒，减少水分蒸发。

(5)使用生物有机肥、抗旱剂等改良土壤，增强作物抗旱性。

七、果树—秋苔干—小麦复合模式

也有采用果树—秋苔干—春苔干间作模式。对于人均耕地较少的地区，农民为了增加短期内的收入，常常采用果树—芍药—秋苔干类型。

八、水稻—水冬瓜农林复合模式

水冬瓜（*Almus cremastogyme* Burk.）是水稻田埂栽植的优良树种，根、叶富含氮、磷、钾等水稻必需的营养元素。据观测，每亩水稻田埂栽植水冬瓜50株左右，对水稻产量影响不大。稻田不施肥，不轮作绿肥，仍可保证水稻连年丰产。既减少化肥施用量，又可生产木材、薪柴，还能形成网状结构，增强农业抗逆功能，保障农业稳产高产。该系统分布于霍邱、六安等地，为江淮丘陵水稻产区的一种常见的复合模式。

九、板栗—茶叶—豆类、油菜复合模式

此复合模式适合山区坡度15°左右的水平梯地，梯地宜宽则宽，不窄于1.5 m，梯地外沿高于内侧20~30 cm，形成反坡，利于保水。板栗每亩30株。茶叶苗使用优良品种，穴距30 cm，在梯地外沿线向内10 cm处先打好播种线。水平带每隔80 m设一纵向排水沟。两梯之间外埂留好生草带以利保持水土。间种农作物一年两季，夏季种绿豆、黄豆、红豆，冬季种油菜、蚕豆。间种农作物时，应给板栗幼树留有1 m^2 空间，离茶叶树苗30 cm，使板栗、茶叶树苗、豆类互有生存空间，都有充分的光照。豆荚收获后，禾秸返回土壤。油菜只收获部分油菜籽，其余油菜在菜籽成熟前，进行深翻埋青，增加土壤有机质。

此种模式以耕代抚，不仅能提高土地利用率，增加农民收入，还能防止水土流失，改善林地肥力，促进幼林生长。

十、泊岗乡银杏果、叶、苗间作模式

银杏在明光市历史上只有零星栽培，20世纪50年代初治淮工程队在泊岗乡境内淮河堤岸堆土区集中栽植银杏200余株，1980年尚存约170株，虽然无人管理，但仍然枝繁叶茂，长势旺盛，且已有100余株挂果，经济效益显著。1989年，泊岗乡开始银杏人工连片田间栽培；1995年，明光市大面积栽植银杏，现营造面积达1.3万亩，计800余万株；栽植区域已由淮河北岸拓展到淮河南岸计10个乡镇和林场。经过多年实践，银杏果、叶、苗间作模式效益最为显著。现介绍如下：

在春季，首先用3年生实生银杏苗按株行距4 m×4 m定植，3年后嫁接；其次进行银杏播种育苗，株行距20 cm×12 cm，一部分为培育苗木出售，其余部分作为采叶圃经营。嫁接的苗木第四年亩产银杏果33.3 kg，收入2 220元，第五年亩产银杏55.5 kg，收入3 330元，加上出售苗木和银杏叶收入，每亩年均收入可达1.5万元左右。

此种模式以苗木、鲜叶、果实为主，收入高，长短结合。但前期投入大，集约经营水平高，推广应用时要统筹考虑，量力而行，最好能请专业技术人员指导。同时注意市场价格变化（最好与厂家签订合同制定鲜叶收购保护价），使农民真正获利。

第十二节　渔业防护林设计

一、淮河中游地区的渔业资源

在农业生态系统中，土地和水域都是农业的主要资源。若能保持地面、水面、肥料、种植业、养殖业与微生物之间的合理结构和内部联系，就能获得最大的产量和经济效益。因此，土地和水域都是重要的农业资源。

淮河中游地区主要湖泊有瓦埠湖、高塘湖、花园湖、女山湖等。水面所占土地的比例较大，赖以生存栖息的水生动植物种类繁多，与当地经济和生态环境形成了良性循环。如人们饲养的鸭、鹅、水獭、牛蛙等，需要适宜的水域环境。水生生物经济价值很高，如鱼、鳖、虾、蟹、贝、珍珠、菱、藕、荸荠(*Eleocharis dulcis*)等，为人们的食品或滋补营养品。同时水域边栽植的芦苇、荻、香蒲(*Typha orientalis*)、杞柳、池杉等，又是编织或轻工业的原料。因而发展水产养殖潜力巨大，尤其是人们为开发利用渔业资源而营造渔业防护林，这对护岸固堤、清洁水域、防止污染、保护水资源、维持生态系统平衡起到重要作用。

二、渔业防护林与保护渔业

水域的浮游植物是水域里的原初生产力，森林和林带又是维持动物生命的食物链的基础环节。渔业防护林的树木在进行光合作用中，吸进二氧化碳，放出氧气，除供陆生生物所需外，同时能溶解水中氧气，也是水生生物鱼、虾等生存必需的条件。林带树木和水域受太阳能的作用，产生蒸腾和蒸发与降雨，又能促进林地的贮水和供水，起到减少水土流失和调节水源的作用。

林带树木的枯枝落叶，经过微生物的分解，转化为可利用的有机物和无机盐类，一部分被土壤吸收而增加了肥力，另一部分随水源流入江河、水塘、水库等，增加了水域的营养物质，繁衍了大量浮游生物，提高了水体的原初生产能力，这对鱼类资源的增殖极为有利。

有林就有水。据研究，每亩森林可蓄水 260 m^3，如破坏 1 km^2 的森林，就等于毁坏了一个 5 万~20 万 m^3 库容的水库。而且有了渔业防护林的林带树木，也就增加了鱼饵和塘肥。林木多，落叶多，腐殖质也多；林木多，则虫多、鸟多、兽多，虫、鸟、兽的粪也增多。于是这些腐殖质，虫、鸟、兽的粪便也就随水流入水体，利于培养水质，鱼类资源随之增殖。

三、渔业防护林的营造知识

过去由于森林荒废，以致渔业资源也受到影响，为了今后合理地开发利用项目区的广阔水域，必须在努力营造综合防护林体系的同时，注意抓紧渔业防护林的营造。

(一)造林树种的选择及其意义

树叶中含有丰富的蛋白质，据研究，每 1 hm^2 的森林，能得到 1~2 t 的蛋白质。阔叶树的蛋白质含有 17 种氨基酸，其中含量最多的有谷氨酸、白氨酸、天门冬氨酸、苯丙氨酸、赖氨酸等，而白氨酸、苯丙氨酸和赖氨酸则是鱼类必需的氨基酸。如果能大量生产叶蛋白或叶绿素-胡萝卜素膏，则养鱼的精饲料就很容易解决了。

营造渔业防护林，应注意以阔叶树为主的乔灌混交林，避免营造单纯林，更不可营造单纯的针叶树种的渔业防护林。因为阔叶树比针叶树的林带有更浓密的树冠和密布的根系，并有易于腐烂的大量落叶等特性，其腐殖质的蓄水量也较高。

在池塘、湖泊、渠系、水库的堤岸或内坡的漫水地带营造渔业林时，宜采用耐水湿、有浓密树冠、树叶富于营养可充饲料的乔灌木树种，如旱柳、枫杨、白蜡、桑树、楝树、刺槐、杞柳、紫穗槐等，可以为鱼类创造良好的生活环境和条件，而利于渔业的发展。

（二）造林结合水生植物的培育

营造渔业防护林应与养殖水生植物相结合，以防水质污染。据曲仲湘教授研究，对注入滇池的多条水系，检查 1 119 个水样，其中 526 个水样检出了有毒物质，占总数的 47%，有毒物质包括 7 种有毒元素：汞、酚、氰、砷、铬、铅、氟。这些物质在自然净化水中是检验不出来的。这些被有毒物质污染的水域，对发展渔业将造成极大的损失。而水生生物资源的初级产物，也是生物生态系统中吸收毒物的开端。筛选抗毒性强和吸毒性强的水生植物种类，是维护湖水常清、保证水生生物繁茂的重要措施。常见的湖生植物芦苇、水葱（*Scirpus tabernaemontani*）、凤眼莲（*Eichhornia crassipes*）、香蒲等，可以在工业废水和生活污水中良好生长。其中水葱能吸收 17 种使鱼致死的有毒物质；水葱茎上含有蜡质，当水葱枯萎后仍浮在水面而易被清除，免使有毒物质重返水中，对水体的自净作用有良好效果。故在营造渔业防护林时，应结合水生植物的培育。

（三）桑基鱼塘

我国广东、湖南一带的桑基鱼塘，也是属于渔业防护林的一种固有的传统形式，如广东顺德县的鱼塘岸边，经常种植垂柳、楝树、落羽杉（*Taxodium distichum*）和香蕉（*Musa* spp.）等，作为渔业防护林。并在岸边的耕地专辟灌木、桑田和蔗田，以及种植水稻和其他作物。他们利用桑叶饲蚕，以饲蚕后的蚕沙（桑叶叶脉和叶柄以及蚕粪）撒入水中饲鱼，而鱼又受到岸边渔业防护林的保护，从而改善了生活环境和条件，也保证了水域的清洁和水质的提高，有利于水生动植物的繁衍，使渔业生产得以大幅度提高。据当地农民反映，一般鱼塘每公顷每年产鱼 5 100 kg，而桑基鱼塘则达 11 250~15 000 kg。

广东一带的桑基鱼塘的岸边防护林带规格多为单行林带，株距约 4 m，灌木、桑则多成片状栽植，株行距则 0.5~1.0 m 不等。

桑基鱼塘的系统性比较完整明显，如图 5-14 所示。

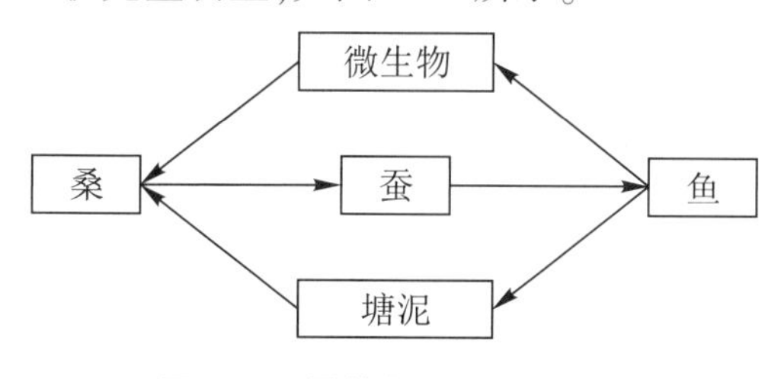

图 5-14　桑基鱼塘系统示意图

由于系统的各因素相互推动作用显著，如 1 亩桑树能产桑叶 2 000 kg，桑叶每 100 kg 可产蚕茧 8 kg，每 100 kg 干茧出生丝 10 kg，每 100 kg 桑叶得蚕沙 60 kg，每 8 kg 蚕沙可养活 1 kg 鱼。故桑基鱼塘既能提高渔业和副业生产，又能提高农民收入，这一措施深受国内外欢迎与重视。

第六章　绿化树种选择与造林技术

第一节　树种选择

在淮河中游绿化各林种营造工作中,树种选择当否,不仅影响幼树的成活及其生长,而且对各林种生态、经济、社会效益均具有决定性的意义。

在以往的平原绿化营造中,几乎千篇一律地采用某一树种作为造林树种。例如,淮北"四旁"植树,杨树就占总株数的47.9%;亳州泡桐栽植面积占林木栽植总面积的70%~80%,这样单一化地发展某一树种,既不能充分合理地利用光能、空间和地力,做到适地适树,也不能发挥多树种群体的功能作用,更谈不上满足社会对木材多方面的需求,甚至导致病虫危害严重,影响群众造林的积极性。单纯发展杨树的教训甚深,例如20世纪50年代的美杨、60年代的加杨、70年代的官杨、80年代的黑杨……。群众形容大官杨为"一断头,二弯腰,三是腰里背个包"。有的地方单纯地发展泡桐,甚至在低洼地和砂姜黑土区也大面积营造和进行农桐间作,结果呈现了泡桐"小老树"和受水淹而大面积死亡。因此,正确地选择树种是平原绿化各林种营造成败的关键。

一、树种选择的原则

平原绿化的树种选择,应根据平原绿化各林种的树种生物学和生态学特性,针对平原地区气候、土壤条件以及当地绿化的主要和次要目的进行综合考虑。一般应遵循以下基本原则。

(一)生态经济原则

就是要求所选择的树种,对造林地立地条件具有良好的适应性,能够取得较快的生长速度和较高的森林生产率,较少病虫害,较好的生物学和生态学稳定性。充分利用和发挥菌根树种的优势,改良土壤肥力状况,提高生态和经济效益。

(二)长短结合原则

早期速生树种与后期速生树种相结合,以便早日发挥平原绿化的生态效能;树种寿命长短结合,保持各林种的相对稳定性;经济效益长短结合,增强平原绿化的自身活力,经营管理及时,效益持久。

(三)多林种、多树种结合原则

首先应是多林种结合,才有希望全面改善平原农区生态环境,发展薪炭林,增加秸秆还田,改良土壤肥力状况,发展经济林,满足市场需求,增加农民收入等;多树种结合,避免单一树种的种种弊端,实行乔灌结合、针阔结合、常绿落叶结合、深根浅根结合。

（四）多用途原则

充分发挥树种资源的潜力，实行一林多用经营，提高经济效益，如刺槐为材薪两用林，桑树为材叶两用林，蜜源树种放蜂等，有目的地选择多用途树种造林。

（五）生态优先、科学营林的原则

坚持科学整地，注重水土保持，并注意保护造林地上已有的天然林目的树种、珍稀保护植物和古树等。

（六）适地适树、综合效益最大化的原则

造林树种选择既要尊重造林主体要求，也要适地适树，做到目标明确、生长良好、综合效益高。

（七）采用良种壮苗、遵重自然规律的原则

采用优质种质资源苗木，并根据造林目标和树种特性，选择造林方式、造林方法和造林模式。

（八）积极引导，建设健康森林的原则

优先选择乡土树种，实行多树种、乔灌搭配造林，避免大面积集中连片营造纯林。

根据上述树种选择的基本原则，现按不同林种确定选择造林树种的原则。

二、树种选择的标准

（1）用材林选用速生优质、用途广泛、具有丰产性能及出材量高的树种，也要注意选用珍贵用材树种。

（2）防护林选用防护效益高、生长快、抗性强，在劣等宜林地上生长稳定又具有一定经济价值的树种。

①农田防护林选用速生优质、根深叶茂、抗风性强、抗旱、耐寒、耐盐碱、耐水湿的树种，也应适当搭配窄冠、两侧根幅小，长寿和常绿树种，以及经济树种、果树。

②堤岸防护林选用生长迅速、耐水湿、耐盐碱、冠幅大、抗风浪性强、根系发达、萌芽力强的树种。

（3）薪炭林选用生长快、枝桠多、燃点低、火力旺、萌蘖力强，适于平茬更新的树种。

（4）经济林选用品质好、产量高、见效快的树种和品种。

树种选择除遵循以上标准外，还需要遵循一些普遍性原则：

（1）适地适树、适品种适种源。

（2）根据森林主导功能选择适合经营目标的树种。

（3）优先选择优良乡土树种。

（4）用外来树种。确需引进外来树种时，应选择经引种试验成功并符合国家标准《林木引种》（GB/T 14175—1993）规定的树种。

（5）对已引起地力衰退的速生树种采伐迹地，造林时应更换其他适宜树种。

安徽平原绿化不同类型区适宜造林树种见表 6-1。

表 6-1　淮河中游平原绿化区的主要乔、灌木树种

树种		主要特征	繁殖方法	淮北平原区		江淮丘陵平原区				沿淮平原区			
名称	别名			1	2	1	2	3	4	1	2	3	4
泡桐	花桐、河南桐	干直、生长快、喜水肥,不耐水淹,木材价值高,花、叶可作饲料	根蘖、种子		+			+	+		+	+	+
刺槐	洋槐	树高 20 m,生长快,根浅、发达、具根瘤,根蘖力强,耐干旱、瘠薄、盐碱和烟害,忌水湿	种子、根蘖	+	+			+	0	+	+	+	+
江淮1号杨		树形高大、干直、生长快,抗旱,较耐涝,抗风折、抗寒,抗褐斑病、锈病、溃疡病等叶部和皮部病害,对蛀干害虫有一定的抗性	插条		0			0	0	+	+	0	0
江淮2号杨		树形高大、干直、生长快,抗旱,较耐涝,抗风折、抗寒,抗褐斑病、锈病、溃疡病等叶部和皮部病害,对蛀干害虫有一定的抗性	插条		0			0	0	+	+	0	0
中皖1号杨		树形高大、干直、生长快,抗旱,较耐涝,抗风折、抗寒,抗溃疡病等,对桑天牛有一定的抗性	插条		0			0	0	+	+	0	0
中皖2号杨		树形高大、干直、生长快,抗旱,较耐涝,抗风折、抗寒,抗溃疡病等,对桑天牛有一定的抗性	插条		0			0	0	+	+	0	0
中涡1号杨		树形高大、干直、生长快,抗叶斑病和枝干溃疡病,耐水性强,有一定抗旱、抗寒性	插条		0			0	0	+	+	0	0
I-72杨		树形高大、干直、生长快,喜水肥,喜土壤深厚、疏松、肥沃、湿润,不耐水淹	插条		0			0	0	+	+	0	0
I-69杨		树形高大、干直、生长快,喜水肥,喜土壤深厚、疏松、肥沃、湿润,不耐水淹	插条		0			0	0	+	+	0	0

续表 6-1

树种		主要特征	繁殖方法	淮北平原区		江淮丘陵平原区				沿淮平原区			
名称	别名			1	2	1	2	3	4	1	2	3	4
I-63 杨		树形高大、干直、生长快,喜水肥,喜土壤深厚、疏松、肥沃、湿润,不耐水淹	插条		0			0	0	+	+	0	0
中槐	槐树、家槐、豆槐	树高 25 m,深根,稍耐阴,抗性较强,喜水肥,用途较广	种子、插条	+	+			+	+	+	+	+	+
臭椿	椿树、樗树、白椿	树高 30 m,生长较速,深根性,耐干旱、瘠薄、盐碱、病虫及烟尘	种子、根蘖	+	0			+	+	+	+	+	+
楸树	金丝楸、金楸、梓桐	树高 21～23 m,干直,生长较速,根深,稍耐盐碱,喜水肥,材坚实、耐腐,可供建筑、车辆等用,皮、叶、种均可入药	种子、插条、根蘖	+	+			+	+			+	+
侧柏	香柏、柏树、扁柏	高 20 m,常绿,耐干旱、瘠薄、轻盐碱,稍耐阴,喜水肥,不耐涝,用途较广	种子	0	0	0	0	0	0	0	0	0	+
白榆	家榆、榆树、钱榆	高 20 m,生长快,根系发达,抗寒、旱、风、盐碱,喜水肥,材质较好	种子	+	0			+	+			+	+
旱柳	柳树、河柳、江柳、红皮柳	树高 20 m,生长快,根深,耐旱、水湿,较耐盐碱	插条、种子	+	0			0	0			0	0
枫杨	大叶柳	树高 20 m 以上,生长快,深根性,耐湿,喜水肥	种子		0			0	0			0	0
苦楝	楝树	树高 20 m,生长快,适应性较强,较耐寒、碱,喜水肥	种子	+	0			+	+			+	+
桑树	家桑、桑树	树高 15 m 左右,生长较快,耐干旱、瘠薄、盐碱,喜水肥,不耐涝,叶饲蚕	种子、嫁接	+	0	+	0	0	+	0	0	0	+
法桐	英国梧桐、二球悬铃木	树高 35 m,生长快,适微酸—中性肥沃湿润土壤	插条、种子	+	+			+	+		+	+	+
香椿	红椿	树高 25 m,生长快,较耐水湿,喜水肥,叶食用	种子、根蘖		+			+	+		+	+	+

续表 6-1

树种		主要特征	繁殖方法	淮北平原区		江淮丘陵平原区				沿淮平原区			
名称	别名			1	2	1	2	3	4	1	2	3	4
乌桕	乌树籽、柏子树	树高 20 m,生长较快,抗风,较耐湿、盐碱,适应性较强,木本油料树	种子、嫁接	+	+			0	0		+	+	0
铅笔柏		常绿乔木,适应能力强,耐干旱、炎热及寒冷气候,是制造高级铅笔杆的材料,寿命长、无病虫,是优良绿化树种	种子、扦插	0	0	△	0	0	+	△	0	0	+
银杏	白果、公孙树	树高 40 m,最古老的孑遗植物,树干端直,适应性强,喜光,不耐庇荫,深根性,种子食用和药用,优美观赏树种	种子	+	+			+	+	+	+	+	+
水杉		树高 39 m,干通直、美观,生长迅速,喜水肥,稍耐盐碱,材质较好	插条、种子		+			+	0	+	+	+	0
池杉	池柏	树高 20~25 m,生长快,冠窄而美,抗风、耐水湿,喜深厚、疏松、湿润土壤,材质好	种子、插条		+			+	0	+	+	+	0
梓树		落叶乔木,为速生用材树种,淮北及江淮丘陵、平原地区房前屋后栽植很普遍		+	+			+	+	+	+	+	+
马尾松	青松、山松	树高 30 m,常绿,根系发达,耐干旱、瘠薄,喜微酸性,材质较好	种子			0	0	+		0	0	0	
火炬松	火把松、大德松、台大松	树高 30 m,常绿,干直根深,耐干旱、瘠薄,抗水湿、盐碱,较抗虫,材质较好	种子			0	0	0		0	0	0	
湿地松		树高 30 m,常绿,干直、根系发达,抗风力强,耐干旱、瘠薄、水湿,材质好	种子				0	0		0	0	0	
江南桤木	水冬瓜	落叶乔木,有根瘤可肥沃土壤,增加氮素,木材可供家具、水桶用材	种子		+			+	0	+	+	+	0

续表 6-1

树种		主要特征	繁殖方法	淮北平原区		江淮丘陵平原区				沿淮平原区			
名称	别名			1	2	1	2	3	4	1	2	3	4
栓皮栎		树高 30 m,喜光,萌芽力很强,深根性,耐干旱,我国特有的贵重经济树种和用材林、薪炭林树种	种子	0	+	0	0	0		0	0	0	
麻栎	橡树	树高 25 m,生长快,根系发达,萌芽力强,耐干旱、瘠薄,抗风、防火、护坡保土,叶饲柞蚕,喜光,不耐阴	种子	0	+	0	0	0		0	0	0	
小叶栎	栎子树、橡树	高 30 m,干直,喜光,根深,耐干旱、瘠薄,萌芽力强,优良的材薪两用树种,种子可酿酒、做豆腐等,壳制栲胶,造林、绿化用	种子	0	+	0	0	0		0	0	0	
青檀		落叶乔木,树高 20 m,我国特产,为喜钙树种,耐干旱、瘠薄,树干凹凸不圆,萌芽力强,是制造宣纸的原料	种子	+	+		+	+	+	+	+	+	+
黄连木	黄楝树、石连	高 30 m,深根,萌芽力强,抗风,耐干旱、瘠薄,经济、用材树种及“四旁”绿化树种,叶、根可作农药		+	+		+	+	+	+	+	+	
毛楝		树高 6~14 m,木本油料和良好的用材树种,喜光,深根性、须根发达,萌芽力强,能耐 −23 ℃低温和 43.4 ℃高温		+	+		+	+	+	+	+	+	
榉树	大叶榉	是珍贵的硬阔叶用材,树皮纤维强韧,可供造纸及人造棉的原料,耐烟尘,抗风力强,为绿化和防护林树种		+	+			+	+		+	+	+
木瓜		落叶乔木,梨果芳香,供药用,可镇咳镇痉、清暑利尿		+	0	+	+	+		+	+	+	

续表 6-1

树种		主要特征	繁殖方法	淮北平原区		江淮丘陵平原区				沿淮平原区			
名称	别名			1	2	1	2	3	4	1	2	3	4
枳椇	拐枣	落叶乔木,木材作家具及装饰用材,果梗肥厚肉质,味香甜可口,生食或酿酒,浸酒可治风湿,生长快,为优良的绿化树种		+	0	+	+	+	0	+	+	+	0
刚竹		竹秆高 10~14 m,抗性强,耐低湿,在 pH 值 8.5 左右亦能生长,竹材坚硬		+	+		+	+	+	+	+	+	
桂竹	小麦竹	竹高可达 16 m,抗性较强,材质坚韧,用途广,笋可食,是“南竹北移”的优良竹种		+	+		+	+		+	+	+	
淡竹	红淡竹、花秆淡竹	竹秆通直,高 4~15 m,成材早、产量高,适应性强,能耐一定程度干燥瘠薄和暂时流失浸渍		+	+		+	+	+	+	+	+	+
水竹		用途广,是“四旁”绿化、“南竹北移”的优良竹种,淮河以南溪沟边广泛分布,秆高 5~6 m,供编凉席等			+			+	+		+	+	+
杞柳	簸箕柳	树高 4 m,根系发达,枝条细长柔软,耐旱、抗涝,稍耐盐碱,组织原料		+	0		+	+	0	+	+	+	0
河柳		萌发力强,枝多,可作“四旁”绿化及护岸树种,木材供建筑、家具用		+	+			+	+		+	+	0
柿树		高 10~15 m,根系发达,适应性强,稍耐盐碱,果食用	嫁接、种子	+	+			+	+		+	+	+
枣树		高 10 m,根系发达,耐旱、涝、盐、碱、热、寒,重要干果及药用	根蘖、嫁接、种子	+	+		+	+	+	+	+	+	+
板栗	栗子	我国特产的优良干果树种,抗旱、耐涝,抗病力强,喜光,深根性,栗果营养丰富,可鲜食、炒食,木材供建筑用	种子、嫁接	+	+		+	+		+	+	+	

续表 6-1

树种		主要特征	繁殖方法	淮北平原区		江淮丘陵平原区				沿淮平原区			
名称	别名			1	2	1	2	3	4	1	2	3	4
石榴		安徽怀远石榴最为著名,萧县、濉溪、砀山均盛产软籽石榴、玉石籽石榴、玛瑙石榴等,庭院、间作	扦插	0	0	+	+	+		+	+	+	
核桃	胡桃	重要的木本油料和用材树种,喜光,不耐湿热,耐干旱、瘠薄,深根、长寿,是绿化庭院、道路的好树种	种子	0	+		+	+		+	+	+	
柽柳	红荆条、三春柳	萌蘖力强,很耐盐碱,耐旱、湿、风和沙,条编织	种子、插条	+	0		+	+	+		+	+	
花椒	秦椒、凤椒	生长较快,根系发达,适应性较强,经济树种	种子	+	0	+	+	+		+	+	+	
樱桃	中国甜樱桃	樱桃在我国栽培历史悠久,安徽省太和县在唐、宋就有樱桃栽培,品质极佳,曾为明朝贡品,品种有大鹰嘴、金红等	分根、扦插、组织	+	+			+	+	+	+	+	
山楂	山里红	耐干旱、瘠薄,适应性强,果食用和药用	种子、嫁接	0	0	+	+	+		+	+	+	
紫穗槐	棉槐、紫花槐	灌丛,生长快,较耐干旱、瘠薄、盐碱、水湿,可改土、编织	种子、根蘖	+	0		0	0	0	0	0	0	0
白蜡	蜡条、水白蜡	萌芽力强,生长较快,抗旱、耐盐碱,喜湿、耐涝	种子、插条	+	+		+	0	0	+	+	0	0

注:"0"广泛采用,"+"在一定条件下采用,"△"试用。

第二节　造林技术

一、造林的整地

为提高绿化造林成活率,促进林木生长,除按不同立地条件选择适宜的树种和良种壮苗外,造林整地方式妥否,则是影响造林质量的关键性技术之一。

通过造林整地,可以改善土壤结构和通气状况,消灭或减少杂草和害虫,改善林木生长的立地条件,从而可以提高造林成活率和幼林的生长速度。

(一)整地方式

整地方式应根据造林地的环境条件不同而有所不同。在平原绿化造林整地中,主要有全面整地和局部整地两种方式。地形平坦或稍有起伏的造林地均可采用全面整地;在立地条件比较恶劣的地段,诸如风蚀沙地、起伏较大的丘陵坡地、盐碱地、水湿地以及作业条件(机具、劳力、时间)不具备的地方均宜采用局部整地的方式,局部整地又可分为带状整地和块状整地,其中块状整地更适于在上述各种不利条件下采用。

总体来说,整地应根据立地条件、林种、树种、造林方法等选择整地方式和整地规格,同时需注意:①保持水土,注重采取保水、保土、保肥的整地方式;②保护原有植被,山地或坡度大的地块造林整地,要做到山顶带帽、山腰系带、山脚穿鞋,不应采用全面整地、炼山等破坏原有植被的整地方式;③经济实用,采用小规格、低成本的整地方式,减少地表的破土面积。

(二)整地季节

整地季节是提高整地效果的重要环节,除沙地外,一般都要在造林前3个月进行整地,根据安徽省平原具体环境条件,最好在头年冬季整地,冻融晒垡,深翻出地表的底层土壤,经过冬季雪水浸渍、低温冻融和早春的旺伐处理,可使土体松散,土壤结构得以改善,缓解水气矛盾和消灭地下害虫。同时冬季整地正是农闲季节,并可与冬修农田水利结合进行。

(三)淮河中游绿化区主要地类的整地

安徽省平原绿化区的造林地,以土壤种类为基础,从整地角度出发,基本可以归为六大类型:潮土类(包括淤土、两合土、沙土及飞沙土等)、砂姜黑土类(包括黑土、黄土、白淌土、砂姜土、淤黑土等)、潮棕壤类(包括黄泥土、黄白土、淤黄土等)、褐土和褐潮土类(包括钙质褐土、褐土、褐潮土、山淤土等)、黄棕壤、水稻土类。

1.潮土类造林地的整地

潮土分布在淮北北部黄泛平原区和主要河流沿岸,其特点是地形比较平坦,成土母质是黄河泛滥沉积物,含有较多的石灰,所以具有石灰反应,呈微碱性,地下水埋深多在1~1.5 m、1.5~2.5 m不等,质地变化很大,由于质地不同,而使土壤养分、耕性及其他一系列性质产生很大差异,沙土及飞沙土土层深厚,质地疏松,其中的飞沙土和泡沙土造林难度大。高水位的易旱易涝,低水位的有机质含量低,干旱多风季节往往出现沙丘流动。两合土土壤结构良好,质地大致为轻壤-中壤,透水、保水性好,肥力较高,且地下水位较低,为黄海平原高肥土壤。淤土质地较黏重,为重壤-黏土,表层肥力较高,由于淤土层次复杂,地下水位高低不一。总的来看,本区土壤立地条件比较优越,不仅适宜于淮北各种树种生长,而且十分有利于林木达到速生丰产的目的,一般以穴状整地、带状整地为宜。潮土类可以随整地随造林。

2.砂姜黑土类造林地的整地

砂姜黑土广泛分布于临泉、涡阳、宿州市埇桥区(原宿县)和泗县一线以南、沿淮地区以北河间平原,其特点是:土体构造不良,土壤物理性状差、养分含量低,尤其是缺磷少氮,地下水埋深多在1~1.5 m,在农业耕作上的反映是:干时坚硬,湿时泥泞,耕性不良,适耕期短(3~5 d);砂姜黑土的矿物组成以蒙脱石为主,胀缩系数大,同时耕层粗粉砂含量高,有机质含量低,因而吸热性强,蒸发量大,雨后容易板结干裂,旱时产生裂缝,切断结构体单位之间毛管联系,地下水运行受阻,不能向耕层补给,而容易干旱。湿时又由于土壤膨胀系数大,封闭孔隙,加上犁底层透水性很弱,雨水难以下渗,同时地下水位又较高,稍大雨量土壤水分就达到饱和状态,而产生涝渍灾害。这种状况不仅恶化土壤条件,影响林木生长,而且也严重地影响土壤水、肥、气、热的协调。针对上述特点,结合冬季农田基本建设挖沟垫土、起台整地的工程措施,抬高造林地面、降低地下水位,并使台田沟与渠道沟相通,以利排水。通常在起台整地的基础上,再进行定点穴状整地和带状整地。穴的规格:穴径为 1 m,深 0.7~1 m。带状整地规格:高 30~50 cm,宽 50~70 cm,带面为栽植面。对于河堤、路基宅基可用块状整地。砂姜黑土以冬季整地最佳。据安徽省林业科学研究所在原宿县(今宿州市埇桥区)朱仙庄镇所做的不同整地时间、垫土厚度试验结果,冬季整地比春季整地 I-72 杨材积生长量提高 31.8%,侧柏提高 81.5%(见表 6-2)。所做的不同垫土厚度泡桐造林试验结果,山东白花泡桐在垫土 30 cm 上造林,平均胸径 15.7 cm,在垫土 60 cm 上造林,平均胸径为 22.3 cm,在垫土 80 cm 上造林,平均胸径为 23.0 cm,而在垫土 110 cm 上造林,平均胸径为 24.7 cm,比在垫土 30 cm 上造林胸径生长量提高 36.4%,单株材积提高 63.1%。

表 6-2　不同整地时间对造林成活率、林木生长影响

林带号	整地季节	穴的规格(m)	树种	成活率(%)	平均胸径(cm)	平均树高(m)	材积(m^3)	相对(%)
主 9 带	春季	1×1×1	I-72 杨	97	15	12.5	0.087 5	100
			侧柏	96	4.1	3.7	0.002 7	100
	冬季	1×1×1	I-72 杨	100	17	13.3	0.115 3	131.8
			侧柏	98	5.3	4.0	0.004 9	181.5

3.潮棕壤类造林地的整地

潮棕壤主要分布在沿淮岗地及淮北主要河流中下游沿岸的岗地,排水条件较好,地下水埋深 2~3 m,由于所处地形多为缓坡地,故土壤经常受到一定程度的侵蚀,在地形比较平缓的地方,虽然受侵蚀较轻,但土壤耕层的养分和黏粒也遭到不同程度的流失。潮棕壤一般不易受涝,但容易干旱,耕作层以下质地比较黏重,通气孔隙多低于 5%,甚至接近于零,故透水性很弱。针对上述特点,可采用带状整地和块状整地结合。穴的规格:1 m×1 m×0.7 m、1 m×1 m×1 m;带的规格:带宽 1 m 左右,深 25~30 cm。整地季节以头年冬季最适宜。

4.褐土、褐潮土类造林整地

褐土、褐潮土分布在淮河北部的低山残丘地区,其特点是:排水条件良好,无盐碱化现象,亦无内涝(除山间洼地外),但干旱比较突出,而且受到一定程度的侵蚀,尤其是褐土水土流失比较严重。褐土分布在山腰和山脚上坡,地下水埋藏较深(在 3 m 以上),地下水不参与土壤形成过程。土质黏重、瘠薄、缺乏水分、易于开裂,怕旱不怕涝,对林木生长不利,上为岩石露头或黑碎石土,下为褐潮土,一般分布在山脚缓坡地上,地下水埋藏较浅(1.5~3 m),地下水参与土壤形成过程。排水条件较好,一般怕旱不怕涝。土壤侵蚀较

轻。因此,土壤水分状况远较褐土为好,土壤的有机质含量和养分含量也高于褐土(指耕地)。针对上述土壤特点,为防止水土流失、保墒防旱,整地方法视山势而定,山脚以上石头多、土层薄,水土流失严重,可采用不规则鱼鳞坑整地方法,其优点是拦截客水,保持水土。山脚以下地势平缓,土层深厚,石块少,可采用块状整地。规格 1 m×1 m×1 m、1 m×1 m×0.8 m、0.7 m×0.7 m×0.6 m、0.8 m×0.8 m×0.7 m。若劳力和社会经济条件许可,采用等高梯田整地方法更好。整地季节以秋冬最佳。

5.黄棕壤类造林地整地

黄棕壤分布在低山、丘陵和阶地上,这里雨量充沛,夏季降水量约占全年降水量的40%以上,降水量超过 50 mm 的暴雨也以夏季为多,最大日雨量可超过 150 mm,易产生水土流失。针对上述特点,以等高带状整地和块状整地为宜。凡坡度在 20°~30°的坡地上,为了防止水土流失,可采用等高带状整地,带宽 1.5 m 左右,上下间隔 1~1.5 m。块状整地,适用于坡度在 30°以上,水土流失严重或石砾多、土层薄的低山、丘陵;穴的口径 50~80 cm,深 30~50 cm。

6.水稻土类造林整地

水稻土广泛分布在冲积平原和河网湖区。

堤岸滩地土壤成土母质较为简单,均为河流冲积物,土壤类型也较简单,洲地土壤存在的主要问题就是沙性过强、肥力低,地下水位多受河流水位控制,易旱易渍,应注意排水防渍,增强水、气、热协调性。

针对水稻土和洲、滩地的土壤特点及环境条件,可采用块状整地和垛田整地方式。

平田造林,需注意洲、滩地高程,造林前根据规划,在洲、滩地上设置纵横的水网系统与外河相通,以利于水利要求及降低地下水位。由宽窄、深浅不等的沟渠把洲、滩地分割成一定面积的方格田,然后平整土地、挖穴,规格:1 m×1 m×0.7 m、0.8 m×0.8 m×0.6 m。

垛田造林,主要用于地下水位较高的洲、滩地。主要的工程措施是开沟和筑垛抬田,即在田块中按设计要求开沟,把挖出的土向田块上堆垫,垛面高度为 50~80 cm,形成一种特殊形式的台田。垛沟典型的规格有:①沟宽 2~5 m,垛宽 10~15 m;②沟宽 5~10 m,垛宽 15~20 m;③沟宽 15~20 m,垛宽 20~40 m。垛田开挖工程中,要注意渠道与外河相通,内部与渠沟或垛沟相连,形成一个纵横交错的水网系统。垛沟可以养鱼,整地季节以冬季最好。

二、造林方法和季节

(一)造林方法

安徽省平原绿化的造林方法一般有植苗造林、直播造林、分殖造林三种,以植苗造林方法在生产上应用最广泛。

1.植苗造林

植苗造林就是在造林地上栽植带根的苗木。其优点是:造林后成林迅速,幼林具有较强的抗逆性。常用的苗木主要有实生苗、插条苗和移植苗;造林前必须对苗木严格选择、分级,壮苗的标准是:苗木茎干通直粗壮,高粗匀称,叶色正常,有饱满的顶芽(针叶树尤为重要),根系发达,无病虫害和机械损伤。凡不符合省颁 1~2 级苗木标准,不予造林。

但一块造林地或一条林带,应选用同一级的苗木,以保证林木生长整齐。植苗造林,从起苗、运苗到栽植,时间要越短越好,起苗后到栽植前要始终保持苗木的生活力和苗根新鲜,同时尽量减少苗木的水分消耗,并为栽后苗根尽快吸收水分创造条件。穴的大小和深浅,应大于苗木根幅和根长,栽植深度比苗木地径原土印深2~3 cm,栽植时先填表土,后填心土,分层覆土,层层踏实。苗正、根舒,穴面覆一层虚土。

不同类型苗木的栽植方法不同:①裸根苗主要采取穴植法,穴的大小应略大于苗木根系;②容器苗采用植穴,植穴应略大于容器规格,栽植时,应将不容易降解的容器取下;③嫁接苗造林,嫁接口平于或略高于地面(降雨较少地区可适当深栽)。

2.播种造林

播种造林也叫直播造林,主要有人工穴播和飞机播种两种方法。人工穴播,在已挖好的穴内,先填表土,整平踏实,将种子播入穴中,核桃、栎类、油桐等每穴放2~3粒,种子横放,距离均匀,马尾松、紫穗槐等每穴8~10粒。播种深度或覆土厚度一般为种子横茎的2~4倍,播后覆土轻踏,穴面覆一层虚土。这种造林方法省工,不经过育苗、运苗和栽植,造林成本低,幼苗对环境的适应性也强,但用种量较大,成苗前容易遭受鸟、鼠、虫害及杂草危害,故前2年抚育用工较多。

在交通不便的山区和集中连片的大面积荒山,可确定适宜的树种进行飞播造林。飞播操作技术按照安徽省林业厅(局)、省民航局制定的《飞机播种技术细则》实施。

3.分殖造林

分殖造林分插条、插干、分根和地下茎造林等方法,适用于无性繁殖力强的树种。

(1)插条造林。主要用于营造杉木及杞柳等。杉木插条造林要在清明前选用顶芽饱满、直径1 cm以上、长度50 cm以上的1年生萌条;插条下端削成马耳形,随采随插,入土深度为穗长的1/2以上。

杨、柳树插条造林,选1~2年生粗约1 cm的枝条,截成长50~70 cm。用铁锹挖深、直径各50 cm的穴,然后将插条放在穴内,覆土踩实,地面上只留1~2个芽眼。

(2)插干造林。主要用于杨树、柳树造林。插干选用2~3年生、直径2~4 cm、长2.5~4 m的苗干,插干下端用利刀削成光滑的马牙形或楔形。干旱沙地宜深插(70 cm左右),地下水位较高的地方浅插(50 cm左右),也可挖穴埋入土中,覆土后踩实踩紧。插干造林由于枝干粗大,幼树生长旺盛,这种方法多用于淮河、长江、湖岸防护林及村旁、水旁和行道树绿化。

(3)分根造林。主要用于泡桐、楸树、香椿等根部萌芽力强的树种。泡桐根部萌芽力特别强,用分根造林成活率高。秋季落叶后到第二年2月间,从泡桐育苗地或泡桐大树周围根部挖取种根,种根一般要求直径约2 cm,把种根截成15~20 cm长。为了造林时不致倒插,在截根的同时,把上头削平、下头削尖,便于识别上下头。早春把种根斜插在预先挖好的穴内,上端微露地面,并封土堆,保持土壤水分,插后如遇干旱,要及时浇水,在新芽抽出后,保留其中1株健壮芽。

楸树、香椿、漆树(种子发芽困难)分根造林,可依照上法进行。

(4)地下茎造林。主要适用于竹类。毛竹应选择1~2年生、胸径3~5 cm、分枝较低、竹节正常、枝叶繁茂、无病虫害的母竹,根盘的来鞭长30~40 cm、去鞭长40~50 cm,竹杆留枝 4~5 盘,鞭蔸要多带宿土,挖掘的母竹要快运快栽,远距离运输要包扎鞭根。栽竹要选择阴天进行,鞭要平展。覆土时近根部要紧,竹鞭两头要松,来鞭要紧,去鞭要松。栽植深度比老土痕稍深 3~5 cm。做到深挖穴、浅栽竹、下紧壅(土)、上松盖(土)。安徽省林科院于 1984 年在淮北宿州市埇桥区(原宿县)朱仙庄镇试验区(砂姜黑土类型区)河堤上,采用上述的栽竹技术,成功地栽植了白皮淡竹、五月季竹、甜竹、囡儿竹等 18 个竹种,成活率均达 98%以上。

(二)造林季节

造林季节适宜与否,对于提高造林成活率、保证幼林的迅速生长具有重要意义。按照树木生物学的要求,最适宜的造林季节应该是根的再生作用(生根能力)最强的时期。安徽省平原绿化区气候与土壤条件均有差异,加之绿化树种多样,各地区各有其最适宜的造林季节。春季是平原绿化主要造林季节,尤以 2 月中旬至 3 月中旬最为适宜。冬季少低温寒害,或春旱较严重的地区,可采用冬季造林。

一般来说,裸根苗造林主要选择春季,尤以 1 月中旬至 3 月中旬最为适宜,一般在 3 月底之前完成;带土球苗木和容器苗造林,除高温干旱或土壤结冻时期外,四季都可进行,但以雨季造林为佳;竹类造林,单轴型竹类可在生长缓慢的冬季或早春进行,合轴型竹类可在 1~3 月进行。

泡桐、杨树宜在春季栽植,直播、分根、截干、栽根造林可提前至冬季进行。常绿阔叶树及枫杨、苦楝等过早栽植容易枯梢的树种,应在接近萌芽时栽植。

第三节　针阔叶树种造林

一、泡桐(*Paulownia elongata* S. Y. Hu)

泡桐是我国特有的速生优质用材树种之一。种类多、生长快、成材早、繁殖易、材质好、用途广,经济价值高,而且是我国的外贸物资之一,也是华北平原地区适于农桐间作的一个优良树种。泡桐的叶、花、果既可作药用,又是良好的饲料、肥料。近几年来,淮北平原泡桐造林发展很快,其中以亳州栽培泡桐历史悠久,素有“桐乡”之称,系我国泡桐商品材基地之一,历史上就以“亳桐”优势产品,远销日本和东南亚各国。

(一)泡桐生物学特性

泡桐喜光、喜肥,对气候的适应范围很大,对土壤肥力、土层厚度和疏松程度反应非常敏感。只有栽培在土壤疏松、加强水肥管理的条件下,才能充分发挥其速生的特性。泡桐怕水淹,在黏重的土壤上生长不良,泡桐林地不能积水,否则就会造成死亡或严重根腐。

(二)泡桐的造林技术

1.泡桐速生丰产林技术措施

第一,应选择砂土、两合土和淤底砂土,土层深厚、质地疏松、保水保肥性能强的地方造林,做到“适地适树”。第二,定植时要施足底肥,每穴施腐熟的厩肥 50 kg、磷肥 1~1.5 kg(或腐熟饼肥 2.5 kg、磷肥 1~1.5 kg、麦糠 1.5 kg),施前和表土充分拌匀填入穴底。第三,良种壮苗。造林苗应选用干高 5 m 以上、地径粗 6~7 cm、通直、无节、皮色深绿光滑、无病虫害和根系完整的苗木,品种以兰考桐、“豫杂一号”、“豫选一号”为好。第四,秋季带叶栽桐,促进成活速生。10 月中旬至 11 月带叶定植泡桐,成活率高达 99%以上,新梢生长量均比翌年 3 月栽植的泡桐有较大的提高。第五,严把栽植关。栽植时要求大苗、大根(主根长 30 cm 以上,须根较完整)、大穴(1 m 见方),表、心土分放,大肥、栽后浇水和封大堆(地茎部培土 20 cm 高),做到栽后“摇不动”和“拔不掉”。造林密度,单行栽植,株距以 4~5 m 为好,双行栽植,株行距 3 m×(5~6) m 呈三角形排列,成片林,株行距多为(4~5) m×(8~10) m,每亩 12~20 株,10 年生可间伐一次,下剩一半可培养特级材,15 年生后采伐。第六,人工接干,培养优质良材(国际市场桐木干高 6 m、小头直径 40 cm 称“铭木”,每立方米售价 2 800 元以上,比一般桐木价格高 3~4 倍)。第七,摘除病枝,防虫保叶。

2.泡桐檩条林的造林方法

大多采取大穴浅栽、小苗平茬的造林方法,它比大苗定植的泡桐,其胸径年生长量快 73%,阜阳地区农民在长期实践中,摸索出一种堆肥整芽获得高干壮苗的好方法。具体做法是:在当年入冬时,每株进行施肥(以厩肥为主),以保温防冻,促进基、根部生长,到翌年春季树液流动前平茬,平茬后及时堆肥 30 cm 左右,进行憋芽,这样萌发出的新芽粗壮,生长旺盛,当年高生长可达 6 m 左右,地径达 7~9 cm。上述造林方法,能够达到以培养檩条为目的的标准无节良材。

造林密度,营造泡桐檩条林的目的是培育檩条,因此在栽植上多采用高密度造林,其密度都在 60~90 株/亩,株行距 2.5 m×3 m、2 m×4 m 和 3 m×4 m。如第二年平茬后间苗,也可改用 1 m×1 m、1 m×2 m,一般 5~7 年可做檩条。

3.泡桐农用林营造方法

据安徽省林科院于光明等研究员调查,总结间作模式如下:

(1)农桐间作。根据经营目的、立地条件及经济状况,大致可分三种形式:①宽行式农桐间作。经营目的:以农为主,以林促农。造林规格:株行距(4~6) m×(30~40) m,每亩定植 2~6 株。②片林式农桐间作。经营目的:林粮兼顾,既要提供商品材,又要生产一定的粮食及其他经济作物。造林规格:4 m×(6~8) m,每亩定植株数 20~28 株。③高密度的农桐间作类型。经营目的:以生产农用建筑材——檩条为主,并生产一定的粮食、油料和药材等经济作物。

(2)农、桐、果间作。此间作由泡桐、梨或桃、农作物或牧草三层结构所组成。具体配置为:1 行泡桐、2 行果树,再 1 行泡桐、2 行果树的相间排列。泡桐与泡桐间的株行距为 5 m×16 m,即每亩 8 株,果树与果树间的株行距为 8 m×8 m,二者行间种植农作物。此种间作在定植后前三年,因泡桐、果树属幼年时期,对农作物生长影响不大,故以农为主,以农促林、果。4~8 年,泡桐进入速生期,而果树则进入始花结果期,故以农桐为主,应采取措施促进泡桐基本成材(胸径达 24 cm 以上,单株材积 0.2~0.3 m^3,亩产桐木 2 m^3 以上)。8~12 年,此时果树进入盛果期,泡桐已严重影响果树生产,故必须伐去成材泡桐,以果农为主。12 年以后,随着果树冠幅的扩大,已严重影响农作物生长,此时应改种耐阴牧草,以果牧为主。安徽省水果产区——砀山县已营建 2 600 亩此类间作的样板林。

(3)桐药间作。以泡桐为上层、药用植物为下层的人工间作方法,在我国古代名医华佗的故乡——亳州等地,有悠久的栽培历史。栽培方法以村片林为主,大多采取较大密度、集约经营的措施,不仅生产了较优质的桐木,而且获得经济价值较高的药材。泡桐栽植的密度,一般株距 4~5 m、行距 6~10 m,即每亩 14~28 株,也有高达 30 株以上的,间作的药材有芍药、白术、亳菊、板兰根(*Radix isatids*)、红花、天南星(*Arisaema heterophyllum*)、山药(*Dioscorea opposita*)和薄荷(*Mentha haplocalyx*)等草本植物,还有牡丹、金银花等灌木及藤本植物。

(4)桐菜间作。此类间作大部分在房前屋后,在淮北庭园经济中占有重要位置,一般泡桐栽植密度较大,管理也较精细,不仅泡桐生长量大,且单位面积的经济价值也较高,间作的主要蔬菜有大白菜(*Brassica pekinensis*)、萝卜(*Raphanus sativus*)、大蒜、豌豆(*Pisum sativum*)、蚕豆、生姜、芋头、黄花菜、山药等。

以上间作适宜于淮北平原北部潮土类的沙土、两合土及红淤土等地推广,不适宜砂姜黑土应用。在不影响粮食生产的前提下,发展多种经济作物,故在粮棉产区应以推广"宽带行农桐间作型"为主。黄河故道及西北部的黄泛平原要建立泡桐的商品林生产基地,需营造一定规模的泡桐速生丰产林,在风沙危害严重、地多人少,尤其在河堤、村旁,可采用"片林式的农桐间作型"。当地农用建筑材料缺乏,而且群众又有利用桐材作檩条习惯的地方,可推广一定面积的檩条林(高密度农桐间作类型),如涡河、颍河两侧。水果产区,为扩建水果生产基地,可试验推广"农、桐、果间作类型"。中药材产地可推广"桐药间作类型"。"桐菜间作类型"适宜于房前屋后、村庄四周或蔬菜生产基地采用。

(三)泡桐主要病虫害

为害泡桐的主要病虫害有泡桐大袋蛾、泡桐丛枝病、泡桐炭疽病、泡桐叶甲等。

二、刺槐(*Robinia pseudoacacia* L.)

别名洋槐,落叶乔木,原产北美东南部,世界各地都有引种,我国自 20 世纪初开始引种于青岛,目前国内栽培地区很广,但以黄河中下游、山东青岛、辽东半岛及淮河流域生长最好,喜光、分枝多、侧根发达、根蘖性强,是优良的薪炭树种和蜜源植物,叶可作饲料及绿肥。据安徽省林科院王廷敞研究员研究结果,刺槐皖 1 号、皖 2 号(8002 号)、皖 23 号、13 号、42 号、59 号、10 号等 8 个优良无性系,具有生长快、干形好、适应广、抗性强等特点。在煤矿塌陷区粉煤灰覆田营造的矿柱林,3 年生树高 7.43 m、胸径 11 cm,均比对照提高 80%以上,在砂姜黑土地区营造的试验林,5 年生单株材积为 0.041 6 m^3,比对照单株材积提高 63.9%。

(一)优良无性系性状介绍

1.皖 1 号

中冠型,皮灰白色,胸径生长旺盛,在江淮丘陵黏盘黄棕壤地区(沙河总场),3 年生胸径 14.8 cm,在生长过程中结合修枝可以提高树干高度,适应性强,在淮北煤矿塌陷区和山黄土、砂姜黑土等地均可作用材林、矿柱林的优良树种营造。

2.皖 2 号(8002 号)

小冠型,顶端优势极强,树干通直圆满,具小刺,7 年生树高 17.5 m,枝下高 11.5 m(砀山县潮土地区)。适应性强,黏盘黄棕壤、砂姜黑土和煤矿塌陷区等均可作用材林、防护林、矿柱林的优良树种栽植。

3.皖 23 号

树冠中冠长卵形，顶端优势较强，树干通直，7 年生树高 12.5 m、胸径 19.8 cm，年均胸径生长量为 2.8 cm，其特点是极耐水湿，在积水的情况下仍能正常生长（在江淮丘陵黏盘黄棕壤地区），是薪炭林、矿柱林的优良树种。

4.42 号

小冠型，树干通直圆满，无刺，耐干旱、抗性强，造林成活率高，后期生长旺盛。在煤矿塌陷区粉煤灰覆田上栽植，3 年生树高 7.43 m、胸径 10.58 cm。在淮北平原和江淮丘陵均可栽植，是用材林、防护林、矿柱林的优良树种。

5.13 号

粗枝大冠、生长量大，但干形稍弯曲，顶端优势不明显，粗生长旺盛，但通过修枝可促进树高生长和培养通直干形。在煤矿塌陷区粉煤灰覆田上栽植，3 年生树高 7.2 m、胸径 11 cm，发枝力极强。淮北平原均可栽植，是薪炭林、矿柱林的优良树种。

6.10 号

中冠型，小枝青绿色，无刺，树干通直，树皮较光滑，高生长旺盛，适应性较强，在粉煤灰覆田上及砂姜黑土区栽植生长较好，可作用材林、防护林、矿柱林的优良树种。

7.59 号

中冠型，顶端优势强，干形通直圆满，分枝角度 40°~50°，在砂姜黑土区 5 年生树高 12 m、胸径 15.6 cm，材积比对照提高 55%，江淮丘陵、淮北平原均可发展，是用材林、防护林的优良树种。

（二）煤矿塌陷区粉煤灰覆田刺槐造林

据统计，截至 2004 年底，全国煤矿累计采空塌陷土地面积超过 7 亿 hm^2，安徽两淮矿区塌陷土地超过 22 870 hm^2。另外，1996~2010 年数据显示，安徽两淮矿区塌陷土地仍以 2 800~3 100 hm^2/a 的速度持续增长。此外，每年因采煤采出煤矸石高达 1 亿多 t，大、中型燃煤电厂排放煤灰 500 万 t。目前，以粉煤灰、煤矸石为主的工业废渣已堆积 74 亿 t，占地大于 8.0 万 hm^2。由于地表塌陷，造成房屋倒塌、耕地毁坏、农田减少，给农业带来经济损失；燃煤电厂排放的粉煤灰内含氟、汞、铅等有毒元素，粒细质轻，每逢干旱季节，随风飘扬、弥漫空间，造成周围果树不能结实，严重地污染环境和危害人们的健康。这种工农业发展日趋尖锐的矛盾，已成为极为棘手的社会问题。安徽省林科院和淮北矿务局、林业处在煤矿塌陷区粉煤灰覆田上进行刺槐矿柱林营造，获得了成功，为塌陷区生态环境的改善和综合开发提供了理论依据和典型样板。

1.造林地概况

造林地位于淮北相城煤矿，东经 116°47′，北纬 33°56′，塌陷区一般深度 4~5 m，用电厂粉煤灰填充后，上覆盖土壤 20~30 cm。年均气温 14.5 ℃，极端最高气温 41.1 ℃，极端最低气温-21.3 ℃，年降水量 826.9 mm，年均相对湿度 70%，全年日照时数 2 315.8 h，无霜期 202 d。

2.粉煤灰理化性状及营养成分

粉煤灰呈大小不等粒状体，粒径在 0.005~2 mm 的约占 95%，小于 0.005 mm 的仅占

2%～3%，多孔洞及裂隙，其容量和比重均小于土壤，孔隙度60%，渗透速度比土壤快，保水、保肥性差，地下水位受雨水季节影响。

粉煤灰化学成分主要是 SiO_2 和 Al_2O_3，占31.93%，其次是 Fe_2O_3、CaO 和 MgO 等，其化学成分基本与土壤一致，不同的 Al_2O_3 含量高于土壤2.9倍，养分含量，有机质为零，磷和钾均低于土壤，pH值达到8.5～11。粉煤灰中氟、汞、铅的含量分别为土壤的14.6倍、6.3倍和1.94倍，对人体及环境十分有害。

3.造林树种和造林技术

刺槐优良无性系——皖1号、皖2号、42号、13号、59号、10号，栽植坑规格：0.6 m×0.6 m×0.6 m，株行距：2 m×4 m，栽植前每穴施磷肥、尿素各0.25 kg，适度深栽，每年速生期前，每株追施尿素0.25 kg，并视干旱情况适时浇水，行间种植绿肥或豆科作物，以增加土壤中有机质含量。

4.根系在灰层中的分布

距离树干100 cm处的根系深达120～140 cm，根系多密集分布于60 cm以上的灰层中，占总根量的74%；距离树干200 cm处根系深度达160～180 cm，多密集分布于40～100 cm的灰层中，占总根量的77%。

5.生长规律

年生长规律，高生长自4月开始，5～6月进入速生期，月高生长可达到80～100 cm，约占全年的65%，7月逐渐减慢，9月封顶。径生长的速生期稍落后于高生长，6～8月出现生长高峰，占全年的60%以上，到11月停止生长。经几年造林实践证明，刺槐在粉煤灰覆田上，3年基本达到矿柱材标准（胸径达到10～12 cm）。

6.经济、生态、社会效益

几年共营建良种刺槐林8.3 hm^2（不包括辐射面积），造林及抚育管理费共1.56万元。根据测定，可收入矿柱材311.5 m^3，价值为17.133万元（550元/m^3）；搪材157.5 t，价值5万元（333元/t），总收入22.133万元，投入与产出比为1∶14.2，经济效益高。净化空气，改善生态环境，据测定，刺槐林内降低风速30%～60%，夏季降低气温2 ℃左右，冬季则提高1～1.5 ℃，蒸发量减少30%～40%，相对湿度提高10%～20%；据淮北市环保监测站对空气中总悬浮微粒物（TSP）测定，刺槐林内降低42.93%，鸟类明显增多。在这个特殊类型的立地条件下，刺槐是一个速生丰产的好树种。这一试验的成功，为煤矿塌陷区复垦提供了好的经验。

（三）刺槐造林季节和方法

植苗造林，在3月上中旬，当芽苞刚开放时造林成活率高，枯梢率低。截干造林，以秋冬季造林的效果最好，成活率高、生长快、干形好。截干高度以不超过3 cm为宜，萌芽少，生长旺盛。栽植不宜过深，一般比苗木根颈高出3～5 cm，造林密度要根据树种、立地条件和经营程度灵活掌握。一般用材林在中层土立地条件下，每亩栽植220株，速生用材林可栽160～200株，水土保持林、薪炭林每亩要栽植330～400株以上。刺槐可以与杨树、臭椿、旱柳、苦楝、白榆、紫穗槐等混交造林。

三、楸树（*Catalpa bungei* C. A. Mey.）

别名金丝楸、樟桐，是我国传统栽培的优质用材和“四旁”绿化树种。木材纹理直，不翘不裂，耐腐、耐水湿，为造船、建筑等优良用材。1972 年我国湖南马王堆发掘的西汉古墓，据考证，一、二、三、四棺椁，即为楸材，距今已有 2 000 多年，仍完好无损，无腐朽现象。

（一）生物学特性

楸树主根明显，侧根发达，根蘖和萌芽能力都很强。楸树要求土、肥、水条件较为严格，在深厚、湿润、肥沃、疏松的中性土、微酸性土和钙质土壤上生长迅速；在轻盐碱土（含盐量 0.10%以下）上也能正常生长，在干燥瘠薄的砾质土和结构不良的死黏土上生长不良，甚至呈“小老树”状态。对土壤水分很敏感，不耐干旱，也不耐湿和寒冷，喜光，喜温暖湿润气候。但楸树适生范围较广，如临泉县在砂姜黑土上 20 年生的楸树，树高 11.5 m，胸径 26.4 cm，年均胸径生长量为 1.32 cm；亳州王河滩土层深厚排水良好的潮土上，31 年生的楸树，树高 20.6 m，胸径 48.7 cm。

（二）类型划分

根据楸树不同的经济性状和营林目的，将楸树划分为以下三个营林类型：

（1）丰产栽培型，特点是生长快、干形好，年均胸径生长量可达 2 cm 以上，20 年可培养成大材，可选用金丝楸、心叶楸、圆茎长果楸、南洋楸等。

（2）间作、防护型。特点是干高、冠窄、根深，不与农作物争水、争肥，可选用白花灰楸、金丝楸等。

（3）园林观赏型。冠形优美、花色艳丽、枝叶浓密，具有隔音防燥、吸尘功能，对于二氧化硫、氯气等有较强的抗性，观赏价值较高，可选用灰楸、细皮灰楸、长果楸等。

（三）楸树造林

大多数采用植苗造林和分蘖造林。营造短轮伐期高效益工业用材林，造林地可选用“四旁”小片零星土地、农田废地、河渠两岸、丘陵山脚、台田阶地土壤理化性状好的立地条件。在春季或秋季用 1~2 年生苗造林，株行距可采用 1.5 m×3 m、2 m×2 m、2 m×3 m。“四旁”植树要选用树高 3~4 m 以上的大苗，一般株距为 3~4 m。近年来，安徽省林业科学研究院利用根、枝萌芽嫩枝扦插育苗，不但提高了繁殖系数，而且成苗周期短、苗木质量高，造林后生长旺盛。生产上使用最多的楸树优良无性系有 8611、4002、豫楸 1 号、豫楸 2 号。

（四）楸树主要病虫害

楸树抗性较强，病虫害较少。目前为害楸树的虫害有楸梢螟、根瘤线虫、炭疽病、泡桐灰天蛾，另外还有叶蝉类等，育苗、造林环节平时应注重加强病虫害防治。

四、国槐（*Sophora japonica* L.）

落叶乔木，原产我国，各地都有栽培，是我国优良用材树种之一，也是安徽省淮北平原主要的优良乡土树种，材质坚重、具弹性、纹理细密，为建筑、车辆、船舶等优良用材。花、果、皮、叶可入药，树冠庞大、枝叶繁茂、花期较长、病虫害少，可作行道树，也是优良蜜源。国槐有白槐（猪屎槐）、黑槐，在同样立地条件下，白槐的高、径生长较黑槐分别慢 60%、46%，但白槐材质优于黑槐，白槐材质坚硬、纹理细美，黑槐材质较白槐松软。

根据国槐生长特性，造林地应选择湿润、深厚、肥沃、排水良好的沙质土壤。栽植宜在春季进行。槐树过去多为“四旁”、街道、庭园和环境保护林带栽植。为确保国槐的快速生长，可实行林粮间作，以耕代抚进行造林，每公顷栽植 1 111～1 250 株，株行距 3 m×3 m 或 2 m×4 m。荒山荒地造林要采用挖大穴的方式，改变土壤条件，为林木生长提供一个良好的生长环境，穴的规格为 60 cm×60 cm×60 cm。栽时要保持填土细碎、根土密接、踏实土面、灌足底水。当年雨季前灌水 3～5 次，并适当追肥，冬季封冻前要灌水封土，使之安全越冬。树冠郁闭后，对枯枝干杈要及时修剪，使伤口迅速愈合，避免发生心腐病。

国槐为中性树种，初期生长较快，在一般立地条件下，树高年平均生长量 0.7 m。在涡阳县马寨调查淤土地 9 年生的国槐，最高可达 7.5 m，胸径达 20 cm，单株材积达 0.18 m^3。在淤土地上，树高生长以 5～11 年最快，平均在 0.8～1.1 m，11～16 年高生长逐渐减慢。国槐为深根性树种，主根发达。国槐适应性较强，但在肥沃、深厚、湿润的土壤上生长迅速，在低洼积水处生长不良，甚至落叶死亡。在抗二氧化硫等有害气体及烟尘等方面的能力都比较强，是我国北方用材和“四旁”城市绿化的优良树种。

国槐花、果都有药用价值。夏季采收花蕾和初开的鲜花及时晒干备用。秋季果实成熟后，采摘槐角，除去小梗、果柄等杂质，晒干备用。可把槐花和槐角加工成槐花炭和槐角炭供日常生活使用。槐花炭加工方法是：取生槐花，置炒药锅内，用微火加热翻炒至表面显棕黑色，花朵成形，存性，喷淋清水少许，取出，摊晾散热。用槐花炭 9～15 g 水煎服，可治疗便血、痔疮出血、吐血、尿血、高血压等症。槐角炭加工方法是：将净槐角置锅内，文火炒至外表呈焦黑色、内呈老黄色为度，取出冷却。用香油调槐角炭敷患处，可治烫伤。

五、水杉（*Metasequoia glyptostroboides* Hu. et Cheng.）

落叶乔木，我国珍贵的孑遗植物及国家一级重点保护植物，是近年来长江中下游农田防护林地区广泛采用的造林树种。

水杉喜温暖湿润的气候条件，年降水量在 1 000 mm 以上、年平均气温在 12～20 ℃最适宜。要求土壤深厚、肥沃、湿润、排水良好。水杉对土壤适应性较强，但土壤过旱、过湿对水杉生长均不利。

水杉造林技术，农田防护林中的水杉造林以植苗造林为主，苗龄以 3 年生大苗（高2～2.5 m 以上）为宜。造林季节可选在秋末冬初至翌年早春之间进行，尤以冬季为好。

水杉是喜光树种，造林密度不能过大，农田防护林株行距可采用 2 m×3 m 的规格。

在造林实践中，水杉与法桐、旱柳、侧柏等进行混交，可以形成良好结构的防护林带。

适当深栽，根系舒展，分层踏实，不要窝根。前 3 年 5～8 月中耕除草 2～3 次，造林当年若遇干旱要及时浇水。

六、臭椿（*Ailanthus altissima* swingle.）

别名椿树、白椿、樗树，深根性树种，主根明显，深达 1 m 以下，侧根发达，与主根构成庞大根系，很耐干旱、瘠薄，对气候条件要求不严，对病虫害、烟尘和二氧化硫抗性较强。

臭椿的造林技术，采用植苗造林方法。用 2 年生实生苗，苗高 2 m 以上，地径 2.5 m 以上，在春季造林。砂姜黑土区村庄应加大栽植穴的规格（1 m×1 m×1 m），堆土区培肥地力能有效地促进其生长，湖地区（农地区）则应选择地下水位低于 1 m 的较高地域栽植。臭椿喜光，造林密度不宜过大，及时抹芽可培育无节良材，株行距可采用 2 m×3 m。

七、楝树(*Melia azedarach* L.)

别名苦楝(通称),为黄河流域以南低山平原地区的"四旁"绿化重要树种,生长快、材质好、繁殖易,深受群众欢迎。

楝树不耐庇荫,喜温暖气候,对土壤要求不严,在肥沃湿润的土地上生长最好,楝树不耐旱、怕积水,在干旱浅薄的土地上或水湿地上生长不良。

主根不明显,侧根发达,须根较少,萌芽力强,生长迅速,喜光,造林密度不宜过大,适时抹芽,有利于培育无节良材。

楝树的造林技术,采用植苗造林,用1年生实生苗,苗高1~1.5 m、地径1.5~2 cm;苗木落叶后、发芽前均可栽植,株行距可采用2 m×3 m、3 m×4 m或5 m×6 m。

八、香椿(*Toona sinensis* Roem.)

落叶乔木,是优良的用材树种,材质坚重、色泽红润、芳香,有"中国桃花心木"之称,椿芽芳香,可鲜食和腌制,富营养,香椿嫩芽含有人体所需要的多种营养物质,如蛋白质、脂肪、钙、磷、铁、维生素E等,且能增进食欲。安徽省太和县香椿尤为著名,有红油椿、黑油椿等9个优良品种。其中黑油椿品质最优,相传唐代起即作为贡品进献宫廷,太和椿芽又有"太和贡椿"之称。

香椿喜深厚肥沃的沙质壤土,在偏碱性土壤上生长良好,喜光不耐阴,抗污染性能差。太和群众常利用房前屋后空闲地,进行高干栽培,除采椿芽外,还用以绿化造林。全县各地均有零星栽培,面积253 hm^2,年产椿芽30万kg,2003年开创标准化生产示范基地,推广实施无公害栽培技术,实现香椿产品质量标准化,形成绿色食品生产基地。

(一)整地造林

冬季挖栽植穴,穴的规格1 m×1 m×0.8 m、1 m×1 m×1 m,表土、底土分开堆放,经过冬季风化,早春将表土填入穴里,然后将杂土和土杂肥拌匀填入穴内,即可进行栽植。也可进行香椿矮化丛状栽培,在每年3月中下旬,首先将苗木根系用40%多菌灵400倍液浸泡10~15 min,然后按每1.1 m^2栽6株,分散栽成六角形丛状,每亩600丛(每亩栽植3 600株),栽植后浇水、培土、截干(苗干截留高度为10~15 cm),抹芽控制高度,追肥、浇水等。造林苗木可用实生苗、根蘖苗、埋根苗、扦插苗。

(二)抚育管理

栽植后应及时灌水,一般栽后15~20 d浇水一次,并及时松土保墒。香椿苗喜湿怕涝,因此前期要加强肥水管理。定植后的前几年不采椿芽,让树干直立生长,待发侧枝后才采椿芽。树行间可间种绿肥、白芍、蚕豆、黄花菜等,以增加经济收入。

(三)病虫害

香椿常见的病虫害有流胶病、香椿白粉病、叶锈病、根腐病、芳香木蠹蛾、网蝽、小地老虎和黄刺蛾等,应及时防治。

九、杨树(*Populus* L.)

杨树种类多,枝叶茂密,树形高大,树干通直,冠形整齐,生长迅速,繁殖容易,是我国农田防护林应用最多、营造面积最大的树种。杨树是营造农田林网、构建防护林体系用途最广的树种之一。

杨树是喜水、喜肥、喜光的树种，对土壤要求较高，在土层深厚、肥沃、湿润的条件下，最能发挥其速生特性。如涡阳县林科所和砀山县选育的中涡 1 号、中砀 1 号等新系号，均能在砂姜黑土地区发挥其速生特性。

杨树对水分反应敏感，在整个生长期内要有充足的水分，遇有连续干旱，土壤缺水时，树叶变黄脱落；但林地湿度过大，特别是林内有积水，则对其生长十分不利，往往产生根腐。

树冠开阔，生活力很强，在生长季节须有足够的光照，不耐庇荫。

杨树的造林技术，在生产上普遍应用的主要是植苗造林。采用 1～2 年生扦插苗，苗高 4.5 m 以上、地径 4.0 cm 以上。淮北平原冬春常出现干旱天气，苗木易失水，栽植前务必将苗根浸泡 1～2 d，栽后浇水，使苗木储存足够的水分，有利于苗木根的再生和提高成活率，造林季节以早春最为适宜。杨树喜光，造林密度不宜过大。杨树林带的株行距采用 2 m×3 m 为宜，块状片林以 5 m×6 m、6 m×6 m 较为适宜，带状片林以 5 m×10 m 或 4 m×9 m均可。

杨树常见的主要病虫害有溃疡病、锈病、叶斑病、草履蚧、美国白蛾、天牛、木蠹蛾、小地老虎和黄刺蛾等，应及时防治。

（一）优良无性系性状介绍

1.江淮 1 号杨（15-129）

江淮 1 号杨，雄性。树皮浅红褐色，纵裂，分枝角度 30°，侧枝中粗，树冠长椭圆形，落叶期 12 月上旬，生长天数 265 d，树干较通直。4 年生平均胸径、平均树高、平均材积生长量比对照 I-69 杨分别大 0.6%～10.2%、12.5%～15.0%、11.1%～37.3%。育苗、造林成活率、保存率均在 95%以上。抗旱，较耐涝，抗风折、抗寒，抗褐斑病、锈病、溃疡病等叶部和皮部病害，对蛀干害虫有一定的抗性。可作为胶合板材、纸浆材等工业原料林培育，也是平原林网及“四旁”绿化的多品系造林主栽良种，适合在安徽省沿江、江淮、淮北平原栽植。

2.江淮 2 号杨（17-57）

江淮 2 号杨，雄性。树皮浅纵裂，灰褐色，枝条中，分枝角度 45°，叶芽饱满，落叶期为 12 月上旬，生长天数 262 d，干形较直，树冠长三角形。育苗、造林成活率、保存率均在 90%以上。耐旱，抗风折、抗锈病强，抗病虫害。可作为胶合板材、纸浆材等工业原料林培育，适合在安徽省江淮、淮北平原栽植，也可在黄河以南平原区推广。

3.皖林 1 号（中皖 1 号）

皖林 1 号（中林 490），雌性。树皮灰褐色，浅纵裂，树干通直圆满，侧枝中粗，分枝角 45°～60°，一年生枝条黄绿色，有棱、明显，皮孔长椭圆形，分布不均匀，芽尖红色，叶三角形。该品种优良性状如下：①成活率高。造林成活率 96.5%、育苗成活率 96.1%。②8 年生，其材积比对照 I-69 杨大 31.2%～39.7%，比中涡 1 号大 26.5%～35.7%。③树干通直圆满，尖削度小。④材质优良。木材基本密度 0.327 9 g/cm^3，气干密度 0.417 7 g/cm^3，纤维长度 1.127 mm。⑤抗性强。较抗旱、抗涝、抗寒、抗风折，抗褐斑病、溃疡病，对蛀干害虫桑天牛有一定抗性。适合培育胶合板材、纸浆材、纤维材。

4.皖林2号(中皖2号)

树皮灰褐色,纵裂细而浅,树干通直圆满,侧枝细,层次明显,分枝角45°~60°,雌性。8年生,其胸径比I-69杨大5.4%~10.3%,材积比I-69杨大11.8%~22.3%,形数为0.39。木材基本密度0.321 5 g/cm³,气干密度0.410 4 g/cm³,纤维长度1.058 mm,长宽比47,壁腔比0.40。造林、育苗成活率较高,耐旱、耐涝。

5.中涡1号

中涡1号,雌性。皮浅褐,浅裂,冠稍窄,枝较稀,干通直圆满。具有以下特点:①成活率高。扦插育苗和造林成活率均在95%以上,繁殖容易、成林快。②胸径年均生长量4 cm,材积生长量比I-69杨提高37.7%~54.8%,2年生胸径达10 cm,8年生胸径达28 cm以上,适宜营造速生丰产林。③树干尖削度小,枝条稀疏,冠幅较窄,适宜营造农田林网和林粮间作。④木材气干密度0.446 g/cm³,高于沙兰杨、214杨等,纤维长度1.068~1.27 mm,是造纸、胶合板的优质材料。⑤抗叶斑病和枝干溃疡病,耐水性强,有一定抗旱、抗寒性。安徽省沿淮、淮北地区已经成功栽植多年。

6.安林189杨

雌性。速生,树干通直,尖削度小,树冠开张中等,侧枝粗度中等偏细,树皮灰褐色,纵裂。生长期较长,生长天数265 d。扦插育苗及造林成活率高,抗旱、抗寒,较耐涝,抗风折,抗病虫害。安林189杨6年生胸径生长量比I-69杨大11.3%~32.2%,树高比I-69杨大5.8%~10.6%,材积比I-69杨大21.4%~31.8%。育苗造林成活率、保存率比I-69杨高2~10个百分点。对蛀干害虫、食叶害虫有较强抗性。适合在安徽省沿江、江淮、淮北平原栽植。

7.安林193杨

雌性。速生,树干通直,尖削度小,分枝角度45°,树冠长三角形,树皮灰褐色,纵裂。生长期较长,生长天数264 d。扦插育苗及造林成活率高,抗寒,较耐涝,抗风折,抗病虫害。安林193杨6年生平均胸径生长量比I-69杨大4.4%~13.9%,平均树高比I-69杨大3.0%~20.8%,材积比I-69杨大20.4%~23.7%。对蛀干害虫、食叶害虫有较强抗性。适合在安徽省沿江、江淮、淮北平原栽植。

8.2025杨

美洲黑杨,雄株。树干直,侧枝粗,树冠开展。冬芽紫红色、较大、斜立、不紧贴树干。大树叶形:短枝叶正三角形,长枝叶长三角形,冬季金黄色。树皮灰褐色,中裂。整枝能力强。冠锥塔形、宽。适应性强,育苗、造林成活率高,速生。第4年胸径年生长量达4.5 cm。

9.I-69杨

又名鲁克斯,雌性,亲本起源于美国伊利思洲的南部,地处北纬36°,年均气温15 ℃以上,年降水量800 mm以上。树皮灰褐色、纵裂,侧枝中粗,分枝角30°~45°。一年生新枝具有中等沟槽,光滑无毛,皮孔长线形,均匀分布,叶基部略微心脏形,尖端微渐尖,叶基腺点2,叶中脉绿色,叶柄全绿,光滑无毛。

10.I-72 杨

由意大利卡萨尔杨树研究所培育而成。雌性，母本为欧美杨，父本不详。树皮灰褐色、浅纵裂有瓦棱，侧枝粗，分枝角 45°~60°。一年生枝条有棱角深沟，光滑，皮孔卵形，均匀分布，分枝较多，叶基部略微心脏形，尖端突出，叶基腺点数不定，叶中脉绿色，叶柄全绿，正面部分被毛。

11.I-63 杨

I-63 杨是美洲黑杨的无性系，是意大利杨树研究所由美洲黑杨自然授粉的种子中选出的优良品种，雄株。其种子在美国的产地比 I-69 杨稍南。干形通直圆满，对褐斑病、锈病及蚜虫有很强的抵抗力。苗木易失水，造林成活率偏低。适合在沿江地区推广。

12.107 杨（又名 74 号杨）

107 号杨，雌性。1984 年从意大利引入，母本为美洲黑杨，父本为欧洲黑杨，该品种树体高大通直优美，树皮粗，分枝角度小，树冠较窄，侧枝细，叶片小而密，一年生枝条深褐色，棱浅，叶深绿色，叶柄红，雌性。育苗造林成活率高（一般都在 90%以上），耐干旱、瘠薄，生长迅速，胸径年均生长量 2.5~6.0 m 以上。可作农田林网，适于安徽的北部。

十、旱柳（*Salix matsudana* Koida.）

别名柳、柳树（通称）。生长快、分布广，繁殖容易，树形美观。木材及林副产品用途广，深受广大群众喜爱，是黄河流域、华北平原“四旁”绿化，营造用材林、防护林的优良树种之一。

旱柳喜光，不耐庇荫，喜湿耐涝，耐盐碱，深根树种，侧根庞大发达，固着土壤，当树干被洪水浸淹时，被淹部位能萌发新根，悬浮水中，辅助或代替原有根系机能，维持生长。树冠大、枝条密、叶量多、发叶早、落叶迟，树叶可以作牲畜的饲料。萌芽力强，群众常常对柳树林带进行平茬作业，采条做编织和薪炭材用。

旱柳造林技术，主要是插干造林。插干规格：粗 3~5 cm，长 2.5 m 左右。皮色光滑新鲜，不留侧枝，两端切面光滑，不使劈裂和伤皮，栽植前和运输过程中要始终保持插干湿润。造林时，插干深埋 0.7~1 m，栽植时分层填土，分层踏实土壤，务求干条固定。

防护林带株行距为 2 m×3 m，造林季节以春季造林为好，幼林郁闭前，可进行林粮间作（豆类或低秆作物），及时中耕除草，每年修枝一次。

十一、白榆（*Ulmus pumila* L.）

（一）生物生态学特性

白榆，落叶乔木，高达 25 m，胸径 80 cm；树皮暗褐色，纵裂；小枝灰白色，近无毛；芽鳞边缘被白色柔毛。叶椭圆状卵形、椭圆形至椭圆状披针形，长 2~8 cm，宽 1.5~3 cm，先端渐尖或骤凸，基部圆或楔形，通常歪斜，边缘具单锯齿，两面无毛或下面脉腋有簇生毛；侧脉 9~14 对；叶柄长 2~8 mm，无毛。花簇生状聚伞花序，生于去年生枝的叶腋，有短梗。翅果近圆形，长 1.5 cm 左右，无毛，顶端凹缺，果核位于翅果中部或中上部；果柄长约 2 mm。花期 3 月中下旬，果熟期 4 月中下旬。

白榆为“四旁”绿化的速生树种之一，其适应性强，喜光，抗旱，耐寒力强，耐瘠薄，耐盐碱,不耐水涝。白榆萌芽力强,耐修剪,由于叶面粗糙,有极强的吸尘能力,抗烟尘的能力也较强,抗逆性强。在肥沃、深厚的沙壤土上生长迅速,主、侧根均发达,有很强的保持水土能力,寿命长,可在平原、丘陵地带栽植。是"四旁"绿化、用材、营造防风固沙林的优良树种,对水土保持、涵养水源也起到极好的作用。本种分布及栽培极为广泛,遍及黑龙江、吉林、辽宁、内蒙古、河北、山东、山西、河南、陕西、甘肃、宁夏、四川、新疆、西藏及长江中下游等省(区),为华北、淮北平原常见树种。

(二)造林技术

1.林地选择

白榆适应性强,对土壤要求不严,在低洼易涝地、重盐碱地上生长不良,不宜选作造林地。一般"四旁"土壤条件较好,还有细沙地、壤沙间层地等,均适宜白榆种植。

2.整地

平地先用机耕深翻土地 15~20 cm,便于白榆苗扎根和生长,然后施底肥,一般使用复合肥,用量为每亩 20 kg 左右。浅山宜林地整地采用鱼磷坑方式,采用等高线进行整地,外高内低成反坡,在等高线方向成"品"字形排列,整地在雨季前进行。

3.造林

可采用直播和植苗两种方法。造林季节分春、秋两季,春季造林是在土壤解冻至苗木萌发前,秋季造林是在苗木落叶后至土壤封冻前。

(1)直播造林。宜采用随采随播,这样出苗整齐,成活率高。可于整地后开条状沟播种,沟不宜太深,下部土壤宜疏松,播种要均匀,播后覆一层薄土,也可采用穴状直播,穴的直径 20~30 cm,穴距 1 m,行距 1.5 m,"品"字形栽植,每穴播籽 20 粒左右,覆土厚度 1.0~1.5 cm。

(2)植苗造林。造林密度、穴坑大小,应根据立地条件、林种不同而定。"四旁"植树,在土、肥、水条件较好的地方,植树容易成活,采用 2~3 年生苗,植树穴 50~60 cm,深 50 cm,栽时踩实,然后浇水。营造片林时,采用 1~2 年生苗木进行穴植,穴的直径 40~50 cm,深 40 cm,应适当密植,一般株距 2~3 m、行距 3~4 m。在干旱草原,营造防护林时可采用株距 1.5~2 m、行距 2~3 m。在轻盐碱地造林,可在冬季挖穴 50 cm×50 cm,围埝蓄水,洗碱脱盐,秋季栽植,经过夏季一个雨季的淋洗,穴内土壤的含盐量可下降 50%~60%,植苗后,一般成活率达 90%以上。

4.抚育管理

造林后 2~3 年内加强松土除草,混种绿肥压青,以促使幼林生长。榆树在幼龄期枝杈较多,栽后前几年应注意干形培育。冬季修剪:在落叶后至发芽前,剪截延续树干高生长的主枝头。要掌握"强树轻截、弱树重截"的办法,对春季新栽幼树,随栽随截,一般剪去当年生主枝长度的 1/2,同时将剪口以下 3~4 个小侧枝从基部剪除,以促使萌发壮枝,对其余侧枝均剪去长度的一半。夏季修剪:在夏季幼树生长期间,剪截直立强壮侧枝,控制生长。要掌握"强枝重控、控强留弱"的办法,一般 1 年进行 2~3 次。

(三)病虫害防治

白榆害虫较多,主要有榆天社蛾、榆兰金花虫、金龟子、芳香木蠹蛾等。

十二、侧柏(*Platycladus orientalis* (L.) Franco)

(一)生物生态学特性

侧柏,常绿乔木,树高可达20 m,胸径可达4 m,树形美观,四季常青,是干旱地区荒山阳坡的主要造林树种。侧柏木材坚韧致密,纹理均匀,具有香味,久藏不朽。种子、根、枝、叶、树皮等均供药用,是群众喜爱的庭园树种和荒山造林树种。侧柏为温带树种,能适应干冷的气候条件,可耐-35 ℃的低温。浅根性树种,主根不明显,侧根发达,须根密集,极喜阳光,为强阳性树种。

侧柏栽培、野生均有。喜生于湿润肥沃、排水良好的钙质土壤,耐寒、耐旱、抗盐碱,在平地或悬崖峭壁上均能生长;在干燥、贫瘠的山地上生长缓慢,植株细弱。萌芽性强、耐修剪、寿命长,抗烟尘,抗二氧化硫、氯化氢等有害气体,分布广,为中国应用最普遍的观赏树木之一。

(二)造林方法

1.林地选择

对土壤要求不严,酸性土、中性土、钙质土上均能生长,造林地宜选择深厚、肥沃、排水性好的土壤。不耐水涝,但耐轻度盐碱和干旱、瘠薄。

2.整地

在造林的前一年秋季,采用反坡梯田整地,整地的植树面宽1.5~2.0 m,然后按1 m×1.5 m、1.5 m×1.5 m或2 m×2 m的株行距,挖长40 cm、宽40 cm、深40 cm的植树穴,“品”字形排列。

3.造林

造林宜选用3年生、苗高70~90 cm、根系发育良好、冠根比率小的带土球小苗。造林时要适时早栽,春季土壤解冻后即可造林。造林前一年须细致整地,蓄水保墒。栽植时3~5株丛植,即每亩167~444株(丛),“品”字形配置。起苗时圃地干燥的要灌水,确保苗木带土球移栽。在栽植时,苗木要随起随栽,栽植深度要比原土深5~10 cm,栽后要踏实,做好蓄水池。在干旱少雨的阳坡,株距宜密,行距宜大。如作为绿篱,单行式株距可用40 cm,双行式行距30 cm、株距40 cm。侧柏造林需注意以下问题:

(1)在干旱少雨的阳坡造林时,株距宜密,行距宜大。

(2)侧柏不耐阴,不耐水涝,切忌在光照不足的阴坡、积水洼地、死阴地、林冠下造林。

(3)营造混交林时,应选择深根性灌木,侧柏幼苗生长慢,又不耐庇荫,故不宜与生长快的乔木树种混交。

4.抚育管理

侧柏在幼苗成活后6年内每年均需进行松土、除草抚育。造林当年最少松土、除草3次,浅松土而深除草,以后每年进行松土、除草1次。造林5~7年时进行疏丛,选留生长健壮优势树1株,其余剪除。

(三)病虫害

侧柏主要病害有叶枯病、侧柏叶凋病,主要虫害有毒蛾幼虫、侧柏大蚜、双条杉天牛。侧柏幼林期间注意防治鼠害。

十三、枫杨（*Pterocarya stenoptera* DC.）

（一）生物生态学特性

枫杨，落叶乔木，高达 30 m，胸径达 1 m；幼树树皮平滑，浅灰色，老时则深纵裂；小枝灰色至暗褐色，具灰黄色皮孔；芽具柄，密被锈褐色盾状着生的腺体，叶多为偶数或稀奇数羽状复叶。枫杨喜光，幼树耐阴，耐寒能力不强，主要分布于黄河流域以南。枫杨树冠宽广，枝叶茂密，生长迅速，是常见的庭荫树和防护树种，而且树皮还有祛风止痛、杀虫、敛疮等功效。

枫杨喜深厚、肥沃、湿润的土壤，以温度不太低、雨量比较多的暖温带和亚热带气候较为适宜。喜光树种，不耐庇荫；耐湿性强，但不耐常期积水和水位太高之地。深根性树种，主根明显，侧根发达。萌芽力很强，生长很快。对有害气体二氧化硫及氯气的抗性弱。受害后叶片迅速由绿色变为红褐色至紫褐色，易脱落。受到二氧化硫危害严重者，几小时内叶全部落光。枫杨初期生长较慢，后期生长速度加快。

（二）造林方法

1.林地选择

造林地要求土层深厚，土质肥沃、湿润，且不易积水。通常用于丘陵、平原、水网地区的四旁栽植，或用于不宜种植农作物的河滩地、平坦地或旷野营造小片纯林。如地势较低，应及时开好排水沟。建设商品用材林，应选择土层肥沃深厚、背风向阳、地势平坦、水源充足、排水良好的地块进行造林，造林地土壤以沙壤土为宜。

2.整地

枫杨在栽植前应进行穴状整地，一般穴的规格为 60 cm×60 cm×60 cm，穴底施好有机肥，基肥需与栽植土充分拌匀。枫杨在空旷处生长，侧枝发达。为了培育通直高大的良材，成片造林时密度宜较大，以抑制其侧枝生长，等郁闭之后，再分期间伐。无论是春季或冬季造林都要求做到深栽、舒根、踏实。采用植苗造林时要注意防止枯梢，这种现象在冬季造林时尤为常见。因此，在冬季造林时，宜在栽后截干，或先截干后栽植。截干高度为 10～15 cm，切口要求平滑，不可撕裂。

3.造林

成片造林的规格以选择 2 m×2 m、2 m×3 m 或 3 m×3 m 为宜，护路林一般选择 1.5 m×2.0 m。为抑制侧枝，促进成材，提早郁闭，提高树干的圆满度，可根据造林的目的适当加大造林密度。造林方式以植苗造林为主，一般选择一年生优质苗进行造林，要求苗高 180 cm以上、地径 1.5 cm 以上、苗干通直、健壮、充实、无明显的病虫害。要随起随栽，保证苗木新鲜不失水。如当天不能栽完，要及时进行假植。栽植前对过长的根系要进行适当的修剪，防止窝根，栽植深度不宜过深，一般以原育苗深度距地面 5～10 cm 为宜，栽后应及时浇水、踩实、扶正。

抚育管理：枫杨幼龄期主梢生长相对较慢，侧枝生长旺盛，发枝力强，因此初植造林密度以 1.5 m×2 m 或 2 m×2 m 为宜，使林分尽早郁闭，促进林木高生长。5～6 年后进行隔株间伐，培育通直圆满的大径材。幼龄期要注意修枝，在冬末春初树液未流动时，修去枯枝、病虫枝、竞争枝、影响主干生长的粗壮侧枝，一般保留树冠的 2/3，其余全部除去，伤口要平滑，防止撕裂树皮，一般需连续修枝 3 年。林下可以间种矮秆作物，但要留出保护范围，在间种农作物的情况下，不需要特殊管理措施即可正常生长。

（三）病虫害

枫杨虫害较多，常有光肩星天牛、桑天牛、枫杨眼天牛、曲牙锯天牛等危害树干，但受害不严重。食叶害虫有枫杨尺蛾、黄眼毒蛾、杨扇舟蛾、蓑蛾类、刺蛾类等，危害最重的是前两种。

十四、池杉（*Taxodium ascendens* Brongn.）

（一）生物生态学特性

池杉，落叶乔木，高可达 25 m。树干基部膨大，通常有屈膝状的呼吸根（低湿地生长尤为显著）；树皮褐色，纵裂，成长条片脱落；枝条向上伸展，树冠较窄，呈尖塔形；当年生小枝绿色，细长，通常微向下弯垂，二年生小枝呈褐红色。叶钻形，微内曲，在枝上螺旋状伸展，上部微向外伸展或近直展，下部通常贴近小枝，基部下延，长 4～10 mm，基部宽约 1 mm，向上渐窄，先端有渐尖的锐尖头，下面有棱脊，上面中脉微隆起，每边有 2～4 条气孔线。球果圆球形或矩圆状球形，有短梗，向下斜垂，熟时褐黄色，长 2～4 cm，径 1.8～3 cm；种鳞木质，盾形，中部种鳞高 1.5～2 cm；种子不规则三角形，微扁，红褐色，长 1.3～1.8 cm，宽 0.5～1.1 cm，边缘有锐脊。花期 3～4 月，球果 10 月成熟。

池杉喜深厚、疏松、湿润的酸性土壤。耐湿性很强，长期在水中也能正常生长。池杉为强喜光树种，不耐阴，要求雨量充沛、深厚肥沃的沙质壤土，在湖泊周围及河流两岸、沼泽地、塘坝溢水地方最为适宜，抗风性很强。池杉的萌芽性很强，生长势也旺。原产于美国弗吉尼亚州，为中国许多城市尤其是长江流域重要的造林树种。

（二）造林方法

1.林地选择

池杉造林应选择海拔低、土壤湿润、肥沃深厚、呈中性或酸性的地区，如湖泊周围、沿江圩区及河流两岸、沼地溢水地、丘陵洼地等。

2.整地

池杉造林整地遵循“夏季规划—秋季整地—冬季造林”的原则，首先要平整土地，深耕 1～2 次，接着放线挖穴，穴的规格为 1 m×1 m×1 m，表层土壤与底层土壤要分开堆放。提前整地池杉的成活率较高，缓苗时期短，而且生长较快，此外，需要注意的是，如果选择的是一年生的苗木进行造林，就可以如上述步骤进行全面整地；如果选择的是两年及以上的苗木进行造林，就需要进行穴状整地。选择苗木粗壮、分枝较多、冠幅较大、根系较好的，进行造林时其缓苗期较短、成活率较高，生长旺盛。

3.造林

造林的时间在晚秋至初春，最好是冬末造林。池杉大苗种植时间要比小苗栽植时间早，但不能在土壤冻结的时候栽植，会影响苗木成活率。池杉具有生长速度快、喜光照、顶端优势明显等特点，在进行造林时密度不能过大，株行距为 2 m×3 m，池杉生长至第 10 年和第 15 年时要进行一次间伐，将植株间距控制在 3 m×4 m 或 4 m×6 m。

栽植池杉前，穴内回填土约 40 cm 深，每穴施用磷肥 0.5 kg，要与土壤拌匀，苗木栽植深度为 40 cm。栽植时，先把苗木放进穴里，纵横对直后，封湿碎表土 20 cm，提苗踩实，让苗木根系舒展，浇透水，再回填土至穴满踩实，确保苗木根系跟土壤之间能够密接，最后还要在苗木的周围封上一层虚土，堆成丘形，避免出现干裂。

4.抚育管理

抚育管理在确保池杉成活率的同时也能促进池杉的快速生长。造林时要确保水分充足，4~5 月间要再一次灌溉，这对于池杉能否成活十分重要，每年要进行 2~3 次除草松土，造林 2 年后，要在春季池杉发芽前施一次肥，在池杉生长旺盛期前（4~6 月）追肥 2 次，有干旱情况要及时灌溉，前 5 年至少要中耕除草 2~3 次，此外，还可以在幼林地里间种粮油作物，既可以增加收入，又可促进池杉林木的生长。

池杉休眠芽生活力通常只能保持 2~3 年，所以在池杉成林之前不用修枝，成林以后修枝也要把握好度。通常来说，池杉树高 6~10 m 时修枝高度要控制在池杉树高的 1/4~1/3；池杉树高 10~15 m 时修枝高度要控制在池杉树高的 1/3~1/2，池杉生长过程中较易出现双梢，要及时发现并剪除其中生长较弱的梢头，留下主梢继续生长，对于池杉苗木下部生长不好的侧枝和树冠里对主干生长期情况有较大影响的侧枝均要及时剪除，确保池杉林木生长质量。

（三）病虫害

池杉虫害主要为大袋蛾及小地老虎，病害主要为黄化病、枯梢病、茎腐病。

十五、江南桤木（*Almus cremastogyme* Burk.）

别名水冬瓜。生长快、萌发力强，具根瘤，能固氮。栽在稻田埂边，既能很快地解决烧柴、用材的困难，又能改土增肥，使稻谷等农作物增产。喜湿性，江南桤木在缺水的情况下生长不良，若遇夏季干旱，常被旱死；要求土层深厚、潮湿、肥沃的土壤，能耐-18 ℃低温气候，深根性，根系与弗兰克氏放线菌共生，形成能固氮的根瘤。树皮和果实富含单宁（果含 25%），都是提取单宁酸的好原料。

江南桤木的造林技术：江南桤木喜湿，但根系全部浸在水里生长不良。因此，在栽植时既要考虑到靠水，又要有一部分根系能生长在不致长期遭水淹没的土壤中。

在水田埂边栽植江南桤木常采用的方法有两种：

（1）硬埂栽植法。即在埂一侧的植树点切一宽 20~25 cm、厚 10 cm 的缺口，顶直切至水田的犁底层。栽时，把缺口下部用熟土垫到正常关水线，放上树苗埋好，从埂侧面把缺口中松土砸实。埂上半部的豁口留至树苗生长到高出埂面 70 cm 时，才全部封实。这种栽法适用于较宽的田埂和坡陡的沟、塘、河、渠沿岸。

（2）做“子埂”栽植法。沿植树埂的一侧，做一子埂（稻农也叫作“埂衣”），即沿老埂加宽 20 cm，应高出正常关水线 10 cm。子埂应在稻收以后做好，待翌年早春栽树，造林时在新老埂接合处挖穴栽植。这种方法适用于窄田埂，栽后 3 年，待幼树根系牢固地扎入老埂，便可把子埂挖去还田。

密度：林稻间种型林网，平均在每亩水田埂边栽水冬瓜 40~50 株较为适宜。在沿江、河的圩区或较大面积的平川地，形成宽带状林网，造林密度可参考“林稻间种型林网”。

江南桤木在水田埂边定植，不能使用太大的树苗，30 cm~1 m 高的一年生苗正好。

造林季节以落叶后萌动前的 12 月至翌年的 2 月上旬之间栽植。

十六、铅笔柏(*Sabina virginiana*)

(一)生物生态学特性

铅笔柏也称北美圆柏,为常绿乔木,在原产地树高达 30 m,胸径可达 3~4 m,树皮红褐色,裂成长条片状剥落。枝条向上斜展或平展,2~3 年生灰褐色,冠形多样,如圆柱形、卵圆形、令箭形等。生鳞叶的小枝下部黄褐色,上面淡绿色,径约 0.8 mm,鳞叶排列较疏,菱状卵形,先端急尖或渐尖,长约 1.5 mm,背面中下部有卵形或椭圆形下凹的腺体,刺状叶出现在幼树或大树枝条的下部,交互对生,斜展,长 5~6 mm,先端有角质状尖头,背面凹,有白粉。花单性,雌雄异株,偶为同株。雄球花通常有 6 对雄蕊。3 月开花,当年 10~11 月球果成熟。种子每 2~3 年丰产一次,10~15 年开始结实,25~75 年为盛果期,125~175 年结果衰退。球果为浆果状,卵圆形或近圆形,径 0.5~0.6 cm,内含种子 1~2 粒,偶有 3~4 粒,种子卵形,长 2~3 mm,灰褐色,有树脂槽。

生长迅速是铅笔柏最突出的优点,在圆柏属中是生长最快、适应性最强、树冠优美的珍贵用材和优良的园林绿化树种。铅笔柏对低温和干旱都有极强的忍耐力。我国北方引种区冬季寒冷,绝对低温在-14.2 ℃,低温期较长,在-18.3~-9.0 ℃的低温期长达 5 个月的条件下,铅笔柏生长正常。

(二)造林方法

1.林地选择

铅笔柏的适应性很强,栽培区域甚广,在各种土壤上均能生长。其自然分布区和我国引种区的地理位置处于遥遥相望的东、西两半球。能耐干旱,又耐低湿,既耐寒还能抗热,抗瘠薄,阳坡造林比阴坡明显生长旺盛。安徽省各地多引种栽培,生长良好,可供石灰岩山地造林及城乡绿化观赏。

2.整地方式

优质铅笔柏用材林的营造,应按集约栽培措施经营,采用配套的常规技术措施和先进技术相结合,平原区造林应结合兴修农田水利、交通建设在两岸堆土区造林。穴径和深度不少于 80 cm。丘陵区造林可根据丘坡的大小,在保持水土的情况下,采用全面整地、带状整地,还可采用环丘带状撩壕整地,壕距依造林行距而定,壕宽和深度为 60~100 cm。山区造林应选择坡度 15°以下的山坡中,下部土层深厚的地方进行带状整地、深翻整平。整地带宽 3 m,整地深度约 1 m。

3.造林

铅笔柏造林株行距为 2 m×3 m,造林后 1~3 年可进行林药、林菜(苔干)、林农(主要作物豆类)间作,实行混农作业,以耕代抚,促进铅笔柏高、径旺盛生长。每亩施厩肥 500 kg或沤制绿肥 1 500~2 000 kg,也可于秋季开穴后就地在穴内埋青,让其在穴内经冬腐熟,早春造林时拌熟土移栽,栽前每穴施土杂肥 5 kg。若造林地土壤黏重,穴内应换客土栽植,保证速生丰产。营造优质铅笔柏用材林的苗木要求与规格,应严格选用柱形铅笔柏和圆锥形(塔形)铅笔柏两个优良速生丰产类型的 3 年生苗木,生长势旺、叶色好、无病虫危害、无损伤的健壮苗造林,要求苗木最好是本地培育的 2~3 年实生移栽壮苗,随起随栽,移栽时应带土,栽植后浇透水,保证成活。

4.抚育管理

抚育是影响铅笔柏造林成活的主要原因,造林成活率低除造林时种苗质量差、树种选择不当等原因外,主要的就是造林后幼树抚育管理没有及时跟上去。抚育管理铅笔柏幼林的目的是为幼林创造一个良好的生长条件,提高造林成活率。

(1)松土除草。

铅笔柏幼林松土除草的目的,是疏松土壤,减少地表蒸发,保持土壤水分,改善土壤透气性,以促进根系的发育。除草主要是清除杂草,减少土壤中养分和水分的消耗,缓解杂草与幼苗争光、争水、争肥的矛盾。同时松土还可以起到减少地表径流、降低地温的作用。

铅笔柏幼林的松土除草必须连续进行几年,一般情况下要进行到幼林郁闭时为止。前3年每年约3次,以后应根据林地杂草和林木生长状况斟酌进行。松土除草的时间,应在杂草生长旺盛期,秋季在杂草种子成熟前进行。

松土深度要适当,要做到坡地浅(6 cm左右)、平地深(10 cm左右);造林第一年浅,以后逐年适当加深。除草时还要注意不伤树根,不动摇树干,一般在距幼树20 cm以上的外围进行,以免伤害幼树。锄下的杂草最好用作穴四周埋青用,增进土壤肥力,改善土壤结构。

松土除草的方式取决于整地方式。对进行全面整地的造林地或林粮间种的幼林地要全面松土除草;对局部整地的造林地可以进行带状松土除草或块状松土除草。但随着铅笔柏幼林的生长,应逐步扩大穴面。造林当年,每次暴雨之后,要及时培土、扶苗、补植,旱季前要松土、培土。

(2)施肥。

铅笔柏幼林地,除及时松土除草外,施肥是林木集约经营的重要环节。尤其是铅笔柏用材林。通过施肥,可以增进土壤养分状况,提高林木生长量,缩短成材的年限,可以提前发挥环境效益和经济效益。除利用土杂肥、农家肥和化肥外,可以在林地种植绿肥,如黄豆、蚕豆、苜蓿等,作为肥料的来源之一。造林前每亩施沤制绿肥和堆肥1 000~2 000 kg,若有条件再施厩肥500 kg。栽植后还要追肥2~3次,铅笔柏幼林追肥应在高、径生长速生期来临之前进行。第一次追肥可在3月下旬至4月上旬施入,第二次可在5月上旬施用。间种的绿肥应在盛花期埋入土中。

(3)适时间伐。

铅笔柏造林一般初植密度较大,郁闭以后要进行抚育间伐,否则会影响林木光照、林分的通风透光,提早自然整枝,影响林木生长。

抚育间伐的原则是留优去劣,对生长高大、生长优势明显、干形通直圆满、树冠枝条分布均匀、叶色正常的健壮树木要保留。

间伐的铅笔柏苗木,应初步依据冠型再进行大苗移栽或用于园林绿化、防护林带营造、工矿城市抗污染、净化大气、降低噪声防护之用。

抚育间伐时间,应在铅笔柏秋季或初冬停止生长时进行为宜,春季在树液流动前进行。一般在11月下旬至翌年3月下旬前间伐移栽为好。间伐强度,用材林每亩保留110株左右。

(三)病虫害

铅笔柏主要病害有芽枯病、梢枯病,虫害为大蓑蛾。

十七、桑树(*Morus alba* L.)

落叶乔木,高可达 16 m,胸径 1 m。桑叶呈卵形,是家蚕的饲料。我国是世界上最古老的养蚕国家,栽培桑树已有 7 000 多年历史。桑树对气候、土壤的适应性很强,各地都能生长,但以长江中下游诸省栽培最盛。桑树生长快,桑叶是蚕的饲料,桑树材质坚硬、耐久,纹理美观,刨面有光泽,可作家具、乐器、农具及装饰用材;并可培养桑叉,枝条可编织筐篓,桑皮是造纸、制绳的原料,桑椹入药、食用或酿酒。桑树栽培品种较多,安徽省栽植的主要为湖桑类。

喜光,对气候、土壤适应性强。耐寒,可耐-40 ℃的低温,耐旱,耐水湿。也可在温暖湿润的环境生长。喜深厚、疏松、肥沃的土壤,能耐轻度盐碱(0.2%)。抗风,耐烟尘,抗有毒气体。根系发达,生长快,萌芽力强,耐修剪,寿命长,一般可达数百年,个别可达数千年。

桑树的造林技术:造林季节,春栽和秋栽均可,以秋栽为好。栽植时应掌握深挖、浅栽、踏实。

密度:中高干为主的普通桑园每亩栽植 300~500 株;无干密植桑园,每亩栽 1 500~2 000株(行距 1~1.2 m、株距 0.3~0.4 m);"四旁"栽桑,用 2 年生以上的大苗栽植,株行距 3 m×1 m 或 3 m×2 m;桑粮间作,采用实生桑条带状栽植,一般行距 30~50 m,株距每米一墩栽桑 4 株。桑树栽植后,要适时通过修剪和管理,培养成优良的树形,促进高产、高效。

十八、紫穗槐(*Amorpha fruticosa* L.)

别名棉槐、紫花槐。紫穗槐适应性很强,能耐-25 ℃以上的低温和在年降水量只有 210 mm 的沙漠边缘地带生长。同时,紫穗槐又具有耐湿特性,在短期被水淹而不死,林地流水浸泡 1 个月左右也影响不大。紫穗槐性喜光,在光照不足条件下,虽能生长,但很少开花结果。

紫穗槐系多年生优良绿肥,蜜源植物,耐瘠,耐水湿和轻度盐碱土,又能固氮。叶量大且营养丰富,含大量粗蛋白、维生素等,是营养丰富的饲料植物。

紫穗槐抗风力强,生长快,生长期长,枝叶繁密,是防风林带紧密种植结构的首选树种。紫穗槐郁闭度强,截留雨量能力强,萌蘖性强,根系广,侧根多,生长快,不易生病虫害,具有根瘤,改土作用强,是保持水土的优良植物材料。

紫穗槐造林方法很简单,可以采用植苗造林和直播造林两种方法。

(一)植苗造林

造林在春季进行,造林密度一般为株距 1 m、行距 1.5 m,在林带上可以栽植在乔木的行间或株间。为提高成活率,可截干造林,栽植不宜过深,要踏实,有条件的地方栽后灌水一次。

(二)直播造林

直播造林应当挖穴,穴的直径 50 cm 左右,穴内土壤要翻松,每穴播 8~10 粒种子,覆土 3 cm 左右。幼苗出土要加强管理，防止牛羊啃吃，春季播种为宜。墒情好的地区秋播也可。

十九、白蜡(*Fraxinus chinensis* Roxb.)

落叶乔木，在安徽等地多利用其适应性、萌芽性及枝条柔软、宜编织的特点，而培养成灌木，采割条子，故又称“白蜡条”。

白蜡木材富弹性，纹理通直，坚固耐用，力学强度大，耐水湿，可供制家具、农具、车辆、胶合板及运动器材等。白蜡是白蜡虫的最适寄主。虫蜡为我国著名的特产及传统出口商品，色白无臭，油滑有光泽，质坚而脆性，具稳定的理化性质，用途广，是军工、轻工、化工和医药生产上的重要原料。白蜡树皮中医学上称“春皮”，性苦、微寒，有泻热、明目、清肠、健胃、消炎功效。白蜡形体端正，树干通直，枝叶繁茂而鲜绿，速生，耐湿，秋叶橙黄，是优良的行道树和遮阴树。也是沟河堤护营造防护林的优良树种。

白蜡用途很广，它不仅是防风固沙的好树种，也是良好的编织用材，用条子培养成的白蜡杆弹力大、坚韧耐用，是优良的工具把和体育用品材料。白蜡叶是良好的饲料，经济价值很高，在长期和风沙作斗争的实践中，安徽省农民把白蜡和作物间种，形成独特的“农用林业”模式，称为“条农间作”，它对防风固沙、改善小气候、保障农业生产起到了明显作用。

(一)作为放养“白蜡虫”的母树

作为放养蜡虫、生产白蜡的蜡园，则应根据蜡虫的特性，选择园地。以年平均气温 16~19 ℃，年降水量 1 000 mm 以上，夏季具有较高的气温，海拔在 1 000 m 以下的河谷平原、低山丘陵地区最为适宜。成片造林，以放养雄虫生产白蜡为主的，每公顷栽植 500 株，株行距为 4 m×5 m；以放养雌虫繁育“种虫”的，每公顷栽植 1 667 株，株行距以 2 m×3 m 为宜。地边、田坎种植的，可因地制宜，株距 3~5 m。栽植前进行整地和定点挖穴，穴规格 60 cm×60 cm×50 cm，春季进行栽植。

白蜡成片造林，要加强幼树的松土、除草和施肥。用来放虫取蜡的，每年应松土除草 2 次，第一次在 5~6 月，并适当施肥，促使枝叶生长茂盛。第二次宜在 7~8 月。造林后第二年春季进行定干，定干高度 2 m 左右。侧枝发出后，选留 3~5 个分布匀称的健壮枝条作为主枝，其余剪去。5 年左右可放养蜡虫。成年蜡树一年要整形两次，一次在放虫前，一次在采蜡或采下种虫后。繁殖种虫的要轻修，取蜡的树宜重修。无论是育种虫或取蜡后，都要停止放养 1 年。

(二)作为采收“白蜡条”的经济树种

白蜡条多用条子扦插繁殖，也可播种育苗。

白蜡条造林，经常采用埋条造林、插条造林、分根造林三种方法。

(1)埋条造林。大面积造林多用这种方法，一般在冬、春两季进行，选用 1~3 年生的粗壮条子作母条，用犁开沟，将母条放在犁沟半坡上，再由两侧各覆一犁土，覆土厚度 6~10 cm。

(2)插条造林。选择一年生芽子饱满的壮条，截成 26~30 cm 的插穗，按照一定行距在整过的林地上进行造林，每 3~4 根插穗为一墩，插成“品”字形或正方形，插后要踏实，切忌外露太多,墩距 60~100 cm,冬春季均可进行。

(3)分根造林。也称栽疙瘩,从密度较大的地方挖出条墩(根块),冬季造林,或把条墩储藏起来,翌年春季造林均可。

造林后管理:造林后,要进行抚育管理,修枝打桠,防治病虫害,结合条粮间作,以耕代抚,促进幼林生长发育,生长快的可第二年平茬,一般栽植以后,第三年平茬,这样可以扩大根墩,增加萌条数量,提高条子产量。

二十、杞柳(*Salix purpurrea* L.)

杞柳为落叶丛生灌木,又叫稼柳、簸箕柳。柳条是很好的编织原料,栽植地点应选择深厚的沙壤土、高滩地或低湿的沙地,堤埂坡面、沟旁两岸、田埂、路边也适合栽植。

(一)整地

栽植前要全面整地,最好在造林前一年冬天深耕 20~25 cm,在堤岸、坡面或沟渠两旁造林,可以进行带状整地或块状整地。

(二)密度

立地条件好,生产细条,适宜密植,单行栽植,行距 40~100 cm、株距 15~30 cm;成片造林适宜带状栽植,在宽 60 cm 的带土插 4 行,行距 20~30 cm,带间距离 2~3 m。

(三)插条

应从 10 年生以下母树上剪取 1 年生的粗壮枝条,粗度约 1 cm,插条长 30~50 cm,在冬季或早春进行扦插,北方一般都在雨季扦插,干旱地区要深插,在低湿的地方可浅插。

(四)抚育管理

造林后第二年或第三年冬季进行平茬,以促进新条萌发,提高质量。

二十一、柽柳(*Tamarix chinensis* Lour.)

别名红荆条,是优良的盐碱地造林树种,在黄河流域及淮河流域的低洼盐碱地上广泛栽培,适应性强,喜光、不耐庇荫,枝条可供编织用。

(一)整地

选择地下水位较高的轻、中盐碱地或沙丘间盐渍化沙地,重盐碱地最好经脱盐改良后造林。在造林前一年的伏天进行全面整地,修成宽 1~1.5 m 的条田或台田,消灭茅草,并让雨水淋洗脱盐。

(二)造林

在冬初或早春造林,可用扦插或植苗造林方法。扦插造林技术:选择生长健壮的 1 年生萌芽条或苗干作插条,粗 1~1.5 cm,剪成长 20 cm 的插穗,用直插法秋插或春插,以秋插成活率较高。秋插后应在插穗上端封土成堆,来春扒开。春插时,插穗在地面露出 3~5 cm,以免表土含盐过多,侵蚀幼芽,影响成活。每穴插 2~3 根插穗,有利于提高成活率及促进苗期生长。植苗造林成活率更高,一般用 1 m×0.5 m 的穴距,每穴 2~3 株,每亩用条量 42 kg。

(三)抚育管理

造林后要严禁放牧,及时松土除草。

二十二、花椒(*Zanthoxylum bungeanum* Maxim.)

别名秦椒,我国栽培历史悠久,分布很广的香料、油料树种,多栽培在低山丘陵、梯田边缘、庭院四周。在深厚、肥沃、湿润的沙质、中性或酸性壤土上生长良好,在石灰质山地生长尤佳。

喜温树种,最不耐涝,最忌暴风,在庇荫下生长、结实均差。

(一)整地

花椒林地应选山坡下部的阳坡或半阳坡,土壤以疏松、排水良好的沙质壤土最好。在山顶或地势低洼易涝之处和重黏土壤上不宜栽植。造林前要细致整地,在山坡可实行等高线带状整地,带宽1 m,带间距2 m,每隔5 m修一条截水堰,以防冲刷。零星栽植,可进行块状整地,山坡可挖鱼鳞坑,坑长1 m、宽70 cm,坑距2~2.5 cm。平地可挖直径70 cm、深50~60 cm的圆穴。

(二)植苗造林

花椒以春、冬栽植较好,密度一般行距2 m、株距1.5 m,每亩栽220株,也可与薄壳山核桃、板栗等生长较缓慢的经济树种混交栽植,还可用花椒栽成生篱,防止牲畜为害,美化环境,又可获得收益。

(三)抚育管理

整形修剪是获得花椒高产、优质的主要技术之一。

1.防冻伤

花椒树抗寒力差,防霜冻是管理工作中很重要的一环。防冻办法:通常在小树时用压倒埋土法。防霜办法:冬季树干涂白涂剂,迎风方向栽植2~3行乔木防护林带,下雪后及时扫除枝干上的积雪等。

2.防治虫害

花椒主要虫害有蚜虫、花椒天牛、黄风蝶、黑绒金龟子、金花虫等,应及时防治。

二十三、乌桕(*Sapium sebiferum* Roxb.)

(一)生物生态学特性

乌桕为落叶乔木,高达20 m,树冠近球形,全体无毛,具有毒的乳液。树皮暗色,纵裂。小枝细,无毛。叶近菱形或菱状卵形,纸质,先端突渐尖,基部宽楔形,全缘,秋季落叶前常变为红色。叶柄细长,顶端有2腺体。花单性,雌雄同株,雄花3朵形成小聚伞花序,再集生为葇荑状复花序,雌花通常1至数个生于花序的下部,花黄绿色。花期5~6月,果期11月。通常5~6年结实,10~40年为盛果期。蒴果木质,椭圆状球形或三角状圆形,直径1.5 cm左右,含种子3粒,成熟时果皮呈黑褐色,3裂,露出种子着生于中轴而不落。种子近球形、黑色,外被白色蜡质层。

乌桕对环境条件要求不严,较耐寒,年平均温度15 ℃以上,年降水量750 mm以上地区都可生长。主产区年平均气温在16~19 ℃,年降水量在1 000~1 500 mm。对土壤适应性较强,在酸性土、钙质土及含盐量0.25%以下的盐碱地上均能生长。以深厚、湿润、肥沃的冲积土生长最好。乌桕喜潮湿,要求有较高的土壤湿度,能耐短期积水,也有一定的耐旱力,土壤水分条件好,生长旺盛,果大而种子发育充实;土壤干旱则果小,种子发育不良。

乌桕为喜光树种,主根发达,抗风和抗病能力强。乌桕对有毒气体二氧化硫及氟化氢具有较强的抗性。据调查,乌桕在距产生有害气体工厂的高炉 40 m 处,每千克枝叶含氟化氢 840 mg 的情况下,仍能生长茂盛。因此,是工矿区绿化的优良树种。

(二)造林方法

1.林地选择

乌桕成片造林应选择海拔 800 m 以下,土层深厚、肥沃的地方,适宜山地造林、"四旁"植树、河滩和渠道绿化。

2.整地

乌桕造林地整地方式分为全面整地、带状整地、穴状整地。全面整地即为林地清理后全面翻耕,深度≥30 cm,地块破碎;带状整地即为带状清理后整成水平梯地,在水平带内全部深翻,深度≥30 cm;穴状整地规格为穴直径 60 cm,深度≥40 cm。平缓地、易积水林地应开排水沟,深度约 30 cm,若林地坡度较大,应在栽植穴下坡位做高 20 cm 的平台。

3.造林

由于乌桕主根长,起苗时,要深挖,注意保护主根,至少 20 cm 以上,否则,影响造林成活率。一般每公顷栽植 450 株左右,株行距 4~6 m。成片造林实行林粮间种为好,株行距为 6 m×6 m 或 6 m×7 m,每公顷 240~285 株。在"四旁"、渠道、道路绿化株距 5~6 m。

(1)山地造林。山地造林应选海拔 800 m 以下,土壤深厚、肥沃的阳坡,坡度在 15°以下。采用筑梯地或宽 3 m 以上的宽水平带造林,造林后长期套种农作物。在梯田埂和水平带边可种茶叶、黄花菜等经济作物,以保持水土、增加收益。山地成片造林株行距以 6 m×6 m 或 6 m×7 m,每亩 15~19 株为宜。

(2)"四旁"植树。乌桕喜肥、好光,生长迅速、结果快、收益大,且其秋季红叶,利用乌桕作为"四旁"绿化树种,可以收到"经济、美观、实用"的效果。浙江兰溪市衢县一带广泛作为行道树,"绿荫护夏,红叶迎秋"。浙江临安县藻溪至西天目山的一段公路上,路两边的乌桕行道树,每千米年收桕籽 500 多 kg。道路绿化,路两边各植一行,株距 6 m。造林时宜用大苗。村旁、宅旁由于土壤光照条件好,一般均能速生丰产。

(3)河滩、渠道绿化。乌桕喜湿,耐短期和间断积水,是河滩造林的好树种。在河滩栽植成林带可以固岸、淤沙。株距宜为 5~6 m,在圩堤造林,最好在堤基以外 5~6 m 处种植,以免树根横穿堤脚,影响堤坝安全。

4.抚育管理

林粮套种:生产实践证明,不论是在平原或丘陵山地,生长结果比较好的成片桕林,均进行林粮套种,否则生长结果均差。林粮套种是乌桕的主要经营方式,乌桕为深根性树种,在浙江桐庐等地在林内套种,从幼林开始就进行土壤深耕,清除地表乌桕根系,使其向深层发展,土壤上层让农作物根系发展,这样,乌桕与农作物根系矛盾相对较小,同时,由于乌桕根系向土壤深层发展,可以增强抗旱性。乌桕发叶迟、落叶较早,且树冠透光度较大,对农作物的影响也较小,由于套种农作物,经常中耕、除草、施肥,可以大大促进乌桕生长与结果。

目前在安徽、浙江、湖北等省,套种的春季作物有大麦、小麦、蚕豆、豌豆、马铃薯、油菜,夏秋作物有黄豆、马料豆、绿豆、赤豆、玉米、高粱、红薯、小米、芝麻、芋艿、蔬菜等;绿肥有冬季绿肥紫花苕子、红花草子、黄花苜蓿、肥田萝卜等,夏季绿肥猪屎豆、乌豇豆、印尼绿豆等。还有多年生宿根作物和灌木,如茶叶、紫穗槐、黄花菜等。安徽省黄山地区在茶园种植乌桕树,对改善小气候环境的盐分有效。夏秋季借助乌桕树稀疏的林冠为茶树遮阴,茶树-乌桕间植茶园的太阳总辐射低于茶树的光饱和点,其散射辐射比普通纯茶园增加,散射辐射与直接辐射的比率高达 0.78~0.90,气温及湿度得到调节,宜于茶树正常生长;茶树及乌桕树的根系分别从浅层及深层吸收土壤水分,提高了土壤水的利用率。因此,茶园间植乌桕可减轻夏季热旱危害茶树生长,提高茶叶产量和品质,是江南茶区生产优质绿茶的一种人工生态模式。

此外,花生等豆科作物可增加土壤氮肥;花生、红薯等蔓茎作物匍匐地面,可减少水土流失和地表蒸发,在中耕和收获时可疏松土壤,其本身产量也较高。麦类、高粱、玉米等耗肥力强,宜在土壤条件好、幼林密度小的条件下种植,同时要施肥,以补充土壤肥力。

(三)病虫害

乌桕病害很少,但虫害较多,主要包括小地老虎、蛴螬、乌桕毒蛾、樗蚕、水青蛾、大桕蚕、乌桕卷叶虫和袋蛾等。

二十四、榉树(*Zelkova schneideriana* Hand.-Mazz.)

榉树材质坚硬、有弹性,耐腐、耐磨,不容易翘裂,纹理美观、有光泽,结构细致,边材宽,浅红褐色,抗压力强。用途较广,可供船舶、桥梁、建筑、高档家具用材。其树皮富含纤维,为人造棉、绳索、造纸等原料。

榉树树干通直,树形优美,绿荫浓密,抗风能力强,又耐烟尘,秋叶深红,是城市矿区、园林绿化和营造防风林的优良树种。树冠庞大,落叶量多,有利改良土壤,特别是石灰岩土层较深的山地,营造用材林,发展前景广阔。

榉木比一般木材坚实,在明清家具用材中占有重要位置,自古即受人重视。尤其在民间,使用极广。这类榉木家具多为明式,造型及制作手法与黄花梨等硬木家具基本相同,具有相当高的艺术价值和历史价值。

(一)栽植技术要点

榉树成片造林宜选择在低山丘陵区或山区土壤肥沃、湿润的山麓、山谷等地。栽植前细致整地,挖成 50 cm×50 cm×40 cm 的栽植穴。栽植季节宜在 2~3 月,选取无风阴天或小雨天气。栽植前用 10%~15%的过磷酸钙泥浆蘸根,以提高成活率。栽植时要根舒不弯曲,回填土要实,栽植深度一般在原根颈土印以上 3~5 cm 为宜。栽植密度适当大些,以后再进行疏伐,或与栎类混交,以后伐除伴生树种,形成纯林,既可利用侧方庇荫抑制侧枝生长,促进高生长,又可利用间伐材作为薪炭来源。造林密度每公顷 2 500~3 125 株,株行距可为 2 m×1.6 m 或 2 m×2 m。

(二)抚育管理

苗木栽植后的 5 年内,每年抚育 2 次,分别于 6 月和 8~9 月进行。同时,做好修枝工作。榉树是合轴分枝,发枝力强,顶芽常不萌发,每年春季由梢部侧芽萌发 3~5 个竞争枝,直干性不强,在自然情况下,多形成庞大树冠,不容易生出端直主干。为培养通直主干,栽后每年必须修剪。此外,采用纵伤的办法,促进树干直径生长。在榉树胸径 4~5 cm 时,在每年春季萌芽时,用利刀在树干上划几道纵切口,深达木质部。在幼林郁闭后要及时进行间伐,以防植株过密,影响生长。

二十五、全缘叶栾树(*Koelreuteria bipinnata* Franchet)

(一)生物生态学特性

全缘叶栾树又名黄山栾,为复羽叶栾树的变种,属无患子科栾树属高大落叶乔木。高达 20 m,树皮暗灰色,小枝棕红色,密生皮孔。二回奇数羽状复叶,连柄长 30~50 cm,总叶轴和羽片叶轴上面一边有卷曲短柔毛,稀老时无毛,或至少在羽片着生处仍存有卷曲短柔毛;复叶有羽片 4 对,第二回羽片通常有小叶 7~9,仅复叶基部一对羽片各为 3 小叶,叶厚纸质,长椭圆形至长椭圆状卵形,长 3~10 cm、宽 1.5~4.5 cm,先端渐尖,基部圆或宽楔形,通常全缘,偶有锯齿,或近顶端一侧有疏锯齿,两面无毛或沿脉有卷曲的短柔毛。花黄色,萼片 5;雄蕊 8,花丝有毛。蒴果肿胀,椭圆形,由膜质 3 枚薄片组成,长 4~5 cm,顶端钝而短尖,嫩时紫红色;种子近圆形,黑色。花期 7~8 月,果期 9~10 月。

黄山栾喜温暖湿润气候,耐寒性较强。幼苗有一定耐阴性,天然更新能力强,大树下面种子发芽成苗很多,能飞籽成林,根可以形成根蘖苗,深根性,主、侧根发达,移栽成活率高。胸径 20 cm 以上大树裸根移植能保证成活率,非常适合城市园林绿化工程需要,主枝、主干萌芽能力强,树冠恢复快。

产于安徽、江苏、浙江、广东、广西、江西、湖南、湖北、贵州等省区,具有适应性强、用途广泛、观赏价值高等优点,适用于我国华东、华中、西南、华南等广大地区城乡园林绿化。

(二)造林技术

1.林地选择

造林地宜选择交通方便、土层深厚、土壤肥沃、石砾含量少、坡度小于 10°的丘陵冈地或排水良好的圃地。

2.整地方式

整地方式有机垦和人工全垦 2 种方式。山地多用挖掘机整地,挖掘深度 40 cm,清除原有树根和较大的石块,并对造林地进行平整,使造林地没有低洼积水的地方,排水顺畅,用挖掘机每隔 3 m 开挖宽 50 cm、深 40 cm 的排水沟,使造林地形成床宽 3 m、沟宽 50 cm 的苗床;苗圃和农田地多采用人工或机械翻耕,深 25~30 cm。在偏远山区,受经济条件限制,丘陵山地造林也可以采用穴状、带状整地。一般秋冬整地,春季造林。

3.造林

一年生实生苗造林,一般在 2~3 月进行,长江以南无冻害地区可以在落叶后进行秋季造林。造林采用裸根苗,在整好的苗床上按株行距打点挖穴,穴规格为 0.5 m×0.5 m×0.4 m,栽苗后培土略低于地面 5~6 cm,浇定根水,浇透水后培土踩实。栽植胸径 4~5 cm 的大苗,一般从 3 m 或 3.5 m 处定干,特别是长距离运输移植的苗木,起苗后要立即定干,减少水分散失,方便运输。如果从起苗到栽植时间能控制在 48 h 之内,可以裸根移植,从而降低成本;若栽植时间不能确定,要带土球移植,土球直径为胸径的 7~8 倍。用胸径 8~10 cm 的大苗定植,培育大型行道树和孤植木,最好就近移植,移植时间长江以南无冻害地区,落叶后移植效果好,长江以北地区最好在 2 月移植。采用裸根移植要进行强度修剪,保留一级侧枝;采用带土球移植,可以保留 3 级分枝。

(三)主要病虫害

黄山栾幼苗病害主要为根腐病、茎腐病,主要虫害为地下害虫,以蛴螬、地老虎幼虫蛟食嫩茎、幼根为主。幼龄林主要虫害为天牛幼虫在根颈部蛀食。

二十六、女贞(*Ligustrum lucidum*)

(一)生物生态学特性

常绿乔木,高达 15 m。树皮灰褐色,平滑不开裂;枝条开展,树冠倒卵形。单叶对生,革质,卵形至卵状披针形,长 6~12 cm,先端渐尖,基部宽楔形或近圆形,全缘,上面深绿色,有光泽,下面淡绿色,平滑无毛。顶生大型圆锥花序,长 12~20 cm;花白色,几无柄;花冠裂片与花冠筒近等长;雄蕊 2 枚,与花冠裂片近等长。核果长椭圆形,长约 1 cm,蓝黑色,微弯曲。花期 6~7 月,果期 10~12 月。

本省各地均有栽培,为"四旁"绿化常见树种。分布于我国秦岭、淮河流域以南各省(区),河北(南部)、山东(南部)均有栽培。

本种为庭园绿篱及行道树常用树种,能放养白蜡虫,果可入药,木材可为细工用材,种子含不干性油 10%~15%,可制肥皂。

(二)造林技术

1.林地选择

女贞是浅根性树种,侧根主要分布在 50 cm 以上的土层中,主根也不深,因此女贞宜在砂页岩、花岗岩、变质岩、砂岩等发育的酸性或微酸性壤土和轻黏土上造林,要求土层深厚、湿润、质地疏松、肥沃,有利于速生丰产,提高单位面积产量。

2.整地

整地分为全垦、带状、块状整地。在坡度 25°以下的荒坡可全垦造林,坡度 25°以上的宜采用带状整地。生态造林株行距为 2 m×3 m,每亩 110 株;城市绿化、生产女贞子中药材造林株行距为 4 m×4 m,每亩 42 株;坑的规格为 40 cm×40 cm×30 cm,挖坑时把表土、心土分别放于坑的两旁,施足基肥,每坑施放磷肥或复合肥 50 g,与坑土充分拌匀,先填回表土,再填回心土,待雨水到来时即可栽植。

3.造林

女贞造林时间为立春前后,起苗应保持根系完整,起苗后马上用黄泥浆将根扎把,每把以 50 株为宜,及时运至造林地,最好当天起苗当天栽植。栽植时要注意苗木放正、根系舒展,培土先放表土,后放心土,做到三埋二踩一提苗,层层踩实,再放一层松土以利于保持土壤水分。一般雨天造林成活率可达 95%以上。

4.水肥管理

女贞是偏喜湿性不耐旱的植物,移栽后 3 d 每天浇水 1 次,此后,根据雨水情况可以每隔 25 d 左右浇水 1 次,浇水后需及时松土保持土壤的透气性,浇水水量要适中,防止水多导致根系腐烂,夏天雨水较多时,也应及时排水。通常在 11 月底至 12 月初,女贞林要注意浇足防冻水,浇水量以昼化夜冻为宜。翌年早春时,女贞林需浇灌 1 次解冻水,此后至秋末每月浇水 1 次,按第 1 年方法进行浇水。女贞喜肥,需保证林地有充足的肥料,能够保证树木长势旺盛,增强抗病虫害能力。女贞在移栽时需施腐熟发酵的有机肥作为基肥,5 月中旬施氮肥,7 月上旬施磷肥和钾肥。女贞在入冬前,在浇灌防冻水的同时,浅施半腐熟的圈肥有机肥。移栽第 2 年 6 月,女贞林施 1 次氮磷钾复合肥,秋末再施 1 次半腐熟圈肥,第 3 年后,女贞林以秋末施有机肥为主。

5.林地土壤管理

女贞幼林抚育可采用中耕除草与林农间作相结合的方式,一般以全面中耕除草为主,带状、块状除草为辅,造林前 2 年,每年松土除草 2 次,分别在每年 4~5 月、8~9 月进行。以幼苗为中心半径 60 cm 范围内,扩坑松土除草,深度 10~20 cm。林农间作,以农抚林,以耕代抚,既充分利用土地,又有效抚育幼树,通常采用红薯、黄豆等矮秆作物进行间种。

(三)主要病虫害

褐斑病和煤污病是对女贞危害较大的 2 种病害,虫害主要为介壳虫和蚜虫。女贞褐斑病主要危害女贞的叶片,初期叶片出现褐色斑块,斑块周围有紫色轮廓,斑块上着生黑色霉状物,病情加重后,病斑扩大连接,最后整个叶片脱落。女贞煤污病主要危害女贞的叶片和枝干,初期主要表现为黑色霉点,最后逐渐扩散增多,严重影响光合作用。为防治女贞煤污病,需加强林木修剪,保持林地的透光性。

二十七、无患子

(一)生物生态学特性

无患子树高达 25 m,为落叶乔木。树皮呈黑褐色或者灰褐色;枝开展,小枝无毛;奇数羽状复叶,叶连柄长 25~45 cm,互生或近对生,无托叶,小叶 5~8 对,通常近对生,呈长椭圆状披针形或镰刀形,长 6~15 cm、宽 2.5~5.0 cm,顶端短尖或短渐尖,基本宽楔形或斜圆形,叶面平展,左右不等;花序顶生,圆锥形;萼片呈卵形或长圆状卵形,共 5 片,外(2 片)短内(3 片)长;成熟果近球形,蜡黄色或棕色,干时变黑色,皱缩;种子球形,黑色,种脐线形,周围附有白色茸毛;种仁成熟时为黄色。

无患子喜光、稍耐阴,耐寒能力较强;根深,根系发达,对土壤要求不严,可以在贫瘠的土壤甚至无有机质的土壤上生存,抗风力强,是公认的抵抗土地沙漠化的树种;不耐水湿,但抗旱能力强,在极端干旱的条件下依然能够正常生长;6 年生苗木开始挂果,产量逐年增加,生长速度快,易于栽植养护,寿命长,有 100~200 年树龄。

(二)造林技术

1.林地选择

选择地势平坦、排灌水方便、交通便利、土壤肥沃、通气良好的地块。土壤选择壤土或沙质壤土最佳。

2.整地

在坡度平缓的林地采用全垦的方式整地,整地深度 30~40 cm,栽植穴规格为 40 cm×40 cm×35 cm。整地时间为秋、冬季节,整地前清理林地杂草、灌木,林地翻挖后清理石头、树桩、树根。整地时应适当保留山顶、山腰、山脚部位的植被,防止水土流失,水保带宽

2～3 m。

3.造林

选择具有完整根系、枝干通直、芽体饱满的一年生苗木。感染过病虫害、劈裂、根系过短、机械损伤严重、失水严重、干枯以及根系霉烂等类型的苗木严禁用于造林。

通常在春季进行造林。造林密度分为密植和稀植2种模式。密植模式下造林密度为167株/亩或72株/亩,稀植模式下造林密度为42株/亩。裸根苗穴植法:穴口径40 cm、深35 cm,栽植时截除幼苗主根过长的部分,保留主根长25～30 cm,栽植深度25～30 cm,栽植时先填表土,后填心土,分层覆土,层层踏实,穴面覆盖一层虚土,浇定根水。容器苗或带土球苗栽植法:栽植穴大于容器或土球,栽植时去掉容器或土球捆扎带,容器苗或土球苗栽植深度以表面略低于土面为宜,然后踩紧踏实,浇透水,再覆一层虚土。

4.抚育管理

苗木栽植后,根据土壤肥力和幼苗生长状况确定施肥种类和施肥量。基肥在浅耕整地时施加,肥料均匀撒入圃地,耙匀,常用的基肥有菜籽饼和复合肥。幼树生长季节追施氮、磷、钾复合肥,施肥量25～50 g/株,冬季结合抚育施腐熟鸡粪1 000 g/株。2年生无患子幼苗可在雨天撒施复合肥375 kg/hm^2。

根据培育的无患子苗的用途确定定干高度。在幼树生长过程中及时剪除生长过密而造成树冠透光性差的枝条,修剪掉从根部或修剪愈口处新萌发的枝条;及时扶正或立杆绑扎因受外力影响而造成的歪斜或者树干弯曲的树木。

(三)病虫害

无患子常见病害有立枯病和灰霉病,常见虫害有臭椿皮蛾、天牛、一点蝙蝠蛾。

二十八、薄壳山核桃(*Carya illinoensis* (Wangenh.) K. Koch)

薄壳山核桃又名美国山核桃,为胡桃科落叶大乔木,树干端直,树冠近广卵形,根系发达,耐水湿,可孤植、丛植于湖畔、草坪等,宜作庭荫树、行道树,亦适于河流沿岸及平原地区绿化造林,为很好的城乡绿化树种和果材兼用型阔叶树种。坚果壳薄个大,果仁味美浓香、营养丰富,种仁含油量达70%以上,可生食、炒食,制作糕点或榨油,长期食用有防衰老、乌发、明目、补肾、健脑之功效。材质坚固强韧,纹理致密,富于弹性,不易翘裂,为优良的军工用材。

(一)生物学特性

大乔木,高可达50 m,胸径可达2 m,树皮粗糙,深纵裂。芽黄褐色,被柔毛,芽鳞镊合状排列。小枝被柔毛,后来变无毛,灰褐色,具稀疏皮孔。奇数羽状复叶,雄花为葇荑花序,3条1束,几乎无总梗,花药有毛;雌花序为穗状、直立,有雌花3～10朵,花序轴密被柔毛,总苞长卵形,其裂片有毛。果实矩圆状或长椭圆形,实生树果形和大小变异大,外果皮有4条纵棱,果熟时沿纵棱裂开成4瓣。核果果壳表面光滑,淡灰或灰黄褐色,巨褐色粉末状斑痕,在顶部具黑色条纹,基部不完全2室。4～5月开花,9～11月果实成熟。

(二)造林技术

1.果用林

(1)苗木及配置。一般选用2年生以上优良品种嫁接苗,薄壳山核桃属雌雄同株异花，因此合理配置授粉树是早果、丰产的重要措施。果用林连片造林，至少应配置 2～3 个品种，配置原则是各品种之间花期基本一致，可分行配置或混杂配置，主栽品种与授粉品种按 8∶1配置。栽植密度一般为 8 m×10 m，每公顷 120 株左右。初植密度可为 3 m×10 m、4 m×6 m、5 m×6 m，最终密度为 6 m×10 m、8 m×6 m、5 m×12 m。

（2）整地。入冬前进行林地清理和整地，先砍除杂草、灌木，再全面挖掘深翻，并清除石块、树根等杂物，让土壤熟化，然后挖大穴，规格 100 cm×100 cm×100 cm，定植时，每穴可施 20～30 kg 腐熟农家肥作底肥，并将表土入穴。植苗时，将表土回填好，扶正苗木，让根系舒展，且苗根不能与基肥直接接触，分层回填土并踩实，并将嫁接苗接口露出土面，栽植后及时浇足定根水。灌足水分后可用 1 m^2 地膜覆盖于根际，并在地膜上覆盖厚达 2 cm 土壤，压实，或在苗木根际四周，放置一些稻草等覆盖物并压上 1 cm 土壤，以利于保温、保湿，防止杂草生长，提高成活率。

（3）定干整形。定植当年不做修剪，只将主干扶直，并保护好顶芽。待春季发芽后，顶芽向上直立生长，将其作为中心干。一般定干高度在 0.8～1 m。幼树不宜过多修剪，可采用摘心法，促发分枝，并通过修剪，对选留的主枝、侧枝，采用撑、拉、绑、刻的方法，形成合理的树体结构，多为主干疏层形和开心形。结果枝应适度短截，控制树冠横向扩展，防止结果部位外移，剪除徒长枝、交叉枝、病虫枝和细弱枝、过密枝、重叠枝。

2.果材兼用林

（1）苗木及配置。选用主干明显、直立、干形较好的实生苗或嫁接苗进行造林。密度一般为 5 cm×6 cm。

（2）整地等造林技术同果用林。

（3）修枝。主要促进树体直立向上，对主干上的部分主枝逐步修剪去除，使主枝稀疏交错排列，形成无层形的骨架。

3.抚育管理

（1）间作。可间作豆类、蔬菜、药材、小麦、花生等矮秆作物，不宜间作高秆、藤蔓类、根系发达扎根较深的作物。

（2）施肥。采用条沟法或环状沟，于 9 月至 10 月底施足基肥，基肥以农家肥等有机肥料为主，追肥以速效化肥为主。一般栽植后第 1 年不施肥，第 2 年开始，每年施 2～3 次肥。萌芽期施速效肥为主，生长旺盛期，可在叶面喷液态有机肥，进入休眠期前，施用沤熟的有机肥。

（3）中耕除草。有间作的可以耕代抚，如新造林未进行地膜覆盖，可人工去除幼树根际和周围杂草；没有进行间作的，定植穴外每年应进行中耕除草 2～3 次，可与施肥结合进行。

（4）水分灌溉。冬季要浇足越冬水及萌芽水，雨季要及时排水防涝。

（三）病虫害防治

遵循“预防为主、科学防控”的防治方针，创造不利于病原微生物及害虫滋生的环境条件，保护利用各类天敌，保持园内生态平衡，以营林技术控制为基础，提倡生物防治，辅以灯光诱杀，力求做到无公害防治。对薄壳山核桃危害较大、影响较广的有木蠹蛾、天牛、金龟子等十多种害虫。常见的病害有叶斑病、疮痂病和絮状根腐病等。可实施冬季清园、树干涂白、翻土、修剪、排水、控梢等营林措施提高树势。也可采用黑光灯、糖醋液加农药等防治害虫，或人工捕捉天牛、金龟子等。在虫害较重且其他措施未能控制时，限量使用化学农药进行防治，农药使用应符合 GB/T 8321 的规定。

二十九、石榴（*Punica granatum* L.）

落叶乔木或灌木，树高可达 5~7 m，在安徽境内均有分布。喜温暖向阳的环境，耐旱、耐寒，也耐瘠薄，不耐涝和荫蔽。对土壤要求不严，但以排水良好的夹沙土栽培为宜。

（一）栽培技术

1.育苗方法

（1）短枝插。萌芽前，从树势健壮的母株上剪取无病虫的一、二年生枝条作为种条，将种条截成有 2~3 节的短插枝，插枝下端近节处剪成光滑斜面，剪截后将其杀菌处理，之后把插条下端放在生根粉水溶液中浸泡。按 30 cm×12 cm 的行株距，将插条斜面向下插入土中，上端的芽眼距地 1~2 cm。插完后立即浇水，灌水后可用地膜或麦糠覆盖保墒。

（2）长枝插。多用于直接建园或庭院内少量繁殖。选 1~2 年生 80~100 cm 长的插条，插条与地面夹角成 50°~60°斜插入土内 40~50 cm 深，然后边填土边踏实，最后灌水并修好树盘，覆盖地膜或覆草保墒。

（3）折叠压条。萌芽前将母树根际较大的萌蘖从基部环割造伤促发生根，然后培土 8~10 cm，保持土壤湿度。秋后将生根植株断离母株成苗。也可将萌蘖条于春季弯曲压入土中 10~20 cm，并用刀刻伤数处促发新根，上部露出顶梢并使其直立，后切断与母株的联系，带根挖苗栽植即可。

2.造林方法

秋季落叶后至翌年春季萌芽前均可栽植。造林地应选向阳、背风、略高的地方，土壤要疏松、肥沃、排水良好。栽植时要带土团，地上部分适当短截修剪，栽后浇透水。

（二）整形修剪管理

石榴需年年修剪，可整成单干圆头形，或多干丛生型，也可强修剪整成矮化平头型树冠。在进入结果期，对徒长枝要进行夏季摘心和秋后短截，避免顶部发生二次枝和三次枝，使其储存养分，以便形成翌年结果母枝，同时还要及时剪掉根际发生的萌蘖。

（三）病虫害管理

虫害防治主要应着重于坐果前后两个时期，前期防虫，后期防病害。石榴树从 4 月底到 5 月上中旬易发生刺蛾、蚜虫、蛴象、介壳虫、斜纹夜蛾等害虫。

石榴树夏季要及时修剪，以改善通风透光条件，减少病虫害发生。坐果后，病害主要有白腐病、黑痘病、炭疽病。每半月左右喷 1 次等量式波尔多液稀释 200 倍液，可预防多种病害发生。病害严重时可喷退菌特、代森锰锌、多菌灵等杀菌剂。

三十、悬铃木（*Platanus*）

悬铃木科悬铃木属，中国引入栽培的 3 种，二球悬铃木（*Platanus×acerifolia*）也称英桐，一球悬铃木（*Platanus occidentalis*）又称美桐，三球悬铃木（*Platanus orientalis*）又称法桐。现在我们通常把这三个种统称法桐。落叶大乔木，高可达 35 m。喜光，喜湿润温暖气候,较耐寒。适生于微酸性或中性、排水良好的土壤,微碱性土壤虽能生长,但易发生黄化。根系分布较浅,台风时易受害而倒斜。抗空气污染能力较强,叶片具吸收有毒气体和滞积灰尘的作用。本种树干高大,枝叶茂盛,生长迅速,易成活,耐修剪,所以广泛栽植作行道绿化树种,也为速生用材树种;对二氧化硫、氯气等有毒气体有较强的抗性。

(一)育苗方法

悬铃木使用播种、扦插方式均可进行繁殖,但以扦插为主要繁殖方式。

(1)采集插条。秋末冬初采条较佳,选择生长健壮的1年生枝条,树冠处1年生的萌条也可。

(2)插穗处理。截成15~20 cm长的插穗,插穗保留2~3个饱满芽。下切口离芽基部约1 cm,以利愈合生根,上切口距离芽先端0.8 cm左右,以防顶芽失水枯萎。冬季可沙藏处理。春季可随采随插。

(3)扦插。选排水良好、土质疏松、深厚肥沃的地块,进行深翻、消毒、整平后做成扦插床。待3月上中旬,按株行距15 cm×30 cm进行扦插。

(4)苗期管理。悬铃木插穗上主芽的两侧有副芽和潜伏芽,插穗已经成活生根后,萌芽条高6~10 cm时,留一个强壮枝培育主干,其余均剪除。生长期间,枝叶过密时要适当剪去二次枝,摘除黄叶,保持通风透光。在此期间的水肥、除草、病虫害防治等工作也很重要。

(二)造林方法

可参见杨树。

(三)病虫害防治

危害悬铃木的主要有星天牛、光肩星天牛、六星黑点蠹蛾、美国白蛾、褐边绿刺蛾等害虫。防治上多采用人工捕捉或黑光灯诱杀成虫、杀卵、剪除虫枝集中处理等方法。

三十一、桂花(*Osmanthus* sp.)

桂花是常绿乔木或灌木,性喜温暖、湿润,抗逆性强,既耐高温,也较耐寒,是中国传统十大名花之一,集绿化、美化、香化于一体的观赏与实用兼备的优良园林树种。桂花清可绝尘,浓能远溢,堪称一绝。桂花对土壤的要求不太严,除碱性土和低洼地或过于黏重、排水不畅的土壤外,一般均可生长,但以土层深厚、疏松肥沃、排水良好的微酸性沙质壤土最为适宜。桂花对氯气、二氧化硫、氟化氢等有害气体都有一定的抗性,还有较强的吸滞粉尘的能力,常被用于城市及工矿区绿化。

(一)育苗方法

1.播种法

4~5月桂花果实成熟,果皮变为紫黑色时即可采收。桂花种子去皮清除果肉,置阴凉处使种子自然风干,混砂储藏半年,秋播或春播。砂藏期间要经常检查,防止种子霉烂或遭鼠害。播种前要整好地,施足基肥,亦可播于室内苗床,每亩用种量约20 kg,可产苗木3万株左右。小苗第3年可移植栽培。

2.嫁接法

嫁接砧木多用女贞、小叶女贞、小蜡、水蜡、白蜡和流苏(别名油公子、牛筋子)等。大量繁殖苗木时，北方多用小叶女贞，在春季发芽之前，自地面以上 5 cm 处剪断砧木；剪取桂花 1~2 年生粗壮枝条长 10~12 cm，基部一侧削成长 2~3 cm 的削面，对侧削成一个 45°的小斜面；在砧木一侧约 1/3 处纵切一刀，深 2~3 cm；将接穗插入切口内，使形成层对齐，用塑料袋绑紧，然后埋土培养。

3.扦插法

在春季发芽以前，用一年生健壮枝条，切成 5~10 cm 长，剪去下部叶片，上部留 2~3 片绿叶，插于河沙或黄土苗床，株行距 3 cm×20 cm，插后及时灌水或喷水，并遮阴，保持温度 20~25 ℃，相对湿度 85%~90%，2 个月后可生根移栽。现在大多采用嫩枝扦插，在夏初桂花嫩枝半木质化时进行，剪成一干双叶小段，用 200 mg/kg ABT 生根粉溶液浸泡 10~15 min，沥干水分插于河沙或黄土苗床，株行距 3 cm×20 cm，插后及时灌水或喷水，并覆盖塑料薄膜保湿，中午温度超过 35 ℃时，揭开两头塑料薄膜通风降温，加透光率 75%的遮阳网遮阴。30~40 d 即可生根。2 个月后撤除塑料薄膜炼苗，立秋后或第二年春季即可移植。

（二）造林方法

应选在春季或秋季，尤以阴天或雨天栽植最好。选在通风、排水良好且温暖的地方，光照充足或半阴环境均可。移栽要打好土球，以确保成活率。栽植土要求偏酸性，忌碱土。

（三）整形修剪

因树而定，根据树姿将大框架定好，将其他萌蘖条、过密枝、徒长枝、交叉枝、病弱枝去除，使其通风透光。对树势上强下弱者，可将上部枝条短截 1/3，使整体树势强健，同时在修剪口涂抹愈伤防腐膜保护伤口。

（四）病虫害

桂花主要病害有褐斑病、枯斑病、炭疽病等叶部病害，这些病害可引起桂花早落叶，削弱植株生长势。桂花虫害较少。

三十二、银杏（*Ginkgo biloba* L.）

银杏为落叶大乔木，胸径可达 4 m，安徽省均适于其栽植生长。初期生长较慢，萌蘖性强。雌株一般 20 年左右开始结实，500 年生的大树仍能正常结实。银杏树的果实俗称白果，因此银杏又名白果树。银杏树生长较慢，寿命极长，自然条件下从栽种到结果要 20 多年，40 年后才能大量结果，因此又有人把它称作“公孙树”，有“公种而孙得食”的含义，是树中的老寿星，具有观赏、经济、药用价值。

银杏有杀死农作物病虫的功能，尤其对棉铃虫、叶螨、桃蚜、二化螟虫等尤其有效。在农业区周围种植银杏，为作物虫害天敌，以保护农作物。

（一）育苗方法

银杏的繁殖方法很多，大致有播种、分蘖、扦插、嫁接 4 种方法。

1.播种法

秋季采收种子后，去掉外种皮，将带中果皮的种子晒干，当年冬播或翌年春播（春播，应进行混沙层积催芽）。播种时，将种子胚芽横放在播种沟内，覆土 3~4 cm 厚并压实。

幼苗当年可长至 15~25 cm 高,秋季落叶后即可移植。

2.嫁接法

嫁接繁殖,可提早结果,达到植株矮化、丰满、丰产的目的。嫁接法一般于春季 3 月中旬至 4 月上旬采用皮下枝接、剥皮接或切接等方法进行。接穗多选自 20~30 年生、生长力强、结果旺盛的植株。一般选用 3~4 年生枝上具有 4 个左右短枝作接穗,每株一般接 3~5 枝。嫁接后 5~8 年开始结果。

3.扦插法

扦插繁殖分为老枝扦插和嫩枝扦插两种。

老枝扦插一般于春季 3~4 月剪取母株上 1~2 年生健壮、充实的枝条,剪成每段 10~15 cm 长的插条,扦插于细黄沙或疏松的土壤中,插后浇足水,保持土壤湿润,约 40 d 即可生根。此法适用于大面积绿化育苗等。嫩枝扦插是在 7 月上旬,取下当年生半木质化枝条,剪成 2 芽一节的插穗或 3 芽一节的插穗,用 100 mg/kg ABT 生根粉浸泡后,插入透气沙质土壤苗床,注意遮阴,保持空气湿度,待发根后再带土移栽于普通苗床。第二年春季即可移植。

4.分蘖繁殖

利用银杏树的根际萌蘖进行分蘖繁殖是一种常用的方法。分蘖繁殖利用原有根蘖萌生的幼苗进行切离繁殖,利用分蘖繁殖的小苗,可以直接定植,不需在苗圃里再进行培育。

(二)造林方法

银杏寿命长,一次栽植长期受益,因此土地选择非常重要。银杏属喜光树种,应选择坡度不大的阳坡为造林地。对土壤条件要求不严,但以土层厚、土壤湿润肥沃、排水良好的中性或微酸性土为好。银杏栽植挖穴规格为(0.6~0.8) m×(0.6~0.8) m×(0.6~0.8) m,挖好后要回填表土,施发酵过的过磷酸钙肥料。栽植时,将苗木根系自然舒展,然后边填土边踏实。栽植深度以培土到苗木原土印上 2~3 cm 为宜,不要将苗木埋得过深。定植好后及时浇定根水,以提高成活率。

第七章　综合防护林抚育与更新

第一节　林带抚育

一、抚育作用

为了调节林木与环境条件之间及林木与林木之间的相互关系,促进林木生长发育,不断改善林带结构,消除各种危害,保证林带起到持续的防护作用,林带营造后必须认真做好抚育管理工作。尤其是砂姜黑土类型区农田防护林抚育,对促进林木生长发育,尽快起到防护作用具有十分重要的意义。为此,于 1988 年在宿州市埇桥区(原宿县)朱仙庄镇综合防护林体系万亩试验区内,进行了杨树林带抚育试验研究。

试验地位于试区主林带第 9、11 号林带,副林带第 1 号上。主 9、11 林带为杨树、侧柏混交林带,副 1 林带为杨树纯林带,供试林带都是 1985 年春造林,株行距都为 3 m×3 m,立地条件相同,林带树木生长基本一致。试验前均进行林带林木生长、立地条件情况调查。

二、抚育内容

(一)除草松土试验

试验采用随机区组的方法布置,3 个区组、4 个处理,处理 1 在 4 月、5 月、6 月各除草松土一次,处理 2 在 4 月、5 月各除草松土一次,处理 3 仅在 4 月除草松土一次,处理 4 作为对照不除草。每次除草松土要求以树干为圆心,半径 1.5 m,深度为 5~10 cm,里浅外深。

由表 7-1 可知,经过一年试验,胸径年生长量与除草松土关系密切,除草松土次数越多,增长越大。例如处理 1(除草松土 3 次)胸径年生长量为 3.19 cm,而处理 4(对照)仅为 2.53 cm。按其胸径年生长量的排列顺序是:处理 1>处理 2>处理 3>处理 4。年生长率也具同样规律,除草松土 3 次年生长率最大。树高年生长量也有类似规律,除草松土均比对照树高年生长量大。说明除草松土能防止杂草争夺树木所需的水分、养分,改良土壤结构,减少土地水分蒸发,有利于幼树生长条件的改善。

表 7-1　除草松土后胸径、树高生长

变量		处理 1	处理 2	处理 3	处理 4
胸径(cm)	1988 年初	7.70	7.99	8.19	8.55
	1988 年底	10.89	10.84	10.84	11.08
	年均生长量	3.19	2.85	2.65	2.53
	年均生产率(%)	41.43	35.67	32.36	29.59

续表 7-1

变量		处理 1	处理 2	处理 3	处理 4
树高(m)	1988 年初	6.10	6.60	6.46	6.97
	1988 年底	8.26	8.82	9.15	8.97
	年均生长量	2.16	2.22	2.69	2.00
	年均生产率(%)	35.41	33.64	41.64	28.60

(二)灌水试验

据宿州市埇桥区(原宿县)气象站 30 年资料,每年 3 月、4 月、5 月该区降水量较少,常有春旱现象,而此时光照增强,温度升高,树木生长加快,蒸腾作用随之而加强,水分短缺对幼林的生长有不良影响,为了缓解水分不足的矛盾,摸索灌水效应,对幼林进行灌水试验,试验采用随机区组的方法布置,3 个区组,4 个处理,处理 1 在 4 月、5 月、6 月各灌水一次,处理 2 在 4 月、5 月各灌水一次,处理 3 仅 4 月灌水一次,处理 4 不灌水。每次灌水前进行天气观察,选择比较干旱的天气灌水,灌水时离树干约 0.5 m 处挖浅沟,每株灌水 25 kg 后覆土。

从表 7-2 可以看出,灌水对造林 4~5 年后杨树幼林林带已无明显效果,甚至低于对照,故若无特殊干旱天气,可以不考虑灌水。

表 7-2 灌水后胸径、树高生长

变量		处理 1	处理 2	处理 3	处理 4
胸径(cm)	1988 年初	8.55	8.6	8.61	9.19
	1988 年底	10.51	10.63	10.45	11.55
	1989 年底	12.53	12.9	12.97	13.94
	年均生长量	1.99	2.15	2.18	2.38
	年均生产率(%)	21.07	22.48	22.74	23.19
树高(m)	1988 年初	7.07	7.11	6.93	7.54
	1988 年底	8.51	8.72	8.45	9.32
	1989 年底	10.45	10.31	9.48	10.88
	年均生长量	1.69	1.60	1.28	1.67
	年均生产率(%)	21.58	20.46	17.06	20.18

(三)修枝试验

林带修枝强度的大小不仅直接影响林带生长好坏,而且影响林带的防护效果和木材的材质。为了摸索砂姜黑土类型区综合防护林体系林带修枝技术和强度,为合理修枝提供科学依据,为此于 1987 年底布置了修枝试验,试验采用随机区组的方法。3 个区组,4 个处理,处理 1 修枝 25%,处理 2 修枝 35%,处理 3 修枝 45%,处理 4 不修枝(修枝的比例以修枝的高度占全树高的比例计算)。1989 年春又按同样比例补充修剪。修剪时要求紧贴树干,刀口由上向下,切口平滑。

由表7-3可知,修枝35%(处理2)、修枝25%(处理1),其胸径年生长率均高于对照(处理4),而修枝45%(处理3)胸径年生长率则低于对照。另外,从表7-3还可以看出,修枝45%对树高年生长率促进较大,高于对照,其他处理树高年生长率均低于对照。鉴于防护林应以防护为主,一般修枝后林带疏透度以不大于0.4为准,冠高比不得小于2/3。通过上述试验结果分析认为,修枝35%较为合理。

表7-3　修枝后胸径、树高生长

变量		处理1	处理2	处理3	处理4
胸径(cm)	1988年底	12.89	13.94	13.25	13.65
	1989年底	14.63	16.1	14.63	15.45
	年均生长量	1.74	2.16	1.38	1.80
	年均生产率(%)	13.50	15.49	10.42	13.19
树高(m)	1988年底	10.83	11.2	10.38	10.64
	1989年底	12.50	12.94	12.33	12.4
	年均生长量	1.67	1.74	1.95	1.76
	年均生产率(%)	15.4	15.5	18.8	16.5

(四)施肥试验

针对砂姜黑土严重缺磷少氮、有机质含量少的状况,安排施肥试验,试验内容为:①氮、磷、钾不同配比试验,为了探索氮、磷、钾的最佳配合比例,试验采用随机区组方法布置,3个区组,4个处理,1个对照。处理1氮0.5 kg、磷0.5 kg、钾0.5 kg,处理2氮0.5 kg、磷0.5 kg、钾0.25 kg,处理3氮0.25 kg、磷0.5 kg、钾0.25 kg,处理4氮0.5 kg、磷0.25 kg、钾0.25 kg,对照不施肥。②氮、磷、有机肥不同配比试验,目的是探索氮、磷、有机肥的合理搭配,采用正交旋转组合设计方法。施肥时离树干0.5~1 m挖环状穴,先施有机肥,后施氮、磷肥,灌水、覆土。氮肥用46%的尿素,磷肥用12%的过磷酸钙,钾肥用60%的氯化钾。以上各试验安排后,各种抚育管理措施一致。

(1)氮、磷、钾不同配比试验。通过1988年、1989年两年的施肥试验和胸径、树高方差分析结果得出,处理间(含对照)差异极显著,说明在砂姜黑土区施肥是十分重要的,它能显著促进树木的生长。从表7-4中发现,氮、磷、钾不同配比对树木生长促进程度不一,处理3最好,胸径年均生长率为39.73%,其余处理次之,其排列顺序是:处理1>处理4>处理2>对照(不施肥)。树高生长也具类似规律,处理3树高年均生长率最高。

由此可说明处理3的氮、磷、钾搭配较为适宜,其配比为0.5∶1∶0.5,能有效地促进树木生长。

(2)氮、磷、有机肥不同配比试验。氮、磷、有机肥不同配比施肥试验,当年树木胸径增长率差异不显著,试验结果得出,氮肥一次效应较好,二次效应显著。磷与有机肥交互效应较好,说明氮的增产作用显著,生产中应注意增施氮肥,补施磷肥与有机肥。同时通过多种试验还得出,氮、磷、有机肥配比以氮0.25 kg、磷0.5 kg、有机肥5 kg最好,能较快地促进树木生长。

表 7-4　氮、磷、钾不同配比试验下胸径、树高生长

变量		处理 1	处理 2	处理 3	处理 4	对照
胸径(cm)	1988 年初	8.73	8.81	8.28	8.22	7.79
	1988 年底	12.67	12.61	12.25	12.23	10.40
	1989 年底	16.48	16.43	16.11	15.45	12.65
	年均生长量	3.88	3.81	3.92	3.62	2.43
	年均生产率(%)	37.6	36.71	39.73	37.56	27.57
树高(m)	1988 年初	7.37	7.24	6.94	7.08	6.36
	1988 年底	9.99	9.83	9.87	10.31	8.31
	1989 年底	13.27	13.06	12.86	12.22	10.03
	年均生长量	2.94	2.91	2.96	2.57	1.83
	年均生产率(%)	34.19	34.32	36.26	32.08	25.68

为促进幼林带生长,充分利用土地、空间、光能,改良土壤,在幼林带的行间或株间,间种药材、花生,培育苗木均获得成功。在林带下实行林药、林粮、林菜间种,既能解决农林争地的矛盾,又能通过对药材、作物的抚育管理,改善林带林木生长的小气候条件和土壤条件。

间作忌用蔓生植物或高秆作物,并且作物行与幼林带行间留出 30 cm 以上的保护行。幼林郁闭后可间作耐阴的经济作物。

第二节　修枝和间伐

修枝和间伐能够促进林木生长,调节林带结构,使其尽早成型并发挥最大的防护效能。同时林带郁闭后,由于林内植物对水分、养分,特别是光照的竞争越来越激烈,而造成了林木的分化现象,表现在林木的高度、粗度差异越来越显著,通过修枝和间伐的抚育措施可以培育出圆满通直的干材。

据固镇县林业局张仁祥高工对刺槐修枝试验,修枝与不修枝对比,树干生长增高 27.4%,直径生长增加 44%左右。其修枝和间伐方法如下。

一、修枝方法

(一)冠干比法

据试验,修枝后把树冠高度和树干长度控制在一定比例上,用树高和培养材种作为确定冠干比的标准,一般树高 3 m 以下的幼树冠干比为 3:1(树冠长度占 3/4,树干占 1/4),3~6 m 高的树木为 3:2,6 m 以上的树木为 1:1。留干高度应根据立地条件来决定,立地条件较差的林分,留干高度可定为 3~4 m,立地条件好的林分可定为 5~6 m。

(二)截枝疏枝法

这是冬季修枝和夏季修枝相结合的一种修枝法,其目的是控制侧枝生长,合理配置枝条,促进主干生长。冬季修枝时,先按冠干比法将树干修到一定高度后,保留树冠部分的细小枝条，适当修去徒长枝、轮生枝、过密的细弱枝和下垂枝。对于粗壮侧枝、主梢上的竞争枝，则采取逐年分次中截，剪口下留小枝条的办法，压缩侧枝和竞争枝，当主枝粗度生长到大于被截干的枝条时，再从基部疏去粗侧枝和竞争枝。夏季修枝时，要疏去或重截树冠上部的竞争枝和直立侧枝，树冠中部的侧枝截去一半左右，做到压强留弱，促进林木的健壮生长。

（三）年龄轮生枝法

杨树是农田防护林建设的主要树种之一，在农田防护上发挥着重要的生态价值。据马永春对杨树的最新修枝理论，采用年龄轮生枝法是最科学的修枝方法。其方法如下：在造林第1~3年（南方型杨树品种）或1~4年（北方型杨树品种）每年要及时修除“多头枝”和“卡脖子枝”；在造林第4~6年（南方型杨树品种）或5~7年（北方型杨树品种）每年从下往上修除一轮枝条，使枝下主干高度达到8 m；若还没有达到8 m，则在接下来的第7(8)年再修除一轮枝条。

（四）修枝时间

一般在植树造林后第三年春或第二年秋开始修枝。修枝强度要掌握适度，对于薪炭林，强度可稍大，对于培养用材林的，修枝强度以1/3为宜。修枝时切口要平滑，不留桩，与枝条垂直，但也不要贴平树干，这样做伤口愈合快，修枝效果好。

二、间伐方法

（一）间伐的作用

刺槐喜光，是早期生长比较快的树种，在不同的生长发育期，需要不同的密度。刺槐幼龄期，树高生长迅速，为了培养优良干形，需要较大的密度。郁闭后，森林环境已经形成，林木生长速度加快，体积增大，这时林内阴暗，光照不足，通风不良，林木争光现象比较突出，形成少数树木又高又大，而大多数树木由于得不到充足阳光，生长细弱、矮小、弯曲，如不及时间伐，调整林木密度，任其发展，必然导致林木发生严重分化，其结果破坏了林相，造成一部分林木生长缓慢，甚至枯死。当刺槐林郁闭后，林木胸径连年生长量开始下降，林内出现大量被压挤木时，就要适时进行间伐。伐去生长衰弱、有病虫害、干形或冠形不好的林木及枯死木，保留生长健壮、树干通直圆满、冠形良好的大径级材。

（二）间伐时间

据试验，立地条件差的地方，5~7年生刺槐林，应进行第一次间伐；立地条件好的地方，4~6年也应开始第一次间伐。经过间伐的刺槐林，一般林相整齐，树冠发育正常，树干比较通直圆满，大径级木比例显著增大，林木的树高、胸径和材积均比不间伐的刺槐林提高。

（三）间伐后保留株数

按照原造刺槐林每亩株数333株，5~7年间伐后每亩保留200株以下为宜；到8~12年进行第二次间伐，每亩保留100株以下为宜；13年生以上刺槐林，进行第三次间伐，每亩保留40~50株为宜。对于水土保持林，当林分密度过大时，可进行比较弱的下层抚育伐。

第三节　林带更新

黄淮海平原砂姜黑土区所营造的农田防护林起始于20世纪70年代初，树种的选择几乎都以大官杨为主,进入 20 世纪 80 年代中后期,这部分树木已经自然成熟,并出现枯梢、断头、病虫害等,最终全株自然枯死。随着树木的逐渐衰老、死亡,林带的结构也逐渐变得稀疏,防护效益也逐渐降低。90 年代初开始进行更新改造,引进意杨、柳树、泡桐、刺槐、臭椿、榆树、法桐、枫杨、侧柏等,现也进入成熟期,呈现出上述防护效益衰退的迹象。为保证林带防护效益的永续性,就必须有计划地对自然衰老的林带进行更新。

一、更新方式

防护林以及不以生产木材为主要经营目的的,应保持防护效应的相对稳定性和长期性,更新时间,应在防护效益、景观效果下降时进行。防护林主伐,重点考虑林带结构的相对稳定和防护效益的持续发挥,科学更新。为保证林带防护效益的永续性,避免将所有林带一次全砍光,必须对这些林带的更新按照一定顺序在时间和空间上做到合理安排。

更新方式有全带更新、半带更新、带内更新、带外更新、断带更新以及隔带更新等六种方式。

(一)全带更新

全带更新就是将衰老林带一次全部皆伐,重新营造新林带。新林带林相整齐、效果较好。一般采用植苗造林进行全带更新比较合适。

(二)半带更新

半带更新就是将衰老林带一侧的数行伐除(一半行数),然后采用植苗或萌芽更新方法,在林带采伐迹地上建立新的林带。待新林带郁闭,发挥防护作用后,再伐掉保留的部分林带。半带更新因受原林带影响,植苗造林比较困难。

(三)带内更新

在林带内原有树木行间或伐除部分树木的空隙地上进行带状或块状整地并造林,依次逐步实现对全部林带的更新。优点是既不多占地,又可使林带连续发挥防护作用。缺点是往往形成不整齐的林相。

(四)带外更新

在林带的一侧(最好是阳侧)按林带设计宽度整地,用植苗造林或萌芽更新的方式营造新林带,待新植林带郁闭后再伐除原林带。这种方式占地较多,适合于窄林带的更新。

(五)断带更新

在林带的一头或中间伐去一段重新栽植,形成高低交错的林相。

(六)隔带更新

在数条林带之间,隔一带伐去一带,全带皆伐,将小网格暂时改成大网格。

二、更新年龄

农田防护林带的更新年龄应主要考虑林带防护效能明显降低的年龄,并结合伐后木材的经济利用价值以及林况等因子综合确定。

主要农田防护林树种的更新年龄为:泡桐等极速生软阔树种 10~20 年,杨树、柳树等速生软阔树种 20~25 年,刺槐、臭椿等阔叶树种 25~40 年,榆树、柞树等硬阔树种 40~60 年。

第八章　综合防护林体系的保护

防护林树木在生长发育过程中,除会遭受天气、土壤等各种不利因素外,还会遭受病虫危害,影响防护效益和经济效益的发挥,严重者可使林带全部被毁。因此,加强综合防护林体系的保护工作是一个非常重要的问题。为了制定出切实可行的防治措施,必须对病虫害种类、危害程度及发生规律进行深入的调查研究。为此,本章对宿州市埇桥区(原宿县)朱仙庄镇综合防护林体系试验区及淮北平原主要害虫防治方法加以介绍。

第一节　综合防护林体系病虫害概况

黄淮海平原砂姜黑土类型区综合防护林体系试验区主要造林树种为杨树、柳树、榆树、刺槐、法桐、枫杨、侧柏等。为了解试区内病害、虫害种类、危害程度、树种抗病虫的能力,以便制定切实可行的防治措施,进行了病虫害的调查工作。

黄淮海平原宿州市埇桥区(原宿县)防护林试区面积 11 933 亩,本次共调查了林地面积 11 000 余亩,占试区林地面积的近 90%,结果如下。

一、主要病虫害种类

主要病虫害有杨树褐斑病(*Marssonina brunea*)、毛白杨锈病(*Melampsora magnusiana*)、杨树水疱型溃疡病(*Dothiorella gregaria*)、杨扇舟蛾(*Clostera anachoreta*)、杨黄卷叶螟(*Botyodes diniasalis*)、桑天牛(*Aoriona germari*)、泡桐丛枝病(MLO)、榆蓝叶甲(*Pyrrhalta aenescens*)、刺槐蚜虫(*Aphis slycinec*)、水杉疱肿病(*Pestalotia scirrofociens*)、杨枯叶蛾(*Gasfropacha populifolia* Esper)、楸蠹野螟(*Omphisa plagialis* Wileman)、光肩星天牛(*Anoplophora glabripennis* Motsch)、大袋蛾(*Clania variegata* Cram.)、柳瘿蚊(*Rhabdophaga* sp.)。

其他病虫害还有球坚蚧、尺蠖、蝉、刺蛾、杨牡蛎蚧、云斑天牛、臭椿花叶病、杨树流胶、杨树皱叶病、树干基腐、角菱背网蝽、刺槐小皱蝽、青杨天牛、白杨透翅蛾、榆掌舟蛾、杨毒蛾等。

上述病虫害中以桑天牛、榆蓝叶甲危害最为严重。桑天牛在宿州市埇桥区(原宿县)试区 I-72 杨上危害率达 90%,平均每株蛀孔为 2.38 个;榆蓝叶甲在白榆上危害率在 100%,叶片被食害的严重度达 49.5%~100%;毛白杨和槐树上的蚜虫严重发生。病害中以杨树褐斑病、泡桐丛枝病发生较为普遍,例如试区内 214 杨杨树褐斑病发病率为 84%,病情指数为 21.0;泡桐丛枝病在试区发病率达 9%。试区林木病虫害调查汇总见表 8-1。

二、主要益虫种类

主要益虫有螳螂、草蛉、瓢虫、内茧蜂、寄蝇等。其中以广腹螳螂、内茧蜂和寄蝇等为优势种,前者捕食蚜虫、蝗虫等 40 余种农林害虫,后两者分别寄生黄卷叶螟和大袋蛾幼虫。

表 8-1　宿州市埇桥区（原宿县）防护林体系试验区林木病虫害调查汇总

标准地编号	立地条件类型	树种	造林时间（a）	林龄（a）	调查株数	大袋蛾虫株率（%）	疙肿病发病率（%）	桑天牛、云斑天牛蛀孔数					溃疡发病率（%）	卷叶螟虫株率（%）	褐斑病		刺槐蚜虫			丛枝病		楸螟虫株率（%）	刺蛾虫株率（%）
								主干离地面距离		总孔数	孔/株	株被害率（%）			株发病率（%）	病情指数	调查梢数	有芽梢（%）	头/梢	发病率（%）	病情指数		
								2 m以下	2 m以上														
宿-防-水-1	Ⅰ-村庄组	水杉	1985	6	100	2.0	13	0	0	0	0	0											
宿-防-枫-3	Ⅱ-堤埂路基组	枫杨	1985	5	100	9		1	0	1	0.01	1.0											
宿-防-72-4	Ⅱ-堤埂路基组	I-72杨	1985	5	50			16	103	119	2.38	90	10	20	0	0							
宿-防-69-5	Ⅱ-堤埂路基组	I-69杨	1985	5	62			1	80	81	1.3	74.19	1.6	96.8	0	0							
宿-防-214-6	Ⅱ-堤埂路基组	214杨	1985	5	50			11	88	99	1.98	74	44	98	84	21.0							
宿-防-法-7	Ⅱ-堤埂路基组	法桐	1984	7	100	18		0	0	0	0	0	6										

续表 8-1

标准地编号	立地条件类型	树种	造林时间(a)	林龄(a)	调查株数	大袋蛾虫株率(%)	疮肿病发病率(%)	桑天牛、云斑天牛蛀孔数					溃疡发病率(%)	卷叶螟虫株率(%)	褐斑病		刺槐蚜虫			丛枝病		楸螟虫株率(%)	刺蛾虫株率(%)
								主干离地面距离		总孔数	孔/株	株被害率(%)			株发病率(%)	病情指数	调查梢数	有芽梢(%)	头/梢	发病率(%)	病情指数		
								2 m以下	2 m以上														
宿-防-刺-8	Ⅱ-堤埂路基组	刺槐	1985	5	25			0	0	0	0	0					100	86	241.2				
宿-防-泡-9	Ⅱ-堤埂路基组	泡桐	1985	5	100			0	0	0	0	0								15	4.25		
宿-防-榆-10	Ⅰ-村庄组	榆树	1985	6	50	96		70	0	70	1.4	76											
宿-防-楝-11	Ⅱ-堤埂路基组	楝树	1985	5	100	0		0	0	0	0	0											
宿-防-楸-12	Ⅱ-堤埂路基组	楸树	1985	5	100	39		0	0	0	0	0										100	
宿-防-臭-13	Ⅱ-堤埂路基组	臭椿	1985	5	82	1.2		0	0	0	0	0											9.65

第二节　主要病虫害的防治措施

一、杨树

(一) 杨树褐斑病

该病又叫黑斑病,危害叶片及嫩梢,引起早期落叶。

防治措施:①选用抗病品种 I-69 杨、I-72 杨,在病区切勿选用感病品种 214 杨;②育苗时应选用排水良好的圃地,注意合理排灌,及时清除病叶,集中烧毁;③发病初期用70%甲基托布津 500~1 000 倍液、百菌清 500 倍液或 65%代森锌可湿性粉剂 500 倍液隔 10~15 d 喷雾一次,共 2~3 次。

(二) 杨树溃疡病

主要发生在主干上,树皮表面形成水泡,后期在枝干上产生小型局部坏死斑,初期病皮下陷,暗褐色,后期干裂,易剥离。

防治措施:①选用抗病品种;②加强肥水管理;③刮去发病部后用 1∶3∶15 的波尔多液浆涂抹;④每年 7~8 月用甲基托布津、多菌灵、代森锰锌、退菌特涂干或喷雾防治,每 15 d 一次,连续 2~3 次。

(三) 杨叶锈病

主要危害叶片、嫩稍和冬芽。叶片受侵后,形成黄色小斑点,以后在叶背面可见散生的黄色粉堆,即夏孢子堆。受侵叶片提早落叶,病菌有时还会危害嫩梢,形成溃疡斑,受侵植株经 3 周左右便干枯。

防治措施:①育苗时选用有抗病性的无性系;②育苗和造林时防止过密并控制氮肥用量;③随时摘除病芽,及时清除病落叶集中烧毁;④发病初期使用内吸性杀菌剂粉锈宁 1 000倍液或 0.5 波美度石硫合剂叶面喷雾,效果良好。

(四) 舟蛾类

杨扇舟蛾、杨小舟蛾、杨二尾舟蛾,鳞翅目舟蛾科。幼虫取食杨树叶片,常暴发成灾。短期内可将叶片食光。

防治措施:①幼虫危害期用 90%敌百虫 1 000 倍液或用 50%马拉硫磷乳油 1 000 倍液喷雾。②用白僵菌、苏云金杆菌以及颗粒体病毒 5 000 倍液防治。③用赤眼蜂、寄生蝇、益鸟等防治。

(五) 黄翅缀叶野螟

鳞翅目螟蛾科。幼虫取食嫩叶,大发生时常将嫩叶食光,形成秃梢,影响杨树生长。

防治措施:①成虫盛发期用黑光灯诱杀;②卵期释放赤眼蜂;③低龄幼虫期采用 25%灭幼脲Ⅲ号 1 500~2 000 倍液,3%高渗苯氧威 2 500~4 000 倍液,1.2%苦参碱、烟碱乳油 800~1 000 倍液,1.8%阿维菌素 3 000~6 000 倍液等喷雾防治,或 1.2%苦参碱、烟碱烟剂 7.5~30 kg/hm^2 和 2.5%溴氰菊酯乳油与柴油 1∶20 比例混合喷烟防治;④幼虫大发生时,采用 2.5%高效氯氟氰菊酯 2 500~3 000 倍液、3%高效氯氟氰菊酯 2 000~3 000 倍液喷雾防治。

(六)美国白蛾

鳞翅目灯蛾科。幼虫共7龄,4龄前幼虫在网幕内取食,5龄后分散进入暴食期,把树叶食光后转移危害。安徽1年发生3代。

防治措施:①加强检疫封锁;②人工灭除越冬蛹;③1~4龄幼虫期人工剪除网幕,集中销毁,用1%苦参碱可溶性液剂或1.2苦参碱、烟碱乳油750 mL/ hm^2 800~1 000倍液,或森得保可湿性粉剂3 000倍液,每公顷用量4 500 g,灭幼脲Ⅲ号4 000倍液等(4龄前)进行喷雾防治,也可喷施8 000 IU/mg苏云金杆菌可湿性粉剂1 000~1 500 g/hm^2;④老熟幼虫按一头白蛾幼虫释放美国白蛾周氏啮小蜂3~5头的比例放蜂;⑤老熟幼虫开始下树时,在树干离地面1~1.5 m处用稻草等在树干上绑缚草把,诱集下树老熟幼虫在围草中化蛹并集中销毁;⑥成虫期用诱虫灯诱杀。

(七)黄刺蛾

鳞翅目刺蛾科。幼虫食叶危害,可将叶片吃成很多孔洞、缺刻或仅留叶柄、主脉。

防治措施:①人工摘除带虫枝、叶;②树干绑草诱茧,清除越冬虫茧;③灯光诱杀成虫;④喷触杀剂,幼虫初发阶段用2.5%高效氯氟氰菊酯2 000倍液,50%丁醚脲、20%杀灭菊酯2 000倍液,25%灭幼脲1 000倍液;⑤释放寄生性天敌,如刺蛾紫姬蜂、刺蛾广肩小蜂、上海青蜂等。

(八)杨毒蛾

鳞翅目毒蛾科。幼虫吐丝拉网,短期内可将林分叶片吃光。安徽1年发生2代。

防治措施:①清除越冬虫茧;②在树干基部围草诱虫,人工摘除带虫枝、叶,用2.5%敌杀死;③20%速灭沙丁或5%氯氰菊酯5 000倍液喷洒;④大面积片林可用烟剂防治;⑤灯光诱杀成虫。

(九)瘿螨

主要危害顶部50~70 cm新梢,受害叶片背面黄褐色或灰褐色,有油状光泽,叶片变小变窄,叶缘下卷变厚,僵硬直立,皱缩或扭曲畸形,最后脱落。受害嫩茎变黄褐色,木栓化和龟裂。

防治措施:喷24.5%螨速净800倍液,或5%尼索朗乳油1 000倍液,或25%阿波罗2 000倍液,或1.8%阿维菌素2 500倍液。

(十)草履蚧

草履蚧以若虫、雌成虫在嫩芽、嫩枝上刺吸危害,使芽不能萌发或枝干枯死。若虫体被白色蜡质粉,形似草鞋状,1年1代。

防治措施:树基部1~1.3 m位置用刀刮去少量树皮,胶带缠绕,每天收集害虫后用火烧;也可用触杀性强的药剂与废机油混合在树干涂20 cm宽的闭合环,或浸泡布条及草绳,绑于树干上;若虫上树后,用2.5%溴氰菊酯或4.5%高效氯氰菊酯乳油2 000~5 000倍液、1.8%阿维菌素乳油2 000~3 000倍液喷雾防治;对集中在梢部的若虫,可选用10%吡虫啉可湿性粉剂2 000倍液、3%高渗苯氧威乳油3 000倍液等药剂喷雾防治;每周防治一次。

(十一)天牛类

天牛(木蠹蛾)等以幼虫蛀入树干危害,严重时致植株风折倒伏。

1.清除虫源

(1)造林前要清除周围的有虫树木。

(2)桑天牛幼虫危害I-69杨和I-72杨时先蛀入侧枝,然后由侧枝一直蛀食到主干。根据这一习性,每年4~5月,桑天牛幼虫开始取食排粪便时,逐株调查,凡侧枝有桑天牛幼虫危害状,立即将被害侧枝剪掉、处理。

2.药剂注射

(1)药剂种类和浓度:80%敌敌畏100倍液,2.5%溴氢菊酯600倍液,50%杀螟松300倍液,50%久效磷200倍液,50%马拉硫磷200倍液。

(2)使用方法:用注射器吸取上述某种农药稀释液5 mL,注入天牛新鲜排粪孔,或用药棉塞入排粪孔,防止进入木质部内的天牛或木蠹蛾幼虫,然后用黏土堵塞排粪孔。

3.熏蒸

(1)磷化铝或磷化锌毒签插入蛀孔中。

(2)磷化铝片剂堵塞排粪孔(每孔用0.1 g剂量),施药后立即密封孔口效果更好。

4.人工招引啄木鸟

啄木鸟啄食天牛,可以减轻天牛危害。试区已有两种啄木鸟在活动。

(十二)杨尺蠖

杨尺蠖,别名榆尺蠖、沙枣尺蠖、春尺蠖,桑尺蠖。食性杂,摄食杨、柳、榆、沙枣、柠条、杏、苹果、酸刺、槐、梨、槭、桑等树种。越冬蛹于来年3月20日左右羽化为成虫,3月下旬大量羽化出土并交配产卵,卵期约20 d,4月中下旬大量孵化。杨尺蠖幼虫食害树木嫩叶,严重时可将嫩叶食光,影响叶片光合作用及树体的生长。

防治措施:①春季翻土杀蛹;②幼虫期用90%敌百虫1 000倍液喷雾,其他如溴氰菊酯、敌敌畏、马拉硫磷等杀虫剂均有效;③应用杨尺蠖核型多角体病毒,每亩2.5×10^{10}多角体(PIB),防治效果显著。

(十三)杨枯叶蛾

危害各种杨树、柳树及果树。幼虫发生严重时能把整树叶片吃光,导致二次发芽,造成树木营养不良,树体衰弱。

防治措施:①人工捕杀。根据杨枯叶蛾产卵成块及1、2龄幼虫群集取食,可以发动群众进行人工摘除卵块、幼虫,捕杀卵、幼虫及蛹。利用3龄前幼虫受惊下坠特性,用竹竿猛敲树枝,振落幼虫收集处死,也可以利用幼虫在树干裂缝越冬,人为地在树干上围草引诱,然后集中消灭。②黑光灯诱杀。利用成虫趋光性,可在成虫羽化盛期用黑光灯诱杀成虫。③林业技术措施。营造混交林,加强抚育管理,及时采伐衰老树木和铲除林地杂草,改善林内环境条件,对杨枯叶蛾的发生可起到一定的抑制作用。④化学防治。抓住初龄幼虫集中危害,抗药力弱的有利时期,以90%晶体敌百虫1 000~1 500倍液或80%敌敌畏乳剂2 000倍液喷雾,效果很好。

二、泡桐

(一)泡桐丛枝病

该病又称扫帚病,病原为类菌质体。4~5月开始发病,出现丛枝,6月底7月初丛枝停止生长,叶片卷曲干枯,丛枝逐渐枯死。发病多在主干或主枝上部,密生丛枝小叶,形如扫帚或鸟窝。移栽幼树感病后,有的当年枯死,大树感病后,满树丛枝,生长缓慢、衰弱。对苗木和幼树生长影响极大,轻者生长缓慢,重者引起死亡。

防治措施:①选择无病母树剪根育苗,发现病菌及时剔除。②从健康树上采种育苗,建立无病种苗基地,防止病苗造林。③造林后发现丛枝应及早彻底铲除病株或病枝,防止继续传播蔓延。④防治叶蝉、椿蟓等刺吸性口器的传病昆虫,减少病原体的传播。

(二)大袋蛾

在淮北地区主要危害泡桐、榆树、刺槐、中槐、柳树、法桐等。危害面积占淮北林业害虫发生总面积的75%。

防治措施:①在初孵幼虫期使用800倍敌百虫稀释液喷雾,杀虫效果可达98%,每株成本费约2.1元。使用伏杀磷1 500倍稀释液喷雾,每株成本约3.15元。②使用久效磷(或甲胺磷、氧化乐果)原液进行根际打孔注射,每株注射2~14 mL,杀虫效果可达98%,每株成本约4.5元,药物残效期可保持1个月左右。根际注射久效磷原液的数量随树木直径的大小而增减,具体数量参见表8-2。③使用灭幼脲3号进行人工地面喷雾,防治效果可达90%以上。对万亩以上的防治面积可使用飞机超低容量防治,效果亦佳。④成虫期使用黑光灯诱杀雄成虫。⑤对幼林或低矮的林木,可于冬季发动群众进行人工摘除袋囊烧毁或深埋,亦可收集剥取其越冬幼虫作家禽、家畜的补充饲料。

表8-2　根际注射久效磷防治大袋蛾剂量

林木胸径(cm)	使用剂量(mL)	林木胸径(cm)	使用剂量(mL)
4	2.2	28	8.9
8	3.2	32	10.5
12	4.2	36	12.2
16	5.4	40	14.6
20	6.7	44	15.3
24	8.1		

三、槐树

(一)国槐尺蠖

以幼虫食叶成缺刻,严重时把叶片吃光,并吐丝下垂。一般每头幼虫食叶10片左右。

防治措施:①药剂防治要狠抓第1代,挑治2、3代。于低龄幼虫期喷射10 000倍的20%灭幼脲1号胶悬剂,于3龄幼虫期喷600~1 000倍的每毫升含孢子100亿以上的Bt乳剂杀幼虫。②于秋冬季和各代化蛹期,在树木附近松土里挖蛹消灭。③突然震荡小树或树枝,使虫吐丝下垂时收集杀死。④于各代幼虫吐丝下地准备化蛹时,人工扫集杀死。⑤保护胡蜂、土蜂、寄生蜂、麻雀等天敌,有条件的还可释放卵寄生蜂、赤眼蜂和养鸡等来治虫。⑥必要时在卵孵化盛期喷射2 000~4 000倍的50%辛硫磷乳油,或4 000倍的20%菊杀乳油,或4 000倍的20%灭扫利乳油等毒杀幼虫。

(二)刺槐尺蠖

刺槐尺蠖是危害刺槐的一种主要食叶害虫,其危害突发性强,可在几天内将树木叶片全部吃光,整个林地似火烧过一样,严重危害时可导致树木衰弱或枯死。

防治措施:详见国槐尺蠖防治措施。

(三)国槐腐烂病

此病主要为害国槐、龙爪槐的苗木和幼树的树皮,多为害主干下部,造成树势衰弱,以至死亡。如病斑环绕树的主干,上部即行枯死,未环绕主干的当年多能愈合。在种植过密、苗木衰弱、伤口多的条件下,病害发生严重。

防治措施:①加强肥、水等养护管理,特别是新移栽的幼苗、幼树,根部不要暴露时间太长;要及时浇水,促使树木生长健壮;防止叶蝉产卵,注意保护各种伤口,防止或减少病菌侵染。②早春树干涂白(生石灰 5 kg),防止病菌侵染。③病害严重的枝、干剪掉烧毁,防止扩散传播。④病斑上扎些小眼,涂 5%蒽油,或 30~50 倍的 50%托布津。

四、楸树

(一)楸蠹野螟

以幼虫蛀梢危害,常使顶梢枯死、侧枝丛生,生长不良,主干矮小,降低了木材使用价值。

防治措施:①根据此虫在被害枝内越冬习性,可以在冬末春初剪除虫瘿,集中烧毁,杀死越冬幼虫。②在成虫期使用黑光灯诱杀成虫。③幼虫孵化初期,使用 40%久效磷乳油与 10%杀灭菊酯乳油按 2:1混合后,稀释 1 000 倍喷雾,每周一次,连续喷 3 次,杀虫效果可达 85%以上。④用 40%久效磷乳油原液在幼树的根际处,用利刀砍口或打孔,将药液注入孔洞中,防治效果达 82%。⑤使用 3%呋喃丹埋根防治,在苗圃单株施药量 0.1 kg,在幼林地单株施用 0.2 kg,防治效果可达 100%。⑥在卵期人工释放赤眼蜂,每亩放 20 万头,分 3~5 次释放,寄生率可达 60%。⑦保护天敌。该虫的天敌种类较多,常见的有啄木鸟、蚂蚁、草蜻蛉、赤眼蜂等,因此人为保护好天敌,对抑制该虫危害有积极作用。据观察,大斑啄木鸟在越冬期可啄食该虫数量的 80%。

五、水杉

(一)赤枯病

加强林木抚育管理,增强树势,避免低洼地造林,“四旁”水杉要保证有足够的土地营养面积。

(二)皱背叶甲

人工捕捉成虫;用 2.5%敌杀死 4 000~6 000 倍液,或 50%甲胺磷 1 000~1 500 倍液等喷雾防治。

六、臭椿

(一)斑点病

斑点病由病原真菌引起,发病初期叶片表面会出现褐色小斑,小斑周围有紫红色的晕圈，斑上附有黑色霉状物。若气温升高，则病情发展更迅速，会使数个病斑相连，最后导致叶片焦枯而脱落。

防治措施：用50%多菌灵1 000倍液或可杀得可湿性粉剂1 000倍液进行喷雾防治。

（二）臭椿皮蛾

臭椿皮蛾又叫旋皮夜蛾、臭椿皮夜蛾，属鳞翅目夜蛾科。其幼龄幼虫以取食幼芽、嫩叶肉为生，取食后会残留表皮，使叶片呈纱网状，大龄幼虫会取食整个叶片。

防治措施：①冬春季在树干、树枝上寻找蛹茧，然后人工刮除，以消灭虫源；②幼虫期可用2.5%功夫乳油2 000倍液、20%灭扫利乳油2 000倍液或2.5%敌杀死乳油2 000倍液喷洒树体防治，发生严重时喷施10%溴氟菊酯乳油1 000倍液或1.2%烟参碱乳油1 000倍液进行防治；③保护臭椿皮蛾的天敌，如螳螂、胡蜂、寄生蜂等；④利用成虫的趋光性，使用灯光诱杀成虫。

（三）臭椿沟眶象

臭椿沟眶象是一种蛀干害虫，主要危害臭椿、千头椿等。幼虫先咬食皮层，长大后钻入木质部内为害，造成树势衰弱以至死亡；成虫以嫩梢、叶片、叶柄为食，造成树木折枝、伤叶、皮层损坏；成虫有假死性。

防治方法：①加强检疫，严禁调入带虫植株；清除严重受害株及时烧毁。②7月是成虫集中发生期，由于成虫多集中在树干上，从根茎起向上下均有分布。由于该虫不善飞翔，可人工捕捉成虫。化学药剂可采用75%辛硫磷乳油或2.5%溴氰菊酯1 500倍液。③用螺丝刀挤杀刚开始活动的幼虫。4月中旬，逐株搜寻可能有虫的植株，发现树下有虫粪、木屑，干上有虫眼处，即用螺丝刀拨开树皮，幼虫即在蛀坑处，极易被发现。这项工作简便有效，只是应该提前多观察，掌握好时间，应在幼虫刚开始活动，还未蛀入木质部之前进行。④药杀幼虫：在幼虫为害处注入10%吡虫啉40%乳油或久效磷100倍液，并用药液与黏土和泥涂抹于被害处。还可试用50%久效磷乳油或40%氧化乐果乳油3~5倍液树干涂环防治。

（四）斑衣蜡蝉

斑衣蜡蝉又叫斑蜡蝉、樗鸡，蜡蝉科，主要为害臭椿枝干，使树干变黑，树皮干枯或全树枯死。成虫、若虫吸食幼嫩枝干汁液形成白斑，同时排泄糖液，引起煤污病，削弱生长势，严重时引起茎皮枯裂，甚至死亡。

防治措施：①在冬季，寻找树干上的卵块并刮除；②保护寄生蜂等天敌；③喷洒50%辛硫磷乳油1 000倍液，或20%磷胺乳油1 500~2 000倍液，或50%久效磷水溶剂2 000~3 000倍液，或40%乐果乳油1 500~2 000倍液。

（五）樗蚕

樗蚕一年发生二代，常将卵成块产于叶背面，以蛹过冬。次年5月羽化。幼虫孵化后，群集取食，长大后散开危害。成虫有远距离飞翔力，有趋光性。

防治措施：①在幼虫结茧后可进行人工摘除，直接杀灭；②在发生严重时，可喷洒2.5%速灭杀丁2 000~3 000倍液或敌百虫800倍液。

七、香椿

(一)香椿白粉病

危害症状:叶片受浸染后,初期发生褪绿病斑,形状不规则,逐渐在叶背、叶面及嫩枝表面产生白色粉状物,后期变为黄白色,逐渐变成黄褐色,最后变为黑色大小不等的小点。严重受害时,叶片卷曲枯焦,枝条扭曲变形,甚至枯死。

防治措施:在发病时,及时连续清除病枝、病叶;在发病初期,首先用 0.2~0.3 波美度石硫合剂喷洒,每 15 d 喷一次,喷 2~3 次;也可用百菌清、灭菌丹、敌克松、退菌特等药剂喷洒。

(二)香椿叶锈病

危害症状:夏孢子堆生于叶片两面,散生或群生,突出于叶面,黄褐色。冬孢子堆生于叶片背面,呈不规则的黑褐色病斑,散生或相互合并为大斑,突出于叶背。染病植株生长缓慢,叶斑多,严重时引起落叶。

防治措施:冬季扫除落叶;发病前喷 5 波美度石硫合剂;发病初期喷 0.2~0.3 波美度石硫合剂,或喷 15%可湿性粉锈宁 600 倍液。

(三)云斑天牛

危害症状:杂食性,以幼虫或成虫在树皮内越冬。6 月上旬成虫出现,啃食嫩枝皮层补充营养,经 30~40 d 开始交尾产卵,雌成虫在距地面 1~2 m 高的树干上咬食树皮然后产卵,卵期 10~15 d。初孵幼虫蛀食韧皮部或边材,20 d 后,幼虫钻入心材危害。

防治措施:在产卵和孵化期应随时检查,如发现产卵痕迹或幼虫,立即用 1%绿色威雷 2 号 200 倍液喷布树干,或用 40%氧化乐果乳剂 400 倍液注入虫孔内,然后用黄泥封口,毒杀幼虫。可设置黑光灯诱杀,一般在 5~9 月。在害虫成虫发生期,每 500 m^2 设一盏黑光灯,每晚 9 时开灯,次晨关灯。

(四)芳香木蠹蛾

危害症状:两年一代,以幼虫越冬,成虫 6~7 月羽化,卵多产于树皮裂缝或植株根部,孵化后,成虫在边材部蛀成不规则的隧道越冬。连续 3 年后,大量孵化后的幼虫蛀入树皮和木质部之间,从较大的孔洞向外排粪,并有流胶和流水现象。夏季受害处开始腐烂。

防治措施:①撬开树皮,钩出幼虫消灭;②挖除腐烂树皮,并在伤口上涂抹石灰;③羽化期可用灯光诱杀成虫;④伐去受害严重的树木;⑤毒杀幼虫,7~8 月在幼虫侵入孔附近将棉球浸沾 50%杀螟松乳剂,或 77.5%敌敌畏乳油 5 倍液塞入蛀孔内,或注入 77.5%敌敌畏乳油,或注入 50%马拉硫磷乳油 200 倍液,然后用黄泥封闭蛀孔,毒杀幼虫;⑥在成虫发生盛期,喷 77.5%敌敌畏乳油,或 50%马拉硫磷乳油 800~1 000 倍液防治。

八、白榆

(一)榆蓝叶甲

鞘翅目叶甲科。分布于中国的东北、华北、西北、华东等地。主要危害榆树。成虫和幼虫均危害榆树,受害榆树的叶片被吃成网眼状。严重时,整个树冠一片枯黄。若未及时防治,可将树叶吃光,迫使树体二次发芽。

防治措施：①榆蓝叶甲食性单一，种植榆树时应与其他树种混种，减少传染蔓延机会；②利用其假死性，当越冬成虫上树时，振落捕杀；③人工刮除榆树树干基部的蛹及老熟幼虫，环涂氧化乐果或乐果；④树木注干，用6%的吡虫啉乳油或40%氧化乐果乳油，按树胸径1 cm注射1 mL的量使用；⑤越冬代成虫产卵前，第一代幼虫和成虫越冬时，采用50%辛硫磷乳油2 000倍液，或氯氰菊酯3 000~3 500倍液，或90%晶体敌百虫1 000倍液等化学农药进行防治；⑥保护天敌，如瓢虫、螳螂、蠋蝽等，特别蠋蝽是榆蓝叶甲的重要天敌，要加以保护和利用。

九、桑树

（一）桑萎缩病

桑萎缩病常见的类型有黄化型、萎缩型和花叶型，是由病毒感染引起的，感染程度不同，症状不同。

防治措施：选择抗病毒性良好的桑树种源；病情严重的则采用挖除处理，挖除后进行焚烧、掩埋，防止病情扩散。

（二）桑褐斑病

桑褐斑病也叫烂叶病，这种病多发于阴雨天气或者是空气相对湿度较高的环境中，在病发的前期会出现水渍状的褐色斑点，伴随着病情的扩散，会出现圆形或者是三角形的斑，最后桑叶逐渐变黄，形成烂叶，严重时会出现枯萎或者掉落的现象。

防治措施：①选择抗病基因相对比较良好的树苗进行栽培；②保持桑叶干燥；③及时消除患病枝叶，加强对枯叶的清理。

（三）桑白粉病

桑白粉病是由真菌感染形成的，常发生在潮湿的秋季，真菌通过叶面气泡进入叶肉组织进而蚕食叶内养分，这种症状通常发生在树干中下部的叶面上，在发病初期会出现肉眼可见的白色霉变物质，随后则会出现黑色斑点，然后整片叶子慢慢腐烂掉。

防治措施：选用抗菌良好的桑树树苗；要保持树苗水分的供给，并且将钾肥补充到位，提高树苗的抵抗能力，并喷洒对病菌具有克制作用的药物，如硫化钾、波尔多液等。桑白粉病发病时，则采用挖除处理，通过焚烧、掩埋的方式将病菌进行转移、隔离。

（四）大青叶蝉

一种群居虫害，通常活跃在树叶和枝干上，尤其是较为干旱的夏秋季节，常常以吸食桑叶的汁液为主，往往会导致桑叶的表面出现白斑，甚至造成桑叶硬化，进而导致树枝水分过度流失，影响桑叶的生长，使桑树无法达到冬季抗寒的作用，引起桑树冬季死亡率增加，降低了桑树幼芽的成长率。

防治措施：剪掉所有产卵的枝条，进行焚烧、掩埋，杜绝其蔓延。特别是在秋季，做到及时施肥，补充桑树的营养。另外要做好及时除草工作，避免杂草丛生为该虫害提供滋养的环境。

（五）红蜘蛛

该虫害主要盛行于7~8月，主要活跃在桑叶的背面，吸食桑叶的汁液，使桑叶出现变黄、枯萎，降低了桑叶的产量。红蜘蛛属于叶螨科，个体较小，繁殖能力较强，属于高温活动型。

防治措施：苯丁哒螨灵 10%乳油 1 000 倍液或苯丁哒螨灵 10%乳油 1 000 倍液+5.7%甲维盐乳油 3 000 倍液混合后喷雾防治，通常情况下，连续使用 2 次，每次间隔 7 d，即可达到杀虫效果。

（六）金龟子

喜食桑树的幼芽和嫩枝，蚕食速度惊人，幼虫对桑树根具有一定的危害作用。

防治措施：采用物理和化学防治相结合的手段，利用黑光灯或汞灯诱杀成虫，然后使用化学手段进行土壤处理，用 40%毒钉、50%辛硫磷乳油 150 g 与土壤进行混合，放入桑树播种穴，然后用 40%毒钉、50%辛硫磷乳油 1 000 倍液进行灌根，可以有效地灭除土壤中的幼虫和成虫以及虫卵，提高桑树的成活率。

十、紫穗槐

（一）豆象

该虫在我国仅危害紫穗槐，被害种子被蛀空成粉末或丧失发芽率。

防治措施：①清除林地虫源，树上宿存种子及落地种子中所含的幼虫是主要的虫源，因此采种基地应结合采种，尽量把种子采光，可减少翌年虫口来源；②豆象危害严重的地区，可在清明前用插条造林进行改造；③化学农药喷雾防治，在成虫羽化盛期喷洒甲胺磷 800~1 000 倍液，菊乐合脂 1 000~1 500 倍液防治，可减轻虫害。

十一、白蜡

（一）白蜡褐斑病

主要危害白蜡叶片，早春发病重，导致叶片变黄、变小、早落，树势衰弱，影响生长，严重时枝干枯死甚至整株死亡。

防治措施：①人工防治。冬季结合修枝，清除枯枝、落叶、杂草，剪除有病枝条，集中销毁，减少侵染源。②物理防治。加强抚育管理，生长季增施有机肥及磷、钾肥，及时灌水，尤其是干旱季节，提高白蜡抗病性；冬季合理整枝修剪，并注意剪掉病梢，及时清理病叶并烧毁，降低病原菌越冬基数；不与松、杉类混栽，减少病菌转移传播。③化学防治。萌芽前，喷 3~5 波美度石硫合剂铲除越冬病菌；生长季发病期，交替喷洒杀菌剂，如 40%多菌灵悬浮剂、1∶2∶200 倍波尔多液、90%三乙膦酸铝可溶性粉剂、65%代森锌可湿性粉剂、50%苯菌灵可湿性粉剂、70%甲基硫菌灵可湿性粉剂、75%百菌清可湿性粉剂、20%二氯异氰尿酸钠（必菌鲨）可溶性粉剂等，每隔 7~10 d 喷 1 次，连喷 2~3 次。

（二）白蜡流胶病

主要危害枝干。枝干受到机械损伤或病虫侵害后诱发，导致枝干流胶，阻碍养分输送，引起树势衰弱，甚至导致枯死。

防治措施：①早春树体萌动前，连喷 2 次（间隔 10 d 1 次）2~3 波美度石硫合剂，以杀死树体越冬病菌；②对发病小枝予以剪除，剪口涂抹多菌灵；对发病大枝干，刮除胶污及其周围的腐烂皮层和木质胶体后，伤口处喷多菌灵等杀菌剂；③及时防控蛀干害虫，减少枝干机械损伤；④修剪的病虫枝等废弃物要集中销毁；⑤生长季加强肥水管理，改良土壤，增强树势，提高树体抗病能力。

（三）天牛类

蛀干害虫主要有小木蠹蛾、薄翅锯天牛 2 种。

防治措施：详见“一、杨树（十一）天牛类”。

十二、杞柳

（一）杞柳黄疸病

该病是杞柳的主要病害，特别是秋季，对杞柳的影响最大，严重的地块感染可达 80% 以上，杞柳减产 50%。杞柳黄疸病是由病毒和类菌质引起的，发病时常在秋季杞柳长到 20 cm 左右，秋分前后是发病高峰期，发病时叶片显著变黄变白，梢叶反卷，停止生长，矮化特别严重，能使整株枯死。

防治措施：①加强检疫，已感染的病株禁止外运和用作种条，以防病毒扩散；易感染地区应选用优质品种，如新一柳、苯柳、黄皮柳等。②加强肥水管理，提高抗病能力，应在头伏收割，以增强秋季杞柳的长势；早晨趁有露水的时间撒施草木灰，能起到控制作用。③药物防治。可用多菌灵或波尔多液兑水 1 000 倍喷洒，喷洒时可与其他治虫药物同时使用。

（二）杞柳线虫病

该病对杞柳的生长影响很大。新插的地块和老地块易感染此病。发病时整墩或成片死亡，扎根部表现粗肿，根带白毛，侧根逐渐腐烂，毛细根变黑，从下到上干枯死亡。

防治措施：①轮作换茬。死亡 30%以上的地块，应立即伐掉换茬，禁止第 2 年重新插种，轮作间隔 2~3 年，连续种植 3~5 茬，以种植农作物为宜。轮作年限越长效果越好。②药物防治。可用土壤消毒法。在种植新杞柳前，整地时每亩施用 80%二溴氯烷 3 kg 兑水 100~200 kg，施于地下，有一定的防治效果。

（三）金龟子类

危害杞柳严重的有褐金龟子、黑绒金龟子和铜绿金龟子等。金龟子幼虫名叫蛴螬，俗称名“土蚕”，是危害苗木根部的地下害虫。成虫有群集、假死等习性。

防治措施：①针对金龟子的生活习性，深翻整地，人工捕杀，减少幼虫密度。成虫可人工捕捉，或晚上在地头燃一堆火或点灯诱杀。②药物防治。可喷洒 90%敌百虫 1 000 倍液，或 2.5%溴氰菊酯 3 000~5 000 倍液，或 20%速灭杀丁 1 000~1 500 倍液。（防治措施也可见“九、桑树（六）金龟子”）

十三、柽柳

（一）白粉病

①清除侵染源。结合秋冬季修剪，去除带病枝和落叶，集中销毁。②加强管理。适时增施磷、钾肥，通风透光。③喷药防治。发芽前喷施 5 波美度石硫合剂，消灭越冬菌源；生长季用 25%粉锈宁可湿性粉剂 2 000 倍液、50%退菌特 800 倍液或 25%多菌灵可湿性粉剂 500 倍液喷施，每 15 d 喷 1 次，连喷 2~3 次。

（二）枝枯病

①加强栽培管理，提高抗病能力。②药剂防治。50%代森铵或 65%代森锌可湿性粉剂 1 000 倍液、70%百菌清可湿性粉剂 500 倍液喷施，控制病害发展。

（三）锈病

①清除侵染源，结合修剪及时去除病枝、病叶等，集中销毁。②药剂防治。休眠期喷施 0.3%五氯酚钠混合 1 波美度石硫合剂；生长季喷 25%粉锈宁可湿性粉剂 2 000 倍液、65%代森锌可湿性粉剂 500 倍液。

（四）黄古毒蛾

①消灭越冬虫体，利用幼虫群集越冬的习性，结合冬季修剪，刮除毒蛾卵块，搜杀越冬幼虫。②灯光诱杀成虫。利用黑光灯或频振式杀虫灯诱杀。③保护天敌。如毒蛾赤眼蜂、毛虫追寄蝇、角马蜂等。④利用幼虫上下树习性，在树干部围捆塑料薄膜阻挡，集中清除。⑤药剂防治。20%灭幼脲 1 号 5 000～8 000 倍液、幼虫期时 100 亿/g 青虫菌 500～800 倍液、40%菊马合剂 2 000 倍液等，喷雾防治。

（五）柽柳条叶甲

①消灭越冬虫源，清除石砖、杂草、落叶等处的成虫；②保护利用天敌；③灯光诱杀成虫，利用黑光灯或频振式杀虫灯诱杀；④化学防治，50%杀螟硫磷乳油 800 倍液、40%乙酰甲胺磷乳油 800 倍液、40%速扑杀 1 500 倍液等，喷雾防治。

（六）柽柳白眉蚧

①加强抚育，合理施肥，多种乔、灌、草药合理搭配；②注意保护天敌，如各种瓢虫、跳小蜂、缨小蜂等；③化学防治，25%亚胺硫磷 1 000 倍液、50%乙酰甲胺磷 1 000 倍液、20%杀灭菊酯 2 000 倍液等，喷雾防治。

十四、花椒

（一）花椒锈病

该病是花椒极为常见的一种疾病，主要危害叶部。

防治措施：预防建议采用索利巴尔溶液进行喷洒；发病早期，建议按照 1∶1∶100 的比例进行硫酸铜溶液的配制；清除发病叶，并焚烧。

（二）花椒干腐病

花椒干腐病也可称之为流胶病，主要是天牛等害虫的蔓延所导致的，主要危害枝干部位。一旦发病，容易导致树干腐败，植株的生长受到严重影响。

防治措施：最好在冬天就事先做好发病部位的处理工作，按照适当的比例进行石灰、水和硫酸铜的配制，将其涂抹在发病的部位。

（三）花椒根腐病

该病较为常见，很容易影响到花椒的产量和品质。

防治措施：如遇多雨季节，及时做好排水防涝工作；及时将病变部位剪除，对于切口的地方，适当涂抹根腐散等药物。

（四）花椒蚜虫

该虫危害花椒严重，可与小麦间作；在蚜虫发生危害最为严重的时期，可以选用质量分数为50%的灭蚜净乳剂4 000倍液,防治效果较为理想。

十五、乌桕

容易感染叶部角斑病、叶枯病,而虫害主要是草履蚧、蚜虫、樗蚕、乌桕毒蛾、乌桕卷叶蛾、麻皮蝽、油桐尺蠖等。

(一)草履蚧

若虫和雌成虫常成堆聚集在芽腋、嫩梢、叶片和枝杆上,吮吸汁液危害,造成植株生长不良、早期落叶。

防治措施:①在雄虫化蛹期、雌虫产卵期,清除附近墙面虫体。②保护和利用天敌昆虫,例如红环瓢虫。③药剂防治。孵化始期后40 d左右,可喷施30号机油乳剂30~40倍液;或喷棉油皂液(油脂厂副产品)80倍液,一般洗衣皂也可,对植物更安全;或喷25%西维因可湿性粉剂400~500倍液,作用快速,对人体安全;或喷5%吡虫啉乳油,或50%杀螟松乳油1 000倍液。施用化学药剂,尽量少损伤天敌。

(二)油桐尺蠖

油桐尺蠖又名大尺蠖、桉尺蠖、量步虫,属鳞翅目尺蛾科的一种食叶性害虫,幼虫食性较广,主要危害油桐、乌桕等经济林。可在短期内将大片树叶吃光,形似火烧,严重影响树势生长。在安徽一年发生2~3代,以蛹在土中越冬,翌年3~4月成虫羽化产卵。一代成虫发生期与早春气温关系很大,温度高始蛾期早。成虫多在晚上羽化,白天栖息在高大树木的主干上或建筑物的墙壁上,受惊后落地假死不动或做短距离飞行,有趋光性。

防治措施:

(1)物理防治:①深翻灭蛹;②在发生严重的果园于各代蛹期进行人工挖蛹;③根据成虫多栖息于高大树木或建筑物上及受惊后有落地假死习性,在各代成虫期于清晨进行人工扑打,也是防治该尺蠖的重要措施;④于成虫发生盛期每晚点灯诱杀成虫;⑤卵多集中产在高大树木的树皮缝隙间,可在成虫盛发期后,人工刮除卵块;⑥幼虫化蛹前,在树干周围铺设薄膜,上铺湿润的松土,引诱幼虫化蛹,加以杀灭。

(2)化学防治:①掌握在孵化盛末期对橘园附近高大树木及树丛喷洒20%氰戊菊酯乳油1 500倍液或52.25%农地乐乳油1 500~2 000倍液;②在3龄幼虫盛发前施药防治,可选用下列任一药剂:90%敌百虫晶体1 000倍稀释液、50%杀螟硫磷乳油500倍稀释液、20%克螨虫乳油1 000倍稀释液。

(3)生物防治:施用油桐尺蠖核型多角体病毒,1 km^2用多角体2 500亿,兑水140 L,于第一代幼虫1~2龄高峰期喷雾(相当于1.4×10^{10}多角体/mL),当代幼虫死亡率80%,持效3年以上。

十六、女贞

(一)叶斑病

叶斑病防治方法:一般在危害前期喷洒80%代森锰锌粉剂1 000倍液,或80%多菌灵可湿性粉剂800倍液,或70%甲基硫菌灵可湿性粉剂1 000倍液。如果危害加剧,病斑扩大,可以用百菌清700倍液,或75%甲基托布津800倍液,或10%苯醚甲环唑800倍液等杀菌剂进行防治,根据防治效果及防治情况,每隔 7~10 d 喷洒一次,连续 2~4 次交替喷洒,杜绝单一用药,如果遭遇雷雨或大风天气,必须停止喷药,待天晴之后再做防治。

(二)炭疽病

炭疽病也是真菌类病害,其危害的部位与叶斑病不同,可以危害叶、花、枝、果实等。炭疽病一般呈放射状危害,呈圆圈状向外侵染,后期会出现黑色煤污点,最明显的危害部位就是叶边缘,前期先出现叶面褪绿的现象,然后逐渐向叶根部发展,直至病菌覆盖全叶面。

防治措施:发病初期喷洒 50%克菌丹 1 200 倍液,或抑霉唑 1 000 倍液,情况较重时喷洒 75%甲基托布津 800 倍液,或福美双可湿性粉剂 800 倍液,或 80%代森锰锌粉剂 800 倍液,或 70%甲基硫菌灵可湿性粉剂 600 倍液等杀菌剂进行防治。

(三)白粉虱

白粉虱不仅可以通过吸食被害枝叶,使其褪绿、变黄、萎蔫,甚至导致整株死亡,使植株造成缺失;还可以分泌大量蜜露,进而诱发煤污病,感病植株叶片会逐渐变黄,逐步加重发黑、萎蔫,造成植株长势衰弱,严重时造成植株死亡。

防治措施:喷洒 15%毒死蜱水乳油 1 200 倍液,或 60%噻嗪酮可湿性粉剂 800 倍液,或 3%阿维菌素 1 000 倍液等农药进行防治。在喷洒时可混合利用,切记要交替使用,这样既可以避免产生抗药性,还可以避免因单一用药而导致其他防治不到的病虫害发生。

(四)龟蜡蚧

危害时间比较早,一般在 2 月底 3 月初就开始危害,它的排泄物诱发植物病害,使危害部位逐渐变黑,失去光泽,直接影响光合作用,进而导致整株植物缺失养分而逐渐死亡。

防治措施:①药剂防治。常用的农药为 40%杀扑磷水乳油、速蚧壳水乳油,两种农药均配取 800~1 000 倍液进行机械喷雾,根据虫情可 5~7 d 喷洒一次,直到虫害得到较好控制,冬季休眠时配取石硫合剂 400 倍液进行喷药防护。②人工防治。徒手摘除虫体,此方法最有效,但仅适用于小范围病害防治。③苗木检疫。严把苗木检疫关,尤其是异地用苗,负责检疫的技术人员要高度负责,把好植物栽植的第一关,减轻植物的源头传播。

(五)红蜘蛛

红蜘蛛是一种多食性害虫,以成虫和若虫在叶背吸取汁液,被害叶片的叶面出现黄白色小点,严重时变黄枯焦,甚至脱落。也可藏在花瓣中,刺吸植物汁液,并常群集,拉丝结网,使花朵不能开放,严重时可导致全株死亡。

防治措施:①人工防治。清除枯枝落叶,集中烧毁,减少部分虫卵越冬,为第二年的防治工作打下基础。②药剂防治。0.2%阿维菌素+3%哒螨灵复合乳油 800 倍液,或三氯杀螨醇 600 倍液,或 20%毒死净胶悬剂 1 000 倍液,或 20%螨克乳油 1 200 倍液轮换使用,使用周期 5~7 d,如遇不良天气或虫情比较严重,可以缩短喷药周期。

十七、榉树

(一)褐斑病

该病全年都可发生,但以高温高湿的多雨炎热夏季为害最重。单株受害叶片、叶鞘、茎秆或根部出现梭形、长条形、不规则形病斑,病斑内部青灰色水浸状,边缘红褐色,以后病斑变成黑褐色，腐烂死亡。

防治措施：①彻底清除病残体，减少初侵染源；②发病初期喷洒 50%多菌灵可湿性粉剂 500 倍液，或 75%百菌清可湿性粉剂 700 倍液，或 50%苯菌灵可湿性粉剂 1 500~1 600 倍液。

十八、无患子

（一）溃疡病

防治措施详见“一、杨树（二）杨树溃疡病”。

（二）天牛类

防治措施详见“一、杨树（十一）天牛类”。

（三）小蠹

一种毁灭性的蛀干虫害，个头虽小，但被其蛀食过的树木，2~3 年内几乎必死。小蠹喜潮湿地块，枯萎病、溃疡病、天牛、蝙蛾等危害过的苗木也易受小蠹危害。有群食性特征，当有一只虫子蛀入后，很快吸引越来越多的虫子蛀食，从而在树体内形成错综复杂的蛀道，最终将苗木彻底摧毁。一般一年有两次出孔活动时期，即 6 月和 9 月。

防治措施：加强苗木检疫。上半年预防天牛时，也可有效预防小蠹危害，下半年 8 月底至 9 月初，可对生长势较弱的树干，再喷 1 次 200 倍液 8%氯氰菊酯微胶囊剂（绿色威雷），杀灭飞来的小蠹成虫。

十九、石榴

（一）石榴黑斑病

仅见危害叶片。发病初期病斑在叶面为一针眼状小黑点，后不断扩大，呈圆形至多角状不规则斑点；后期病斑深褐色至黑褐色，边缘呈黑线状。气候干燥时，病部中心区呈灰褐色，一般情况下，叶面散生一到数个病斑，严重时可达 20 个，导致叶片提早枯落。

防治措施：①结合冬季修剪和施肥，彻底清扫地面病残枝叶，入坑作肥，减少病菌源；②5 月下旬至 9 月中旬，降水量多，病害传播快，应隔 15 d 于晴朗天气喷施 50%多菌灵硫黄胶悬剂 500 倍液、80%络合纯可湿性粉剂 600 倍液，或 80%第伊诺大生 600 倍液等黏着性较强、耐雨水冲刷的保护性杀菌剂。

（二）桃蛀螟

卵多散产于果实萼筒内，也有为数不多的卵产在数果相靠处、枝叶遮的果面或果实梗洼上。

防治措施：6 月中旬当幼果如核桃大时，用 1∶100 倍的 90%敌百虫，或 50%辛硫磷掺黄土制成的药物球堵塞萼筒。结合堵塞萼筒，于花期叶面喷施混合 2 000 倍液的 20%杀灭菊酯，或 2 500 倍液的灭扫利 1~2 次，最后 1 次于 6 月上旬越冬代成虫产卵盛期进行。

二十、桂花

（一）叶斑病

详见“十九、石榴（一）石榴黑斑病”。

(二)根结线虫病

防治措施:采用 10%克线丹颗粒剂,常用量为 22 500~60 000 g/hm^2(含有效成分 150~400 g),可防治根结线虫病。

二十一、薄壳山核桃

(一)黑斑病

该病在产区侵染叶片和果实,造成落果和僵果,果实损失可达 40%,严重影响薄壳山核桃果实的产量和品质。

防治措施:清理病源,减少林间病原菌;根据薄壳山核桃黑斑病菌在落果、病果、僵果上越冬和每年 3 月中下旬气温回升时在病斑上产孢的特点,在 4 月中旬至 6 月中旬,及时进行喷雾处理,一般轻度病株喷 1~2 次,中度病株喷 2~3 次。选用药剂为戊唑醇、腐霉利、咪鲜胺、嘧菌酯、喹啉铜等,也可选用其他三唑类杀菌剂及其复配制剂。

(二)警根瘤蚜

为专食性食叶害虫,一般只危害薄壳山核桃。该虫在薄壳山核桃苗圃中普遍发生,春、夏、秋三季均可危害,植株受害率 100%。受害植株叶片上布满虫瘿,大如黄豆,小如芝麻。害虫躲在虫瘿内吸食汁液,致使叶片早落,树势衰弱,影响苗木生长。

防治措施:在防治黑斑病时,可同时混用吡虫啉等内吸性杀虫剂,以控制警根瘤蚜。

(三)天牛类

详见“一、杨树(十一)天牛类”。

二十二、柳树

(一)柳瘿蚊

危害旱柳和垂柳,为蛀干性害虫,以幼虫在枝干形成层、韧皮部取食,使树木上下输导组织受阻,造成养分在幼虫蛀害处聚集,形成瘿瘤。最大的瘿瘤长达 1 m,比正常的枝干粗 1~5 倍,使树势衰弱,甚至枝干枯死,瘿瘤木材扭曲,降低了木材的工艺价值。

防治措施:①幼虫期,在树干基部用刀刮去两侧粗皮,使之呈相对两个交叉半圆环,两环上下间隔 5~10 cm,刮皮长度 10 cm,把 40%乐果原液涂于韧皮部,杀虫效果可达 100%;在树干上每隔 5 cm 用凿子打一个孔,将 40%乐果乳油原液或加水稀释成 2 倍液注入孔中,杀虫效果可达 100%。②结合抚育修枝,剪除枝干上的瘿瘤,集中烧毁。③造林时应注意检查苗木是否受害,严禁用带虫的苗木造林。

第九章 综合防护林体系生态经济效益

综合防护林体系是以改善生态环境、保护农作物并使其达到稳产高产为目的的多林种、多树种、多层次的集合体。它不但具有间接效益(生态效益),而且具有以木材及林副产品为主的直接经济效益。现以安徽宿县(今宿州市埇桥区)综合防护林体系试验区为例加以论述。

安徽省宿县(今宿州市埇桥区)综合防护林体系试验示范区,位于朱仙庄镇。包括11个自然村,面积11 933亩,其中耕地面积9 082亩,人均土地3亩多。1984年综合防护林体系营造前,林木覆盖率只有7.3%,土壤为砂姜黑土类,有机质含量很低。由于年降水量分布不均,易造成旱、涝灾害,春末夏初多干热风,初春多冻害,因此对农业生产造成严重威胁。1983年小麦平均亩产仅60多kg,棉花亩产35多kg,土地生产力较低。

营造多林种的综合防护林体系,对减免各种自然灾害,创造良好的微域生态环境,保证农业生产稳定增长具有特别重要的意义。利用沟、河、渠、路两旁隙地营造防护林,改变土地利用结构,提高土地生产力,增加农业产量,并可生产一部分木材,缓解木材供需矛盾,增加农民经济收入,对提高大农业综合经济效益是行之有效的重要途径。

试区从1984年开始规划设计,到1985年基本建成。截至1989年,林地面积已发展到2 585.5亩,林木覆盖率达21.6%。其中农田林网占56.68%,片林占33.64%,薪炭林占1.76%,村庄绿化占7.92%,另有果粮间作87亩。由于在造林过程中采用良种壮苗和贯彻适地适树原则,目前林木生长旺盛,林网平均树高达13 m,胸径达17.9 cm。其中I-63杨,单株材积达0.149 3 m^3,比原来林带杨树材积生长量大54%。全试区立木蓄积量已达4 443.8 m^3。防护林体系建设中,坚持以农田林网为主体,合理利用土地资源,多林种、多树种、多效益相结合,使防护林体系建设稳步发展,自1987年开始,林带已发挥了防护效益和部分直接经济效益。

防护林体系经济效益问题,是防护林生态经济的核心。综合防护林体系的建成,究竟经济效益如何?虽然林木现尚处于中幼林阶段,要全面按生产周期评价尚不具备条件,但在保护农田、促进农业增产、增加林木蓄积量等方面已有较好的经济效益。现从防护林体系的防护效益和林木直接经济效益方面加以论证。

第一节 护农增产的间接经济效益

综合防护林体系是以农田林网为主体的农田生态系统,对降低林网内有害风速,特别是春末夏初干热风对小麦的危害具有明显的抑制效果。林网建成,还可以提高网内空气、土壤湿度,减少蒸发量,调节气温,提高土壤有机质含量等,改善农田生态环境,为作物增产创造良好的生长发育条件。防护林对农作物产量的影响是把“双刃剑”,既有林木庇荫胁地减产的一面,也有护农增产的一面。护农效益随着林木生长过程、林带结构状况、各年间气候条件的不同、耕作技术的改革、优良品种的选用等因素综合作用的变化而不同。定量评价防护林体系防护效果,不仅要评价单位面积增(减)率,还要评价作物总增(减)率和防护效益系数等。

一、试区内作物产量的增长量和增长率

朱仙庄镇试验区主要农作物有小麦、玉米、棉花、花生、油菜籽、大豆等。根据调查,试区内1985~1989年作物单产变化见表9-1。

表9-1　朱仙庄镇综合防护林体系实施后作物单产逐年变化　(单位:kg/亩)

品种	1985年	1986年	1987年	1988年	1989年	1985~1989年增长速度(%)	年平均增长速度(%)
小麦	265	255	290	275	300	13.20	3.15
玉米	205	214	259	243	325	58.53	12.22
大豆	75	98	104	104	115	53.33	11.27
棉花	39	55	52	59	65	66.66	13.62
花生	69	93	107	96	110	60.58	12.57
油菜籽	86	85			115	33.72	7.53

上述粮、棉、油产量的增长,是综合因素作用的结果,当然也包括防护林防护功能的因素。试区内不仅单产有较大幅度的增长,作物总产量也相应得到增长,见表9-2。

表9-2　作物总产变化表　(单位:万kg)

年份	小麦	玉米	大豆	棉花	花生	油菜籽
1985年	183.2	25.89	20.1	5.52	3.01	2.58
1989年	194.28	38.03	27.6	8.42	1.32	13.57
1989年与1985年相比增产量	11.07	12.14	7.50	2.91	-1.69	10.99
增长率(%)	6.04	16.87	37.31	52.67	-28.07	162.98

1985~1989年,各类作物除花生因播种面积调整而总产量下降以外,其余作物总产量均有较大幅度增长。这就充分说明,在平原农区利用一小部分土地发展林业,并没有影响到粮食产量;相反,作物单产与总产量均有增长。同时也说明了防护林在护农增产中的重要作用。

二、防护效益的增产量与增产率

所谓防护林体系对农作物的增产作用,是指受防护林保护的农田和土地条件相同或基本相同的对照区,采用相同作物品种和施肥量,在相同的耕作措施条件下产量的比较。但是,试区面积大,并且土地条件也不尽相同,各家各户又分散经营,所以要严格建立对照

区,在目前的条件和情况下难度很大。为定量分析防护效益的增产量与增产率,采取在试区同一个乡相邻的4个行政村作为对照区。以4个行政村各类作物的不同年度单产量与试区内相应作物相应年度单产量分别比较,其差额量作为防护效益的增(减)产量。采用大面积的平均单产比较法,虽然不很严格,但基本上可以反映防护效益的效果。

根据各年度不同作物增产量合计,见表9-3。

表9-3　5年平均增产量　(单位:万kg)

作物品种	小麦	玉米	大豆	棉花	花生	油菜籽
增产量合计	39.18	6.89	5.55	1.27	0.98	1.45
5年平均增产量	7.84	1.38	1.11	0.26	0.20	0.29

以小麦为例,年增产7.84万kg,约相当于亩产300 kg、260亩耕地面积的年产量。所以,防护林体系建设,虽然占用了一小部分土地,但并不影响粮食生产。

三、防护效益的价值计算

单位面积防护效益价值,是单位面积增产产品数量乘以产品价格,再减去因增产而增加的收获量支出的劳动工资额。根据每年增产量和价格,防护林体系的防护效益见表9-4。

表9-4　护能增产的经济价值　(单位:元/亩)

品种	防护效益价值			
	1989年	1988年	1987年	5年平均
小麦	30.0	24.0	21.0	15.0
玉米	14.0	13.30	10.15	7.49
大豆	13.0	7.80	7.80	5.72
棉花	20.0	12.0	10.0	8.4
花生	21.25	11.05	20.4	10.49
油菜籽	15.0	3.75	—	3.75

由于在耕作制度上一般是一年两熟,如小麦+玉米,则防护效益每亩价值22.49元,小麦+花生的价值为25.49元。根据各年度不同作物的增产量和不同价格计算,各年度防护效益总效益价值,1989年为24.41万元,1988年为20.53万元,1987年为18.15万元,3年合计为63.09万元。现防护林体系经营期为5年,则年平均防护效益价值为12.834万元。按现有耕地面积计算,平均每亩每年防护效益价值为14.13元。

四、投资年均防护效益系数

投资年均防护效益系数,是反映防护林体系的投资与每年可获得防护效益的程度。其计算公式为:

$$K = \frac{\sum_{i=0}^{n} A(1+P)^{n-1}}{n\sum_{i=0}^{n} Z(1+P)^{n-1}}$$

式中分子表示每年防护效益的经济价值,并用复利计算;分母表示历年投资之和,也用复利计算。式中,K_i 为防护林体系投资年平均防护效益系数;A 为防护效益的经济价值;z 为年投资;P 为银行贷款利率;n 为计算年份。

在计算中,$P=9.4\%$,$n=5$,$i=0,1,2,3,\cdots,n$。

$$K = \frac{24.41 + 22.25 + 21.80}{5 \times 20.24} = \frac{68.71}{101.2} = 0.678$$

这就是说,在这 5 年内,每投入 1 元,每年可得到 0.678 元的效益产品价值。随时间的推移,今后投资连年减少,防护效益增长,防护效益系数也将增大。

第二节　综合防护林体系的直接经济效益

防护林体系建设,除为农业生产创造良好的农田生态环境,发挥防护效益外,还担负着生产木材及林副产品、调整农业内部结构、满足农村对木材和林副产品的需求和增加农民经济收入的重任。

一、增加立木总蓄积量总价值

试区建立前,原有林地面积 869 亩,蓄积量 2 260 m^3。1985~1989 年,林地面积增加到 2 585.5 亩(不包括果粮间作),立木蓄积量达 6 703.8 m^3,其中新增蓄积量 4 443.8 m^3。主要树种有:意杨占 86.83%,泡桐占 3.1%,刺槐占 4.5%,其他树种占 5.6%。5 年内平均年蓄积生长量为 888.7 m^3。这是试区内农民的一笔相当大的财富。现按不同树种蓄积量和立木价格计算,立木总价值为 126.58 万元。平均年立木蓄积量价值 25.32 万元。

防护林体系除立木蓄积价值外,还有枝杈、树叶、薪炭柴、紫穗槐条、桑叶等产品。据立木资源生长状况,枝杈总量约 120 万 kg,价值 4.8 万元;薪炭林累计生产薪柴 36.4 万 kg,价值 2.91 万元;枝杈和薪柴对解决农村烧柴困难发挥了重大作用。另外,年产树叶达 14 万 kg,可用于发展畜牧业、沤制有机肥,促进农牧业的发展,累计价值达 1.26 万元。在林网结构上,由于采取乔灌结合,不仅能提高防护效益,而且灌木条收入已累计达 3.8 万元;栽桑养蚕,累计产叶 4 万 kg,价值 8 000 元。以上各项价值合计为 13.57 万元,年平均产值 2 714 万元。

立木价值和林副产品价值总计达 140.15 万元,5 年平均年价值 28.03 万元,平均每亩年价值 108.39 元。

二、年立木蓄积价值和林产品价值

年立木蓄积价值,是以活立木年净生长量为当年立木蓄积增量,按不同树种价格计算立木蓄积价值。据试区测定,1989 年立木蓄积生长量为 1 117.16 m^3。其中杨树占

79.84%，为 892 m^3，立木蓄积总价值为 31.84 万元；林产品中枝杈价值为 1.44 万元，树叶价值为 5 560 元，薪柴价值为 1.08 万元，紫穗槐条价值为 1.5 万元，桑叶价值为 4 000 元，合计为 4.976 万元。所以，1989 年林业产值为 36.816 万元，约占农业总产值的 10%。

第三节　防护林体系总经济效益

总经济效益包括护农增产的间接经济效益和林木及林副产品的直接经济效益两部分。根据前面已计算的防护效益价值累计(不计利息)为 64.17 万元，林业直接效益价值累计(不计利息)为 140.15 万元，两项合计为 204.32 万元。按 5 年平均计算，年经济效益价值 40.86 万元，相当于年平均投资额的 10.1 倍。

防护林体系投资在一个周期里(5 年)，防护效益的发挥、获得林副产品利润也有时间早晚的不同。为反映资金占用及回收时间的不同经济效果，可按复利进行计算。防护林体系经济效果(已取得的经济效益)与资金占用之间关系，采用防护林投资年平均效果系数来衡量效益的大小。计算公式如下：

$$K = \frac{\sum_{i=0}^{n} (A + B)(1 + P)^{n-1}}{n\sum_{i=0}^{n} Z(1 + P)^{n-1}}$$

式中，K 为防护林体系投资年平均防护效益系数；A 为防护效益的经济价值；B 为林副产品利润；Z 为年投资；P 为银行贷款利率；n 为计算年份。

在计算中，$P=9.4\%$，$n=5$，$i=0,1,2,3,\cdots,n$。

$$K = \frac{68.71 + 11.51}{101.2} = 0.792$$

这就是说，防护林体系建设，在 5 年内每投入 1 元，年平均可获得林副产品和防护效益价值 0.792 元。

第四节　年平均林业投入基金产值比

在 5 年内，平均每年的投入基金同平均每年各项功能的产值之比。

$$\text{年平均林业投入基金产值比} = \frac{\text{平均年各项产值之和}}{\text{平均年投入基金加利息当量}}$$

林业产值包括立木蓄积价值、薪材、林副产品等，也包括防护效益产值。如：

$$\text{年平均林业投入基金产值比} = \frac{40.864}{4.049} = 10.09$$

计算结果，反映在 5 年内，投入与产出产值之比为 1∶10.1。这也反映了防护林体系建成有较好的经济效果。

第五节　林业投资回收期

投资回收期,是用林业直接产品产值和防护效益增加的作物产量产值,去回收林业投资所需要的年限。在这里林业产品产值是指已得到的经济收入,不包括活立木蓄积价值。

现采用财务现金流量表来计算回收期,见表 9-5。

表 9-5　综合防护林体系财务现金流量　　（单位:万元）

项目	1984 年	1985 年	1986 年	1987 年	1988 年	1989 年
现金流出	3.227	6.152	2.100	1.503	0.999	0.730
现金流入				21.00	23.71	28.14
净现金流量	-3.227	-2.100	-2.100	+19.497	22.711	27.41
累计现金流量	-3.227	-9.379	-11.479	+8.018	30.729	58.139

$$投资回收期=4-1+\frac{11.479}{19.497}=3.59(年)$$

投资回收期为 3.59 年,也就是在 1987 年内,即可收回投资。

第六节　经济效益总体情况小结

（1）防护林体系建设,现有立木蓄积量达到 6 703.8 m^3,人均 2.31 m^3。这不仅可缓解木材供需矛盾,而且是当地农民的一笔财富。按现有蓄积计算,蓄积量价值为 191.05 万元,人均 658.82 元。

（2）林副产品年平均产值为 2.714 万元。其中树叶既可作饲料,也可作肥料,为发展农、牧业创造条件。

（3）防护林体系防护农田增产效益年价值 12.83 万元。作物增产率在 5%～12%。

（4）由于防护林体系建成,林业产值 1989 年达到 36.816 万元,约占农业总产值的 10%。

（5）防护林体系年平均经济效益价值为 40.86 万元,人均 140.9 元。

（6）防护林体系投资回收期仅 3.59 年,投资回收期短,年平均林业投资与产值比为 1:10.09,经济效益高。

第十章　森林综合效益评估指标体系初步探讨

第一节　目的和意义

森林综合效益评估指标体系的构建,目的在于通过实地评价分析,取得感性认识和一些典型材料,探索森林综合效益计量的理论原则、指标体系和分析计量方法,为将来进一步全面综合计量积累经验,以促进我国林业的健康发展。

森林综合效益的计量有以下两方面的实际意义:

第一,有助于确立林业在整个国民经济体系中的地位和作用。

在商品经济时代,任何生产活动都是通过市场来实现的,以货币为统一的计量尺度,通过生产者在市场中买卖活动所取得的货币量大小来评价生产活动效益的大小。由于林业生产的对象是森林,而森林是一个多功能多效益的实体,而当前森林多种效益中仅仅是其中的经济效益部分能在市场中交换取得经济收入。许多国外研究表明,未进入市场交换的社会、生态效益往往是经济效益的8~20倍。遗憾的是,我国目前的统计体系中,仅占森林综合效益一小部分的经济效益成为森林整体效益的替代物,从而大大缩小了林业生产在整个国民经济中的比例,降低了林业在社会中应有的地位。这种以偏代全、以小代大的评价,显然不利于林业的发展,不利于发挥森林多种效益在我国经济建设和社会进步中的作用。

可喜的是,森林的社会、生态效益已被越来越多的有识之士所重视,希望通过一定的方法,克服社会、生态效益计量的量纲(尺度)与经济计量的量纲(尺度)不统一的难点,统一用货币尺度,加上其他计量方法,在一定程度上将社会、生态效益计量出来,从而较为精确地给予森林综合效益的数量大小,还森林效益以本来地位。

第二,有助于国家林业政策的正确决策,调动林业生产者的积极性。

在林业商品生产中,林业生产者通过投入一定生产要素(土地、劳力和资金)培育林木,他们在生产过程中创造了社会效益、生态效益和经济效益三大效益,而他们只能在市场中通过出卖林木产品收回其中的经济效益,而社会效益和生态效益是无偿地供他人享用,林业生产者并不能从中获得利益。他们为社会带来了巨大利益,但有的行业如造纸、水泥生产业,往往在生产过程中,带来损害他人健康、污染环境的“三废”,而这些行业生产者都没有为此付出足够的治理费用,他们在经济上获得成果,同时也给社会增加了巨大的负利益(社会成本)。由于林业生产者在市场所得小于其创造的成果,而上述行业在市场所得大于其应有成果,这是造成从事不同行业生产所得到的货币收入差异性的原因之一,从而影响到人们对林业投资倾向不足、热情不高,导致林业投资不足、林业资金外流的局面。在这种“市场缺陷”的现实情况下，只有代表社会整体利益的政府出面调节，才能有所弥补，而政府对林业调节行为，体现在国家的林业政策上。合理的调整行为，应该是政府向享有森林社会效益、生态效益的地区和人民收取森林社会公益税，用以补偿林业生产者，而对增加社会成本的污染企业收取污染环境税来补偿治理污染费用。这种“一补一收”可纠正林业生产者所得过少，而污染行业所得太多的局面，使投资林业能收回其应得的而在市场中不能得到的货币收入，使林业成为社会各界乐于投资的行业，成为社会瞩目的行业。这是在商品经济时代，林业取得社会应有承认和应有地位的必要之举，也是国家林业政策的积极上策，特别在当前我国财政收入连年大幅度提高、资金十分充足的现实条件下，可以达到既不增加国家财政负担，又保证有更多资金投入林业的目的。

希望通过森林综合效益计量，较为准确地求出森林社会、生态效益的数量，为政府实施森林税提供理论依据、税负标准，从而促进林业生产的发展。

第二节　评估的理论依据及原则

一、劳动价值论原则

这是研究这一问题的基础。按这一理论，并结合市场供求规律，特别在资源稀缺的条件下，以货币尺度为主，来统一定量地衡量森林综合效益大小；同时结合其他科学方法，补充和完善森林综合效益的评估。

二、效益一体化原则

三大效益既有联系又有区别，这是人们对森林认识深化的表现。为了深入研究，有必要按一定标准对这一整体效益进行分类，划出基本界线，并对各类效益中的多个子项目加以专题研究，而更重要的是，使用某一个统一尺度(如货币)，对各类效益加以综合计量，精确地反映森林的整体效益。没有科学分类就无法深入分析，而没有总体考察，就无法正确评估森林的社会应有地位，而综合效益正是各类效益因子综合作用发挥的总体表现，这是一个事物的两个侧面，反映在指标体系中，就要求综合效益的指标体系具有完整性、典型性和独立性的统一协调。

三、时空统一原则

不同的历史发展阶段，不同的自然、经济社会条件的地区，制约着森林三大效益的发挥程度和各类效益在总体效益中的比例大小。因此，对具体地区，不同的历史发展阶段，森林综合计量，要求因地制宜、因时制宜。在选择指标体系时，要选出能反映当地、当时条件的若干主要代表性指标，加以科学化计量，以得出相应的计量成果。

第三节　评价的指标体系

一、森林经济效益体系

森林经济效益评价，是以具体林种为对象，并把森林作为一个系统即森林生态经济系统来认识和把握的，而这个系统的范围或者是一个特定的地域（地块），或者是某一特定生产经营单位（乡、区、县、省）。按照马克思的劳动价值论原理，森林经济效益就是森林培育过程中所耗费活劳动和物化劳动的转化和增值的反映。人们经营森林，不论把它纳入何种社会经济系统，其目标都是为社会提供具有一定使用价值的各种产品的数量和价值量。因此，评价森林经济效益既要反映森林再生产过程中其经济功能对满足社会需要的程度，同时也要反映人们取得一定量的林产品所耗费的劳动量或单位劳动耗费所取得的林产品数量。但是，由于森林的使用价值和价值包括多方面内容，受多种因素的影响，因而孤立地或片面地采用一两个经济指标是不够的。为了具体计算和全面衡量森林经济效益大小，必须针对具体情况来设置和运用一系列指标，或以一个方面、一个局部范围来反映经济效益大小，或全面地、综合地（只在一定程度上近似地）反映经济效益的大小。这些相互联系、相互补充、全面评价经济效益的一整套经济指标，即构成森林经济效益指标体系。

现通过调查研究，试拟定评价平原农区森林经济效益指标体系如下。

（一）森林生产效益评价指标

可分别不同林种、树种，用劳动成果来表示，具体包括林产品产量（作业量）或产值、净产值、盈利等，它们通常又分别称为总收入、国民收入和纯收入。

（二）森林生产投入评价指标

可以用投资和成本来表示。投资一般指林业基本建设的初期（一次性）投资，包括国家投资、集体（合作）投资和农户（个体）投工投料等。森林生产过程中实际消耗的活劳动和物化劳动，其价值形态可以近似地用成本（生产费用）来表示全部劳动消耗。此外，在森林生产中土地也是一种投入，可以用林业占地面积、有林地面积等指标表示。

（三）森林生产的投入产出比评价指标

1.林地生产率

（1）单位林地产品产量或产值

（2）单位林地纯收入

2.劳动生产率

（1）每个劳动力的年产量（或产值）

（2）每个工日的产量（或产值）

3.资金生产率

（1）资金利润率

（2）成本产值率

（3）成本利润率

4.造林工程投资效益

(1)投资回收期和投资效果系数

(2)净现值和内部收益率

5.边际效益率

(四)其他指标

1.林业贡献率

(1)单位面积林木生长量、蓄积量、产材量

(2)林业总产值占大农业总产值的比重

(3)农林牧副渔各业的比重

2.生物量

(1)单位面积年森林生物量

(2)单位面积年森林生物量与农作物生物量之比

3.各历史时期人均国民收入变化状况

二、森林生态效益指标体系

说明：

(1)本指标体系包括环境系统指标7个和生物系统指标4个。

环境系统指标是：

1.保水或排水作用

2.保土作用

3.防风作用

4.降温或增温作用

5.提高土壤肥力的作用

6.净化大气的作用

7.改善景观的作用

生物系统指标是：

1.总生物量的增加

2.林木生物量占总生物量的比值

3.生物量转化率(或次级生产力与初级生产力之比)的提高

4.生物种的多样性的提高

(2)各指标现实水平与无林期的水平或无林地的水平相比较，计算增益作用。

(3)各指标按通用单位计算。

(4)若某些指标对具体评估地区无意义(如对无污染地区的净化大气指标)，则可对其不予考虑。

1.保水或排水作用

对干旱地区来说：

(1)土壤含水量的增加

(2)大气湿度的提高(%)

(3)地表径流的减少[失水量 t/(hm^2·a)]
对低温地区来说:
(1)地下水位的降低(cm)
(2)蒸散量(叶面蒸腾+地面蒸发)上升[t/(hm^2·a)]
2.保土作用
(1)土壤流失量的减少[t/(hm^2·a)]
(2)N 流失量的降低[kg/(hm^2·a)]
(3)河渠土方坍塌的防止[m^3/(km·a)]
3.防风作用
(1)对灾害风(>4 m/s)风速的降低(%)
(2)减少灾害风的天数(d/a)
4.降低或增温作用
(1)气温的降低(℃)
(2)地温的降低
(3)高温天气(>35 ℃)日数的减少
或:
(1)气温的提高
(2)地温的提高
(3)无霜期的延长天数
5.提高土壤肥力的作用
(1)土壤有机质含量的增加(%)
(2)土壤含氮量的增加(%)
(3)土壤有效磷的增加(%)
(4)土壤容重的降低
6.净化大气的作用
(1)叶片含硫量的增加(%)
(2)叶片对 SO_2 的吸收量[kg/(hm^2·a)]
(3)林内 SO_2 含量的降低(mg/m^3)
7.美学价值(景观改善)
人群观感抽样调查
8.总生物量的增加
包括林、农、菜、药及野生植物等
9.林木生物量占总生物量的比重适当

10.生物量转化率提高,即次级生产力与初级生产力的比值提高(初级生产力指植物生物量。次级生产力是指转化成动物机体的生物量,包括鸡、鸭、羊、兔、鱼及其他动物的产量)。

11.生物种的多样性的提高
(1)鸟类种群和数量的增加

(2)病害的减少

(3)重要害虫天敌的种群数量的增加

关于生态效益指标转化为统一货币指标的计量问题。生态指标和社会指标都有一个如何转换为统一计量单位后,才能加总的问题。生态效益指标一般都是实物性的,其转换方式可有如下几种:

(1)直接可以计量的,如增氧量,用数量(m^3)乘以单位市价。

(2)大量的可以用替代方法,如水土保持林对水库泥沙淤积的减少或防止,则可用清除这些泥沙的花费作为该林种的作用价值。

(3)农田防护林可以用农地的增产数量减去农业技术的增产量后的产量计算。

三、社会效益指标

社会效益是一项比较复杂的指标体系,它不仅有直接的功能作用,如就业、保健、调节人的精神、激发灵感,更深刻的方面是在森林的经济功能和生态功能共同作用下,对人类社会诸方面产生的种种潜移默化的影响。因此,也是比较难以计算的。根据多次调查计量,认为以下几项可列为主要计量指标。

(一)就业率

由林业发展以后新增加的就业人数×每人所创造的产值+当地每一居民的年平均支出水平(或最低水平)。

(二)健康水平

由地方病发病率的减少乘一个系数。这个系数表明森林的作用,一般可控制在0.3~0.4。

(三)精神满足程度

可用地方公园平均每人支出为基本指标。目前情况下,可用一般城市公园收入,换算成每一居民的支出为基本指标,用相邻几个城市的平均值为宜。

显然,目前的计量还不可能令人满意,可通过多次的计量来进一步丰富它。

(四)综合效益计量

上述三项之和即为综合效益量。应注意的是,这种计量必须按林种进行。对不同地区不同林种的三种效益比重并不完全一样。要根据当地情况首先确定这一比重,然后对各种效益分别乘以数量后才能相加。这就是前面所说的是否被社会所需要、所承认的问题。

附　录

附录 1　范例——平原农区林业先进县亳州市(今谯城区)

一、基本情况

原县级亳州市(今谯城区)位于皖西北边陲,为平原农区,总人口 113 万人,总面积 333.8 万亩,可耕地面积 201 万亩,其中潮土占 71.3%,砂姜黑土占 28.1%,年平均气温 14.5 ℃,无霜期 209 d,年降水量 807 mm,pH 值 7.5~8.2,原县级亳州市(今谯城区)原为少林地区,常遭旱涝、风沙的危害,粮食产量低下,新中国成立以来,由于重视林业的建设,自然面貌大为改观,特别是十一届三中全会以后,由于实行了林业"三定",林业得到高度的发展,现已成为淮北地区实现平原绿化标准的先进县之一。

原县级亳州市(今谯城区)共有各种林木 5 200 万株,林地面积 80.7 万亩,其中环村林 47 万亩,片林 7.8 万亩,农田林网 18 万亩,经济林 7 万亩,竹林 0.2 万亩,疏林地 0.7 万亩,树木覆被率 24.2%,林木总蓄积量 218 万 m^3,其中泡桐 147.1 万 m^3,占总蓄积量的 71.9%,其余为林粮、林油、林药间作。

二、森林综合效益计量评述

(一)森林的生态效益

1.森林的保土排水作用

干旱季节提高相对湿度 4.2%~6.2%,减少农田水的蒸发 11%~14%。

根据涡阳县城南公社(现涡南镇)的测定,在砂姜黑土地林带 6 倍树高范围内,平均降低地下水位 24 cm。

2.保土固土作用

农田防护林每年减少水土流失 1 500 万 m^3,按土壤有机质含量 1%计算,相当于 15 万 t 的化肥量,总价值为 3 000 多万元。

3.林网防风作用

平均降低风速 33%。

干热风由 1984 年的 4 d 降低到 88 年的 0.8 d,降低了 80%;林网减轻了干热风的危害,平均免减产 10%~30%。

4.林网的降温、增温作用

林网内气温比旷野的气温提高 1~3 ℃。

夏季林网内的气温比无林地降低 1~4 ℃。

无霜期由 1978 年前的 208 d 提高到 1987 年的 224 d，延长了 16 d。

5.景观的改善

原县级亳州市（今谯城区）森林覆盖率达到 24.2%，有林网面积占耕地总面积的 90% 以上，85%的耕地实行了桐粮间作，居民点的森林覆盖率在 50%～80%。原县级亳州市（今谯城区）由过去的无林少林地区，变成了一个树木繁茂的森林景观，每逢春天到来，上有怒放的桐花，下有含笑的芍药，上下辉映，形成了花的海洋，使人心旷神怡，为人们创造了一个充满生机、活力，有利于身心健康的美好环境。

6.总生物量的增加

林木的总生物量，森林的生长率为 12.4%，每年林木生长量为 22 万 m^3，全树木材占总量的 60%，枝叶占全树的 40%，每生长 1 m^3 木材，其生物量为 0.6+0.4＝1.0(t)（1 m^3 木材相当于 0.6 t），22 万 m^3 木材，其生物量为 22 万 t。

农作物的生物量，农业产量由 1978 年的 2.8 亿 kg 增加到 1987 年的 6.8 亿 kg，净增 4 亿 kg，9 年平均每年粮食产量增加 0.445 亿 kg，按防护林平均增加产量 10%计算，每年可增产粮食 445 万 kg，每生产 1 kg 粮食，其秸秆生物量为 1.5 kg，其生物量为粮食的 2.5 倍，445 万 kg×2.5 倍＝1 112.5 万 kg，即 11 125 t。

总生物量的林农比例为 100∶0.05。

（二）森林的经济效益

（1）1975 年林业产值为 332 万元，占农业产值 1.42 亿的 2.4%；1987 年林业产值为 1 023万元，占农业产值 4.4 亿元的 2.7%。

（2）实行林农复合经营林下间作药材和经济作物 21 万亩，用药间作面积 10 万亩，年均收入 7 500 万元，其余间作蔬菜等 10 万亩，年均收入 4 000 万元，合计 11 500 万元。

（3）林网内粮食每年增产 445 万 kg，每千克按 0.60 元计算，每年可增产值 267 万元。

以上三项总计为：12 790 万元。

（三）森林的社会效益

（1）林业的发展，改变了过去单一种植粮食的生产结构，把林业作为该市四大经济支柱之一（酒、药、烟、林）。每年采伐量为 8 万～10 万 m^3。除自给外，还能向外省销售一部分，并促进了木材加工业的发展，每年加工材达 4.9 万 m^3，每立方米木材可增值 250 元，并有 0.8 万～1.0 万 m^3 泡桐等优质材出口创汇，总增值达 1 475 万元。

（2）为人民生活提供丰富多彩的产品，如药材、油料、蔬菜和多种家禽等。

（3）群众住房得到改善。90%以上农户住上新房。

（4）学生入学率逐步得到提高，由 1970 年的 70%提高到 1987 年的 97.6%。

（5）医院床位逐步增加，由 1975 年的 1 131 张提高到 1978 年的 1 506 张，卫生技术人员由 1975 年的 1 142 人提高到 1987 年的 1 629 人。

（6）生态环境得到改善，由于实现林网化，自然灾害减少，生长期延长，农业出现稳产高产的局面，201 万亩耕地，从 1978 年以来，粮食每年以 4 250 万 kg 的速度上升。

环境质量逐步优化，风沙、干旱天气大为减少。

三、总的评价

（1）原县级亳州市（今谯城区）森林总面积 80.7 万亩，覆盖率占 24.2%，其中防护林占

23%,用材林(环村林、丰产林)占71.9%,经济林占5.1%。根据亳州市自然条件,覆盖率占24.2%是比较合适的,但林种方面,用材林比重偏大,经济林比重偏小,应调整林种比例。

(2)林业在整个经济中的作用和地位(粗略计算):①保土保肥的生态效益每年可达3 000万元;②林网每年提高粮食产量445万kg;③木材和林下间作物每年总产值为11 500万元;④木材加工增值每年可达1 475万元。

以上四项总值为16 242万元。

原县级亳州市(今谯城区)工农业总产值为7.58亿元,林业占工农业总产值的21.4%。

四、评估对象的范围和评估的基本单位

森林的综合效益很大程度上取决于森林本身的生长和发育的状况。森林的自然生物群落和人工组成的森林生物群落的发生发展变化过程都与气候、土壤条件有紧密关系。因此,在评价森林的综合效益时,首先应指出该森林所处的气候的地带性及土壤类型。

气候的地带性可按自然地理气候地带的划分标准分为森林区(热带森林、亚热带森林、温带森林)、森林草原区、草原区、荒漠草原区、荒漠区。

其次,在同一气候地带有不同的土壤类型。土壤类型决定了树种分布,据1988年考察,淮北及苏北里下河地区基本上可分为砂姜黑土、潮土(淤积的黏壤土)、沙土和水网地区的沼泽土,因此在评估时以土壤类型做基础,以行政单位乡为单位评价森林的三大效益较为合适。在研究了一个乡一种土壤类型上一种林种的基础上,可以扩大为在一个县的范围内多种土壤类型上多林种的森林综合效益。

五、问题与讨论

(1)对某个地区做森林综合效益的评估,各个评估指标及综合指标均需要大量的社会经济、林业及森林生态方面的资料,而当前在一个地区常缺乏足够的资料,尤其是缺乏森林生态方面的资料,给森林生态效益的评估和森林综合效益的评估带来很大的困难,因此加强森林生态单方面的定量研究工作是十分重要的。只有这样,才能正确地评估森林的综合效益。

(2)森林综合效益评估。森林综合效益评估在我国及世界上均属一项探索性的工作,因此本报告中所提出的有关指标体系,无论从完整性还是从适宜性来看均有待于进一步讨论和完善,关于生态效益、经济效益、社会效益三方面效益的综合指标应该用什么指标来表示也是一个很值得探讨的问题。为了进一步推动森林综合效益评估研究的开展和发展成一个比较完整的评价指标体系,以指导各个地区开展评估工作,建议在这次考察的基础上,选择社会经济、森林生态等资料较齐全的地区,例如以农田防护林、水源涵养林、水土保持林、人工用材林或林农间作等为主的县和林区作为评估的试点(经费上予以必要支持),总结经验,在下次学术讨论会上提出报告,以推动森林综合效益的评估。

(3)这次考察,由于考察前,提供考察大纲给有关部门过迟,收集不到充分的社会经济资料,给评估工作带来很大的困难。原订计划做出1~2个地区的具体评估例证也不能完成了,用例证来检验指标体系是否合适的工作也无法进行。所以,这次考察工作缺乏应有的深度。

中国林学会森林综合效益评估考察组
1988年10月27日于南京

附录2　历史上淮河之灾

黄河夺淮,淮灾之始。

2003年6~7月,淮河在安澜了12年之后,又一次现出它桀骜不驯的本性。滔滔洪水,再一次给人们以警示:淮河不安,安徽难安;淮河不根治,安徽无宁日。从中央到地方,把淮河治理提高到关系整个国家建设和稳定大局的高度来看待,调集各路精英,投入数十亿元来降伏这条巨龙……其实历史上的淮河本是条温良、驯顺的河流,淮河流域是我国最早开发的地区之一,曾创造了古代高度发达的封建文明。但黄河夺淮,改变了一切。

序号	年代(朝代)	淮灾之因	持续时间	灾情	经验和教训	备注
1	相传4 000多年前	大禹受命治水,来到涂山			禹走遍淮水,吸取其父水来土挡的教训,安营石壁,疏川导滞,引淮入海。治水成功后,禹在涂山大会诸侯,被拥为王。禹死后,其子启建立了我国历史上第一个奴隶制国家政权——夏,立都于颍水上游。自此,淮河流域正式融入了中国历史发展的浩瀚长河	

续表

序号	年代（朝代）	淮灾之因	持续时间	灾情	经验和教训	备注
2	商灭夏	在今亳州市西数十里一个叫作“亳”的地方建都				
3	春秋战国时期	淮河流域方国林立，吴、楚、宋等国曾一度问鼎中原				
4	秦	秦统一中国后，淮河流域更是封禅巡行和政赋传递的必经之地				
5	秦—北宋 1 300 多年里	淮河流域一直是全国重要的经济区和交通要道，唐人常说：“赋出于天下，江南居十九，天下以江淮为命”。在这一漫长的岁月里，淮河流域博得了“走千走万，不如淮河两岸”的美誉。所有这一切美好，全因历史上黄河的数次夺淮被打破了				
6	1127 年北宋灭亡	赵构在杭州建立了偏安一隅的南宋政权。次年（1128 年），东京（今开封市）留守杜充为阻挡金兵南下，在今滑县以西决开黄河。黄河洪水奔腾南泻，由泗水入淮，这是历史上黄河河道南移的开始，也是黄河第一次南泛夺淮。从此，淮河 3 000 余年安流入海的局面中断了				
7	1180 年（南宋淳熙七年）	黄河在卫州及延津一带决口，洪水逾道南流	至 1190 年北流基本结束，整个黄河水全部入淮，“以一淮受全河”的局面形成			

续表

序号	年代（朝代）	淮灾之因	持续时间	灾情	经验和教训	备注
8	1234年南宋理宗瑞平元年	蒙古军队决开开封以北的寸金淀，用黄河之水淹灌南宋军队。洪水沿颍水、涡水及德、徐州故道分流入淮，这一局面维持了六七十年之久	六七十年之久			
9	元代	黄河溃溢无常，淮河流域受灾尤重，朝廷任命水利专家贾鲁负责治黄。贾鲁为防黄保运，将黄河之水引向南流，使之依旧汇淮入海，淮河负担依然沉重				
10	明代	黄河入淮水流渐盛，夺淮也较前为烈，淮河因之泛滥成灾的记载在沿淮各地方志中也多有出现。明初，黄河主流经荥泽、开封、徐州等地，与泗水汇合，至清河县汇淮入海				
11	1375年（明洪武八年）	黄河在大黄寺决口，挟颍入淮				
12	1382年	在荥泽阳武决口，由怀远挟涡入淮				
13	1391年	黄河水暴溢，在黑洋山大决口，分三支夺淮入海。其中，由凤阳府挟颍、涡二水入淮者，称为大黄河；由徐州以南汇泗入淮者，称小黄河。这是明史上黄河第一次大规模夺淮入海				
14	1409年（明永乐七年）	由于受黄河水势压迫，淮河水泛中都（今凤阳县）。7年后，黄河在开封境内14州县大范围决口，并经怀远由涡河入淮到海。为捍卫中都及泗州祖陵，防水浸淫，明成祖派陈瑄修筑淮安大河南堤，这是黄、淮干流有正式防御工程的开始				

续表

序号	年代（朝代）	淮灾之因	持续时间	灾情	经验和教训	备注
15	1448 年（明正统十三年）	黄河在荥泽决口，注入淮河，旧河、古河全部湮废，漕河因之浅涩		明中叶之后，黄河夺淮势头不减		
16	1489 年（明弘治三年）	黄河水北岸决口，奉旨治理的白昂、刘大夏用堵塞办法，使水南流，致开封及金龙口大溃决，洪水四处奔泻，分三支夺河入淮，淮河流域受灾惨重				
17	1509 年（明正德四年）	黄河在曹州单县决口，淹丰、沛两县，明政府开孙家渡，分水入涡水、颍水抵淮				
18	1540 年（明嘉靖十九年）	黄河南徙，在野鸡岗决口，洪水由涡水经亳州入淮，凤阳府沿淮州县多遭水患，曾一度要上疏拟请迁移五河、蒙城两县治所				
19	1558 年后	黄河河道分支多达 11 支，水流忽东忽西，很少有固定流向。后经隆庆、万历年间水利专家万恭、潘季驯大力整治，黄河河道才又由分流而变成经商丘、虞城、砀山、萧县、徐州、宿迁，至清河独流入淮。终明一朝，因黄河多次泛滥而造成淮河流域水灾频仍。当时，这一流域属凤阳府辖区，因此当地人用花鼓词唱道："说凤阳道凤阳，凤阳本是个好地方，自从出了个朱皇帝，十年倒有九年荒。"实际上，布衣出身的朱元璋当了皇帝后，对家乡实行了移民、减赋、免税等一系列减负、振兴经济的措施				
20	1593 年	该年自阴历三月至八月连续降雨，大暴雨 10 余次，7 月下旬又降特大暴雨。"大雨自三月至八月，黑风自三月至八月，黑风				

续表

序号	年代（朝代）	淮灾之因	持续时间	灾情	经验和教训	备注
20	1593 年	四塞，雨若悬盆，鱼游城阁，舟行树梢，连发十有三次”，“水自西北来，奔腾澎湃，顷刻万余里，陆地丈许，庐舍田禾漂移罄尽，男妇婴儿，牛畜雉兔，累挂树间”，“淮浸高家堰堤上且数尺，决高良涧至七十余丈，南奔之势若倒海”，“徐州至扬州间，方数千里，滔天大水，庐舍禾稼，荡然无遗”。洪水遍及流域四省，据各地文献记载，每次洪水泛滥，人员伤亡和土地城镇淹没的惨烈，均为历史仅见				
21	1644 年（清顺治元年）	开封等处黄河决口，经堵塞后，回归故道。康熙、雍正、乾隆三朝加大对黄河的治理，两岸堤坎渐趋巩固。至咸丰五年（1855 年）未发生大的改道夺淮事件。此间稍具规模的黄河夺淮分别发生在乾隆十八年（1753 年）和道光二十三年（1843 年），都没有造成大的损失				
22	1855 年	黄河在兰考县铜瓦厢决口北徙，东经大清河入海，宋元以来的黄河河道为之一变，长达 700 余年的黄河夺淮归于终结				
23	1901～1948 年的 48 年中	全流域共发生 42 次水灾。最突出的水灾有 1916 年、1921 年和 1931 年 3 次		每次洪水泛滥，常使几十个县、市和上千个城镇为汪洋泽国，受灾人口数千万，成千上万的人葬身鱼腹		

续表

序号	年代（朝代）	淮灾之因	持续时间	灾情	经验和教训	备注
24	1931 年 7 月	流域内普降暴雨，河水陡涨，豫、皖两省沿淮堤防漫决 60 余处，“夏收三成秋无收”“濒淮各县成泽国”。大片地区洪水漫流，“庐舍为墟、遍地尸漂”，安徽境内淹没农田 2 100 万亩，蚌埠、寿县、五河等城镇均被洪水淹没，死亡人数 2.39 万人。洪泽湖最高水位达 16.06 m，运河堤溃决，从淮阴到扬州，纵横三四百里，一片汪洋，仅里下河地区即淹没耕地 1 330 万亩，倒塌房屋 213 万间，灾民 350 万人，淹死、饿死 7.7 万人。豫、皖、苏三省合计受灾总面积 7 700 万亩，灾民近 2 000 万人				
25	1954 年	是新中国成立后淮河水系最大洪水年。有近 300 万人投入抗洪斗争，治淮初期工程发挥了重要作用，保住了淮河重要堤防、津浦铁路、重要工矿城市及苏北里下河等广大地区的安全。但淮北大堤在禹山坝和毛滩两处决口，全流域总计被淹耕地达 6 464 万亩				
26	1975 年 8 月	是最为惨重的一例，受台风影响，洪汝河流域突降暴雨，暴雨中心在汝河板桥水库以上流域，平均降水量达 1 028.5 mm，最大入库流量达 1.3 万 m^3/s，创世界同流域面积入库量最高记录，导致 8 月 1 日水库水位超过坝顶，水库溃决。洪水以 6 m/s 的速度冲向下游，6 h 倾泻 7 亿 m^3。洪水出库时形成高 30 m、宽 12～15 km的水流，摧枯拉朽，所向披				

续表

序号	年代(朝代)	淮灾之因	持续时间	灾情	经验和教训	备注
26	1975 年 8 月	靡,建筑物、道路等荡然无存。京广铁路距人坝下游 50 km,有 31 km 被冲毁,铁轨被扭成麻花状。洪水再往下,直接致使洪河石漫滩水库溃决、王老坡滞洪区冲决。据统计,这次虽是小流域洪灾,但导致 2.6 万人失去生命,1 130 万人受灾,33 万头大牲畜死亡,冲毁房屋 625 万间,水毁耕地 2 000 万亩				
27	1991 年	淮河流域发生较大洪水,淮河正阳关、蚌埠水位分别为 26.41 m 和 21.86 m,居 1949 年后第二位,淮河以南和里下河地区各站水位接近或超过 1954 年最高水位。由于数十万军民的全力抢险和正确调度,保证了淮北大堤、洪泽湖和里运河大堤、重要工矿城市和重要铁路的安全。但是,由于淮干行洪区开启不及时,行洪效果差,河道底水很高,行洪不畅,造成淮干洪水位长期居高不下,加上沿淮两岸地势低洼和严重的雨情水情,形成“关门淹”,全流域受灾面积达 8 000 多万亩,直接经济损失 340 亿元。京沪、淮南等铁路交通几度中断,损失十分惨重				
28	2003 年	农业成灾面积 179 万 hm^2,平均每公顷损失 9 585 元,直接经济损失 207.571 5 亿元(含养殖业损失 36 亿元)。农业生产能力的丧失,不是一般农业生产的减产,它造成了灾区农民的长期贫困。仅 2003 年直接经济损失达 143 亿元,受灾人口 2 600 多万人				

续表

序号	年代（朝代）	淮灾之因	持续时间	灾情	经验和教训	备注
29	2003 年 6 月 28 日上午	江苏省在淮河入海水道滨海枢纽举行全线通水仪式。因黄河夺淮失去入海水道 800 多年的淮河水，重新有了独立的排洪入海通道，淮河两岸人民的百年梦想终于变成现实。 淮河入海水道是淮河流域下游的战略性防洪骨干工程，水道西起洪泽湖，东至黄海，全长 163.5 km。设计行洪流量近期 2 270 m^3/s（排洪能力 1.6 万～2.6万 m^3/s），工程总投资 41.17 亿元。淮河干流全长约 1 000 km，流域面积 27 万 km^2				

20 世纪以来，1931 年、1954 年、1963 年、1991 年和 2003 年淮河流域大洪水，亦举世瞩目。

淮河流域的水灾主要是由黄河夺淮引发的，但历代统治者为了稳定统治，大都采取了防黄保运、牺牲淮河的措施，因此淮河在 1949 年之前基本上没有很好地治理并埋下了巨大的隐患。新中国成立后，毛泽东于 1951 年发出了“一定要把淮河修好”的伟大号召，至此，淮河治理翻开了崭新的一页。

参 考 文 献

[1] 张翼,卫林.透风林带防护区中风速分布的模拟研究[J].科学通报,1984(1):45-47.

[2] 宋兆民.黄淮海平原防护林体系的建设对农业生态系统的改造和调控作用[C]//林业气象论文集.北京:气象出版社,1984:96-100.

[3] 孟平,等.防护林蒸散效应研究[C]//黄淮海平原综合防护林体系生态经济效益的研究.北京:北京农业大学出版社,1990:85-88.

[4] 刘德胜,宋兆民.黄淮海平原砂姜黑土区综合防护林体系研究[M].合肥:安徽科技出版社,1992.

[5] 曹新孙,等.农田防护林学[M].北京:中国林业出版社,1983.

[6] 刘德胜,等.淮河中游堤岸防护林考察报告[R].1980.

[7] 中国林学会长江流域水土保持考察组.涵养水源是治理长江的根本大计——长江流域水土保持考察纪要[R].1981.

[8] 丁舜懿.九江长江大堤防护林的规划与计算[R].1986.

[9] 章家昌.防护林的消波性能[J].海岸工程研究资料,1974(7).

[10] 刘德胜,等.小张庄社会林综合效益评述[J].中国农业发展文库,1998,12:3019-3021.

[11] 张建国.森林生态经济问题研究[M].北京:中国林业出版社,1986.

[12] 林业部调查规划设计院.淮河太湖流域综合治理防护林体系建设工程总体规划[R].1992年12月.

[13] 李书春,等.安徽木本植物[M].合肥:安徽科学技术出版社,1983.

[14] 中国树木志编委会.中国主要树种造林技术[M].北京:中国林业出版社,1981.

[15] 张曾諟,等.安徽森林[M].北京:中国林业出版社,合肥:安徽科学技术出版社,1990.

中国软籽石榴基地

图片提供：王晓飞　罗军辉　魏峰伟　李玉龙　秦凤森　孙永新

（图片没署名的由埇桥区摄影赛提供）